Lehm im Baustoffkreislauf

Horst Schroeder · Manfred Lemke

Lehm im Baustoffkreislauf

Bauprodukte, Modelle, Rückbau und Recycling

Horst Schroeder
Weimar, Thüringen, Deutschland

Manfred Lemke
Norden, Niedersachsen, Deutschland

ISBN 978-3-658-47920-6   ISBN 978-3-658-47921-3   (eBook)
https://doi.org/10.1007/978-3-658-47921-3

Die Deutsche Nationalbibliothek verzeichnet diese Publikation in der Deutschen Nationalbibliografie; detaillierte bibliografische Daten sind im Internet über https://portal.dnb.de abrufbar.

© Der/die Herausgeber bzw. der/die Autor(en), exklusiv lizenziert an Springer Fachmedien Wiesbaden GmbH, ein Teil von Springer Nature 2025

Das Werk einschließlich aller seiner Teile ist urheberrechtlich geschützt. Jede Verwertung, die nicht ausdrücklich vom Urheberrechtsgesetz zugelassen ist, bedarf der vorherigen Zustimmung des Verlags. Das gilt insbesondere für Vervielfältigungen, Bearbeitungen, Übersetzungen, Mikroverfilmungen und die Einspeicherung und Verarbeitung in elektronischen Systemen.
Die Wiedergabe von allgemein beschreibenden Bezeichnungen, Marken, Unternehmensnamen etc. in diesem Werk bedeutet nicht, dass diese frei durch jede Person benutzt werden dürfen. Die Berechtigung zur Benutzung unterliegt, auch ohne gesonderten Hinweis hierzu, den Regeln des Markenrechts. Die Rechte des/der jeweiligen Zeicheninhaber*in sind zu beachten.
Der Verlag, die Autor*innen und die Herausgeber*innen gehen davon aus, dass die Angaben und Informationen in diesem Werk zum Zeitpunkt der Veröffentlichung vollständig und korrekt sind. Weder der Verlag noch die Autor*innen oder die Herausgeber*innen übernehmen, ausdrücklich oder implizit, Gewähr für den Inhalt des Werkes, etwaige Fehler oder Äußerungen. Der Verlag bleibt im Hinblick auf geografische Zuordnungen und Gebietsbezeichnungen in veröffentlichten Karten und Institutionsadressen neutral.

Planung/Lektorat: Sandy Lunau
Springer Vieweg ist ein Imprint der eingetragenen Gesellschaft Springer Fachmedien Wiesbaden GmbH und ist ein Teil von Springer Nature.
Die Anschrift der Gesellschaft ist: Abraham-Lincoln-Str. 46, 65189 Wiesbaden, Germany

Wenn Sie dieses Produkt entsorgen, geben Sie das Papier bitte zum Recycling.

Einführung

Klimawandel, Reduzierung des CO_2-Ausstoßes, nachhaltiges Wirtschaften – das sind Schlagworte, die unsere Gegenwart bestimmen. In Deutschland werden täglich ca. 40.000 t Baurohstoffe in Kiesgruben und Steinbrüchen abgebaut. Andererseits fallen hier jährlich etwa 220 Mio. t Bau- und Abbruchabfälle an, ca. 60 % des gesamten Abfallaufkommens. Das Kreislaufwirtschafts- u. Abfallgesetz KrWG fordert den Vorrang von Abfallvermeidung gegenüber dem Recycling. Ziel ist die Rückführung von Baureststoffen in den Baustoffkreislauf.

Lehmbaustoffe erfahren seit mehr als 30 Jahren in Deutschland, aber auch im Ausland, wieder wachsende Aufmerksamkeit. Lange mit dem Ruf eines „Nachkriegsbaustoffes" behaftet, hat sich das Bild heute grundlegend gewandelt: Lehmbaustoffe gelten als ökologische, kreislauffähige Baustoffe. Sie werden aus natürlichen mineralischen Rohstoffen umweltschonend hergestellt und zu Baukonstruktionen verarbeitet. Sie zeigen im Nutzungszustand ein positives raumklimatisches Verhalten und sind unproblematisch bei Rückbau und Recycling/Deponierung. Sie können gut im Stoffkreislauf gehalten werden. Im Vergleich zu anderen mineralischen Baustoffen weisen sie oft günstigere Ökobilanzen mit geringerem Energieverbrauch in der Herstellung aus. Deckschichten, die als Bodenabfall bei der Kies-/Tongewinnung anfallen und rückgewonnener Recyclinglehm können primären Lehmaushub für neue Lehmbaustoffe ersetzen und dadurch natürliche Ressourcen schonen.

Lehmbaustoffe sind tonmineralgebunden. Im trockenen Zustand können sie als Recyclinglehm durch Wasserzugabe replastifiziert und neuen Formgebungsprozessen zugeführt werden. Diese Eigenschaft ist ein Alleinstellungsmerkmal von Lehmbaustoffen und unterscheidet sie von anderen mineralischen Bauprodukten (Beton, Ziegel), die nach Recycling bei Wiederverwertung immer ein „neues" Bindemittel mit den entsprechenden Ressourcen für die Formgebung erfordern.

Der Baustoffkreislauf Lehm zieht sich als „roter Faden" durch das vorliegende Buch. Dabei werden das bisher wenig untersuchte und beachtete Problem des Rückbaus und Recyclings von Lehmbaustoffen sowie die Frage der Bereitstellung von Baulehm besonders in den Blick genommen. Beide Aspekte müssen als Teil des Baustoffkreislaufes

Lehm neu gedacht werden. Schon bei der Planung eines Bauwerks muss dessen Lebensende (End of Life EoL) durch Entwicklung aus heutiger Sicht möglicher Szenarien für ein Recycling der Abbruchmaterialien dargestellt werden. Das erfordert ein Zusammenwirken aller am Bauprozess Beteiligten (Bauwerksplaner, Lehm-Baustoffhersteller, Recyclingunternehmen, Deponiebetreiber) durch Entwicklung geeigneter Planungsdokumente. Produktkategorieregeln (PKR), Sachbilanz und Umweltproduktdeklarationen (UPD) sind die Kommunikationsformate der Ökobilanzierung, eine immer wichtiger werdende Methode zur Messung der ökologischen Leistungsfähigkeit eines Bauproduktes.

In der *Sachbilanz* werden alle für das Produkt erforderlichen Ausgangsstoffe dargestellt und deren Herkunft, Energieverbrauch, Emissionen und Abfallprodukte bei Herstellung, Transport und Einbau sowie die Wirkungsbilanz dieser Stoffe auf den Menschen, die natürlichen Ökosysteme, das Klima und unsere Ressourcen, Treibhauseffekt, Toxizität, Strahlung, Land- und Wasserverbrauch etc. erfasst.

Bei der *Ökobilanz* unterscheidet man verschiedene Lebensphasen des Bauprodukts (Produktion: Rohstoffgewinnung, Herstellung der Baustoffe, Konstruktion aus Baustoffen, Installation, Transporte etc.), über die Gebäudenutzung (Betrieb, Unterhalt, Reparatur, Austausch) bis zur Entsorgung (Abbruch, Transport, Recycling oder Deponie). Die Bilanzierung untersucht und quantifiziert die unterschiedlichen Wirkungsweisen auf die natürliche Umwelt in den verschiedenen Lebensphasen des Produkts und liefert damit eine verlässliche und vergleichbare Bewertungsgrundlage.

Außerhalb des üblichen Betrachtungshorizontes „von der Wiege zur Wiege" liegt nach wie vor die Frage der Wiederverwendung/Wiederverwertung von Abbruchbaustoffen, welche sich bisher nur als Recyclingpotenzial in Modul D der Ökobilanz ausweisen und als „mögliches" Szenario darstellen lässt. Angaben zum Produktlebensende (EoL) werden inzwischen in der DIN EN 15804 und im Kreislaufwirtschaftsgesetz KrWG als verpflichtend im Planungsprozess gefordert.

In einem von der Deutschen Bundesstiftung Umwelt (DBU) geförderten Projekt „UPD Lehm.1/2" hat der Dachverband Lehm e. V. (DVL) im Zeitraum 2016–2022 erstmals Datengrundlagen/PKR/Muster-UPD für die DIN-gestützten Produktkategorien Lehmsteine (LS), Lehmmauermörtel (LMM), Lehmputzmörtel (LPM) und Lehmplatten (LP) entwickelt. Dazu wurden bei den Produktherstellern entsprechende Informationen zu den betrachteten Lebenszyklusphasen normenkonform erhoben. Mittels der entwickelten PKR/UPD konnten die am Projekt beteiligten Produkthersteller bereits während des Projektes durch Verbesserungen ihrer spezifischen Produktionsabläufe Einsparungen bei den Leitindikatoren Energieinput/CO_2-Ausstoß erreichen. Wesentliche Ergebnisse dieses Projektes werden im vorliegenden Buch dargestellt.

Die jährlich anfallenden Bau- und Abbruchabfälle bilden potenzielle Ressourcen für ein Baustoffrecycling. Obwohl im Altbaubestand ein Hauptbaustoff, sind Lehmhaltige Bau- und Abbruchabfälle bislang nicht als eigene Klasse in der Abfallverzeichnis-Verordnung (AVV) definiert. Durch verbesserte Sortierverfahren der Reststoffe beim Gebäudeabbruch oder einen selektiven Gebäuderückbau könnte die Notwendigkeit einer eigenen Abfallgruppe begründet und entsprechende Ressourcen erschlossen werden.

Recycelte Lehmbaustoffe können als aufbereitetes Lehm-Rezyklat Primärstoffe für die Herstellung „neuer" Lehmbauprodukte ersetzen und damit den jährlich anfallenden, gigantischen Berg an Bau- und Abbruchabfällen verringern. Entsprechende Szenarien für die Rückgewinnung von Lehmbaustoffen aus Gebäudeabbruch wurden im Rahmen des DBU-geförderten Projektes „UPD Lehm.1/2" entwickelt und im Labormaßstab an der FH Potsdam erfolgreich erprobt. Inzwischen wurden auch rezyklierte Gesteinskörnungen in die Palette der Ausgangsstoffe für die Herstellung von Lehmbaustoffen aufgenommen.

Im Ergebnis dieses Projektes hat der DVL die Rolle eines Programmbetreibers für die Erstellung/Aktualisierung von Muster-UPD für Lehmbauprodukte sowie für die Verifizierung betrieblicher Ökobilanzen auf der Grundlage von DIN EN ISO 14025 übernommen. Bis Oktober 2024 wurden sieben Hersteller-UPD in den Produktkategorien LPM, LMM und LP im Programmbetrieb des DVL verifiziert. Die entsprechenden Daten werden sukzessive in das Datenbanksystem ÖKOBAUDAT eingepflegt und im vorliegenden Buch interpretiert.

Das Buch will damit einerseits Bauwerksplaner und Architekten ermuntern, Lehmbaustoffe in Projekten als umweltfreundliche Alternative zu herkömmlichen mineralischen Baustoffen verstärkt einzusetzen. Andererseits sollen Hersteller von Lehmbaustoffen angeregt werden, eigene produktspezifische UPD im Rahmen des UPD-Programmbetriebs des DVL zu erstellen und sich damit in einem „ökologischen Wettbewerb" zu präsentieren. Nicht zuletzt können Baustoffentsorger und Deponiebetreiber durch verbesserte Sortiertechnik mit Abbruch aus Lehmgebäuden ihre Geschäftsfelder erweitern.

Das Buch zeichnet anhand des Kreislaufmodells den Weg des Baustoffes Lehm von der Bereitstellung der Ausgangsstoffe über die Herstellung der Lehmbaustoffe und deren Verarbeitung zu Baukonstruktionen bis zur Deponierung des Lehmabfalls oder der Wiederverwertung als Recyclinglehm in einem neuen Lehm-Baustoffkreislauf nach: die Informationsmodule IM des Bilanzierungsschemas nach DIN EN 15804 bilden jeweils eigenständige Buchkapitel. Dabei wird deutlich, welchen Beitrag die Verwendung von Lehmbaustoffen zur Reduzierung des Energieverbrauchs und damit des CO_2-Ausstoßes als wichtigstes umweltpolitisches Ziel leisten kann.

In das Buch eingeflossen sind noch neue Trends bei Herstellung und Recycling von Lehmbauprodukten, die auf der 9. Internationalen Fachtagung für Lehmbau des Dachverbandes Lehm e. V. im Oktober 2024 in Weimar vorgestellt wurden.

Unser Dank gilt Prof. Dr. Klaus Pistol, FB Bauingenieurwesen an der FH Potsdam, für die Bereitstellung des Bildmaterials und der Ergebnisse der Rückbauversuche mit Lehmsteinmauerwerk, Lehmputzmörtel und Lehmplatten. Unser Dank gilt ebenso Peter Breidenbach (Claytec GmbH & Co. KG) sowie Stephan Egginger (Levita Lehm) für das uns zur Verfügung gestellte Fotomaterial zu Referenzobjekten und Produktionsverfahren.

Weimar	Horst Schroeder
Dezember 2024	Manfred Lemke

Interessenkonflikt Die Autor*innen haben keine für den Inhalt dieses Manuskripts relevanten Interessenkonflikte.

Inhaltsverzeichnis

1	**Produktsystem Lehmbau**		1
	1.1 Normatives Regelwerk		2
	1.2 Untersuchungsrahmen		3
		1.2.1 Produktbeschreibung und Anwendungsbereiche	3
		1.2.2 Produktsystem	3
		1.2.3 Systemgrenze	5
		1.2.3.1 Funktionale Einheit	6
		1.2.3.2 Referenznutzungsdauer RSL	6
		1.2.3.3 Allokation	7
		1.2.4 Wirkungsabschätzung und Indikatoren Ökobilanz	8
		1.2.4.1 Indikatoren Ressourceneinsatz	8
		1.2.4.2 Indikatoren Umweltwirkung	10
		1.2.4.3 Klassifizierung und charakteristisches Wirkungspotenzial	16
		1.2.4.4 Normierung und Gewichtung	16
	1.3 Kreislaufmodell Produktsystem Lehmbau		17
	Literatur		18
2	**Bereitstellung von Ausgangsstoffen**		21
	2.1 Baulehm		21
		2.1.1 Lehmaushub/Grubenlehm	21
		2.1.1.1 Erkundung	23
		2.1.1.2 Gewinnung	23
		2.1.1.3 Klassifizierung	23
		2.1.2 Trockenlehm/Tonmehl	26
		2.1.3 Recyclinglehm	26
		2.1.4 Presslehm	26
	2.2 Weitere Ausgangsstoffe		28
		2.2.1 Natürliche Gesteinskörnung	28
		2.2.2 Holz	29

		2.2.3	Pflanzenfasern/Tierhaar	29
		2.2.4	Ziegelbruch	29
		2.2.5	Bims	29
		2.2.6	Geblähte Leichtzusätze	29
		2.2.7	Rezyklierte Gesteinskörnung	30
		2.2.8	Zusatzstoffe/Zusatzmittel in UPD Lehm	30
	Literatur			31
3	**Herstellung von Lehmbaustoffen**			33
	3.1	Aufbereitung		33
		3.1.1	Natürliche Aufbereitung	34
		3.1.2	Mechanisierte Aufbereitung	35
			3.1.2.1 Brechen, Schneiden und Kneten	35
			3.1.2.2 Sieben	35
			3.1.2.3 Mahlen und Granulieren	36
			3.1.2.4 Dosieren, Vereinigen, Mischen	37
			3.1.2.5 Aufschlämmen	39
	3.2	Formgebung		40
		3.2.1	Elementierte Formgebung	41
			3.2.1.1 Formgeschlagen (Patzen)	41
			3.2.1.2 Stranggepresst	42
			3.2.1.3 Formgepresst	43
			3.2.1.4 Streichen	43
		3.2.2	Monolithische Formgebung	44
	3.3	Herstellung von Lehmbaustoffen		44
		3.3.1	Lehmmauermörtel LMM	45
			3.3.1.1 Erdfeuchtverfahren LMM	45
			3.3.1.2 Nachtrocknungsverfahren LMM	47
			3.3.1.3 Trockendosierverfahren LMM	48
		3.3.2	Lehmputzmörtel LPM	48
			3.3.2.1 Erdfeuchtverfahren LPM	49
			3.3.2.2 Trockenverfahren LPM	49
		3.3.3	Lehmsteine LS	52
			3.3.3.1 Formgeschlagen LS	53
			3.3.3.2 Formgepresst LS	55
			3.3.3.3 Stranggepresst LS	55
			3.3.3.4 Gestampft LS	56
		3.3.4	Lehmplatten LP	56
			3.3.4.1 Gestrichen LP	58
			3.3.4.2 Formgepresst LP	60
			3.3.4.3 Stranggepresst LP	63

3.4	Trocknung		63
	3.4.1	Freilufttrocknung	64
	3.4.2	Technische Trocknung	65
	3.4.3	Theoretischer Energiebedarf zur Trocknung	66
	3.4.4	Trocknungstechniken in der Praxis	67
		3.4.4.1 Kraft-Wärme-Kopplung KWK	67
		3.4.4.2 Holzbefeuerte Trockenkammern	67
		3.4.4.3 Passive Solartrocknung	67
3.5	Sach- und Ökobilanzierung		68
	3.5.1	Ergebnisse der Sachbilanzen	70
	3.5.2	Ergebnisse der Ökobilanzen	74
		3.5.2.1 Lehmmauermörtel LMM	75
		3.5.2.2 Lehmsteine LS	80
		3.5.2.3 Lehmputzmörtel LPM	85
		3.5.2.4 Lehmplatten LP	94
3.6	Zusammenfassende Bewertung der UPD-Ergebnisse		98
	3.6.1	Lehmsteinmauerwerk LSM – kreislaufgerechtes Bauen mit LS und LMM	99
	3.6.2	LPM – Ressourcen- und klimaschonende Produktion und Anwendung	99
	3.6.3	Lehmplatten LP – alternative/innovative Trocknungsverfahren	100
Literatur			102

4 Errichtung von Baukonstruktionen ... 105

4.1	Einbauphase		106
4.2	Bauteile und Bautechniken		106
	4.2.1	Fußböden	107
	4.2.2	Wandkonstruktionen	108
		4.2.2.1 Stampflehm	109
		4.2.2.2 Wellerlehm	111
		4.2.2.3 Lehmsteinmauerwerk	112
		4.2.2.4 Traditionelle Ausfachungen	112
		4.2.2.5 Ausfachungen von Holzskelett-Konstruktionen im Neubau	114
		4.2.2.6 Trockenbau	114
	4.2.3	Decken	116
	4.2.4	Lehmputz	118
	4.2.5	Technischer Ausbau	119
Literatur			123

5	**Nutzungsphase**		125
	5.1	Umnutzung	125
	5.2	Instandhaltung	126
	5.3	Reparatur	128
	Literatur		129
6	**Gebäudeabbruch**		131
	6.1	Ende Nutzungsphase	131
		6.1.1 Rechtliche Grundlagen	132
		6.1.2 Demontagestufen	133
		6.1.3 Sortieren/Trennen	134
	6.2	Arbeiten zum Gebäudeabbruch	135
		6.2.1 Abbruch LSM	136
		6.2.2 Abriss LPM	136
	Literatur		137
7	**Recycling**		139
	7.1	Kreislaufwirtschaft (Lehm)bau	139
	7.2	Recycling Lehmbaustoffe	141
	7.3	Experimentelle Untersuchungen zum Rückgewinnungspotenzial	142
	7.4	Abbruch- und Aufbereitungsverfahren	144
		7.4.1 Inputfaktoren Abbruch IM C1 u. Aufbereitung IM C3	144
		7.4.2 Umweltwirkungsfaktoren Abbruch IM C1 u. Aufbereitung IM C3	145
		7.4.3 Outputfaktoren Abbruch IM C1 u. Aufbereitung IM C3	146
	7.5	Rückgewinnung Lehmbaustoffe	147
		7.5.1 Lehmputzmörtel LPM	147
		7.5.1.1 Experimentelle Arbeiten LPM	149
		7.5.1.2 Rückgewinnungspotenziale LPM	150
		7.5.1.3 Perspektiven LPM	152
		7.5.2 Lehmplatten LP	152
		7.5.2.1 Experimentelle Arbeiten LP	153
		7.5.2.2 Rückgewinnungspotenziale LP	155
		7.5.2.3 Perspektiven LP	157
		7.5.3 Lehmsteinmauerwerk LSM	157
		7.5.3.1 Experimentelle Arbeiten LSM	157
		7.5.3.2 Rückgewinnungspotenziale LSM	160
		7.5.3.3 Perspektiven LSM	163
	7.6	Weiterverwertung von Recyclinglehm	164
	Literatur		164

8	**Entsorgung**		167
	8.1	Deponieklassen DepV	167
	8.2	Abfallarten/Abfallschlüssel AVV	168
	8.3	Ersatzbaustoffverordnung EBV	169
	Literatur		174
9	**Transport**		175
	Literatur		176
10	**Programmbetrieb**		177
	10.1	Organisationsstruktur	177
	10.2	ILCD + EPD-kompatibler Datentransfer ÖKOBAUDAT	180
	Literatur		181
11	**Perspektiven für den Lehmbau**		183
	Literatur		185
Symbolverzeichnis			187

Abkürzungsverzeichnis

Nachfolgende Begriffe und Abkürzungen werden im Buch häufig verwendet:

Begriffe

Bauprodukte	Gegenstände, die hergestellt werden, um in ein Bauwerk eingefügt zu werden
Produktkategorie	eine Gruppe von Bauprodukten, die gleichwertige Funktionen erfüllen können
Produktkategorieregeln	(PKR) nach DIN EN 14025 enthalten eine Zusammenstellung spezifischer Regeln, Anforderungen oder Leitlinien, um Typ III Umweltproduktdeklarationen für eine oder mehrere Produktkategorien zu erstellen. PKR werden in einem öffentlichen Fachdiskurs erstellt
Typ III Umweltproduktdeklarationen	(UPD) nach DIN EN 14025 sind freiwillig und stellen auf der Grundlage festgelegter Parameter quantitative, umweltbezogene Daten und ggf. umweltbezogene Informationen bereit, die den Lebensweg des Produkts vollständig oder in Teilen abbilden. Die Grundregeln für die Erstellung von Umweltproduktdeklarationen für Baustoffe sind in DIN EN 15804 festgelegt
Produktsystem	Anzahl von Prozessen mit Elementar- und Produktflüssen, die eine oder mehrere definierte Funktionen erfüllen und die den Lebenszyklus eines (Bau)produktes modellieren

Ökobilanz (LCA)	nach DIN EN 15804 Zusammenstellung und *Beurteilung* der In- und Outputflüsse und der potenziellen Umweltwirkungen eines Bauproduktsystems im Verlauf seines Lebenszyklus
Sachbilanz (LCI)	Bestandteil der Ökobilanz, der die Zusammenstellung und *Quantifizierung* von In- und Outputs eines Produktsystems im Verlauf seines Lebenszyklus umfasst
Wirkungsabschätzung (LCIA)	Bestandteil der Ökobilanz, der dem Erkennen und der Beurteilung der Größe von potenziellen Umweltwirkungen eines Produktsystems im Verlauf des Lebensweges des Produktes dient
Informationsmodul (IM)	Datensatz, der die Grundlage einer Typ III UPD bildet und ein oder mehrere, den Lebenszyklus des Produktes in Teilen beschreibende Prozessmodule umfasst
Prozessmodul	kleinster in der Sachbilanz berücksichtigter Bestandteil, für den In- und Outputdaten quantifiziert werden
Funktionale Einheit	quantifizierter Nutzen eines Produktsystems für die Verwendung als Vergleichseinheit
Deklarierte Einheit	Menge eines Bauproduktes, die als Bezugseinheit in einer UPD für eine Umweltdeklaration dient, die auf einem oder mehreren Informationsmodulen basiert
Abschneidekriterien	Festlegung der Stoffmenge, eines Energieflusses oder des Grades von Umweltrelevanz, die/der mit Prozessmodulen oder Produktsystemen verbunden sind, welche von einer Studie auszuschließen sind
Allokation	Zuordnung der In- oder Outputflüsse eines Prozesses/Produktsystems zum untersuchten Produktsystem und zu einem/mehreren anderen Produktsystemen
Wirkungsindikator	quantifizierbare Darstellung einer Wirkungskategorie
Szenario	Erfassung von Annahmen und Angaben, die eine erwartete Abfolge möglicher zukünftiger Ereignisse betreffen
Programmbetreiber	sind Einrichtungen/Körperschaften, die ein Programm für Typ III UPD nach DIN EN ISO 14025 betreiben. Dies können Herstellerverbände, Ämter/Behörden oder eine unabhängige wissenschaftliche oder andere Einrichtung sein

Abkürzungen Text

PKR	Produktkategorieregeln (engl.: PCR – Product Category Rules)
UPD	Umweltproduktdeklaration (engl.: EPD – Environmental Product Declaration)
LCA	Ökobilanz (engl.: Life Cycle Assessment)
LCI	Sachbilanz (engl.: Life Cycle Inventory analysis)
LCIA	Wirkungsabschätzung (engl.: Life Cycle Impact Assessment)
LS	Lehmstein
LSM	Lehmsteinmauerwerk
LMM	Lehmmauermörtel
LPM	Lehmputzmörtel
LKAM	Lehmklebe- und Armiermörtel
LDB	Lehmdünnlagenbeschichtung
LP	Lehmplatte
LR	Lehmbauregeln des Dachverbandes Lehm e. V. (DVL)
AVV	Europäische Abfallverzeichnis-Verordnung
EBV	Ersatzbaustoffverordnung

Abkürzungen Ökobilanzindizes

PERE	Nutzung erneuerbarer Primärenergie, ausgenommen erneuerbare Primärenergieressourcen, die als Rohstoffe verwendet werden
PERM	Nutzung erneuerbarer Primärenergieressourcen, die als Rohstoffe verwendet werden
PERT	Gesamtnutzung erneuerbarer Primärenergieressourcen (Primärenergie und Primärenergieressourcen, die als Rohstoffe verwendet werden)
PENRE	Nutzung nicht erneuerbarer Primärenergieressourcen außer nicht erneuerbare Energieressourcen, die als Rohstoffe verwendet werden
PENRM	Nutzung nicht erneuerbarer Primärenergieressourcen, die als Rohstoffe verwendet werden
PENRT	Gesamtnutzung nicht erneuerb. Primärenergieressourcen (Primärenergie u. Primärenergieressourcen, die als Rohstoffe verwendet werden)
PEI	Primärenergieinput gesamt
SM	Nutzung von Sekundärstoffen
RSF	Nutzung erneuerbarer Sekundärbrennstoffe
NRSF	Nutzung nicht erneuerbarer Sekundärbrennstoffe
FW	Nettonutzung von Frischwasser
GWP_{total}	Globales Treibhausgaspotenzial als Summe aus GWP_{fossil}, GWP_{biogen} und GWP_{luluc}

GWP$_{fossil}$	Treibhausgaspotenzial fossiler Energieträger und Stoffe (DIN EN 15804, C.2.3)
GWP$_{biogen}$	Treibhauspotenzial biogen (DIN EN 15804, C.2.4), z. B. biogener Kohlenstoffgehalt
GWP$_{luluc}$	Treibhauspotenzial der Landnutzung u. Landnutzungsänderung (engl.: luluc: land use and land use change)
ODP	Abbaupotenzial der stratosphärischen Ozonschicht
AP	Versauerungspotenzial von Boden und Wasser
EP	Eutrophierungspotenzial
POCP	Potenzial hinsichtlich der Bildung von troposphärischem Ozon
ADPE	Potenzial für den abiotischen Ressourcenabbau – Elemente für nicht fossile Ressourcen
ADPF	Potenzial für den abiotischen Ressourcenabbau – fossile Brennstoffe
HWD	Gefährlicher Abfall zur Deponie
NHWD	Entsorgter nicht gefährlicher Abfall
RWD	Entsorgter radioaktiver Abfall
CRU	Komponenten für die Wiederverwendung
MFR	Stoffe zum Recycling
MER	Stoffe für die Energierückgewinnung
EEE	Exportierte Energie elektrisch
EET	Exportierte Energie thermisch
PM	Potenzielles Auftreten von Krankheiten aufgrund von Feinstaubemissionen
IRP	Potenzielle Wirkung durch Exposition des Menschen mit U235
CTU$_e$	Potenzielle Toxizitätsvergleichseinheit für Ökosysteme
CTU$_h$	Potenzielle Toxizitätsvergleichseinheit für den Menschen, kanzerogen
CTU$_{nc}$	Potenzielle Toxizitätsvergleichseinheit für den Menschen, nicht kanzerogen
SQP	Potenzieller Bodenqualitätsindex
IND	nicht deklarierter Umweltfaktor
MB	Modul beschrieben, nicht quantifiziert
MNR	Modul nicht relevant

Abbildungsverzeichnis

Abb. 1.1	Prozessmodule für das Produktsystem „Lehmmörtel", IM A1–A3, Flussbild	5
Abb. 1.2	Bilanzierungsschema nach DIN EN 15804	6
Abb. 1.3	Kreislaufmodell LCA für Bauwerke aus Lehmbaustoffen [20]	8
Abb. 2.1	Bereitstellung von Baulehm, Begriffe	22
Abb. 2.2	Lehmaushub mit angetrockneten Lehmklumpen (Agglomeratgrößen > 200 mm)	22
Abb. 2.3	Vereinfachtes bodenkundliches Normalprofil	23
Abb. 2.4	Abbau von Sekundärgrubenlehm mit Raupenbagger u. Schürfkübel	24
Abb. 2.5	Körnungslinien verschiedener Lehmarten mit petrografischen Bezeichnungen	24
Abb. 2.6	Darstellung der Grenzwassergehalte im Konsistenzdiagramm n. DIN EN ISO 17892-12	25
Abb. 2.7	Tonmehl, abgesackt	27
Abb. 2.8	Einleiten des Kies-Wasch-Schlamms in Schlammteich	27
Abb. 2.9	Presslehm nach Durchlaufen des Kies-Wasch-Schlamms durch Kammerfilterpresse	28
Abb. 2.10	Kreuzkompatibilität von aufbereitetem Lehm-Abbruchmaterial als Ausgangsstoff für neue Lehmbaustoffe	31
Abb. 3.1	Mechanismen zur Aufbereitung von Lehmaushub: grob zerkleinern, brechen, kneten	36
Abb. 3.2	Rotations- oder Trommelsieb/Schema	37
Abb. 3.3	Feinmahlen von Lehmaushub in Kugelmühle /Schema [6, 8]	38
Abb. 3.4	granuliertes Tonmehl	38
Abb. 3.5	Automatische Dosier- und Mischanlage zur Herstellung von LPM. (Qu.: Claytec)	39
Abb. 3.6	Mischen mit Zwangsmischer/Rührquirl	40

Abb. 3.7	Übergießen des ausgebreiteten Strohs mit Lehmschlämme	40
Abb. 3.8	Patzen in Holzform	42
Abb. 3.9	Patzen in Formkammer mit Arbeitstisch und Fußpedal	42
Abb. 3.10	Formgebung von Lehmsteinen mittels Strangpressen	43
Abb. 3.11	Monolithische Formgebung für Baukonstruktionen aus STL, Schalungssystem [16, 10]	45
Abb. 3.12	Produktionsschema „Erdfeuchtverfahren" für LMM „schwer"	47
Abb. 3.13	Produktionsschema „Nachtrocknungsverfahren" für LMM „leicht"	48
Abb. 3.14	Produktionsschema „Erdfeuchtverfahren" für LPM	50
Abb. 3.15	Silo- und Trockendosieranlage für LPM. (Qu.: Claytec)	51
Abb. 3.16	Produktionsschema „Trockendosierverfahren" für LPM	52
Abb. 3.17	Produktionsschema „formgeschlagene Leichtlehmsteine" LLS AK Ia	54
Abb. 3.18	Produktionsschema für die mechanisierte Herstellung technisch getrockneter, formgeschlagener LS AK Ib	54
Abb. 3.19	Kniehebelpresse, gepresster	55
Abb. 3.20	Hydraulische Lehmsteinpresse, Pressdruck Formling wird entnommen [4] wird seitlich eingetragen [18]	56
Abb. 3.21	Freilufttrocknung großformatiger LS aus STL (Druckerei Pielach, Österreich/STL, M. Rauch)	57
Abb. 3.22	im Werk hergestellte, zu tragenden Wandkonstruktionen verarbeitete großformatige LS aus STL	57
Abb. 3.23	Produktionsanlage zur Fertigung von „bandgestrichenen" Lehmplatten (Fa. Muhr, Emmerich)	59
Abb. 3.24	Produktionsanlage zur Fertigung von „formgestrichenen" Lehmplatten (Qu.: ClayTec)	59
Abb. 3.25	Materialaufbereitung und -transport	60
Abb. 3.26	Vollautomatisiertes Plattenwendemodul	61
Abb. 3.27	Produktionsschema von band- und formgestrichenen LP	61
Abb. 3.28	Produktionsanlage zur Fertigung von „formgepressten" Lehmplatten (www.lemix.de)	62
Abb. 3.29	Produktionsschema Lehmplatten „formgepresst"	62
Abb. 3.30	Regaltrocknung von LS	64
Abb. 3.31	Freilufttrocknung von LS in trocken-heißen Klima- im Folienzelt gebieten	65
Abb. 3.32	Umgenutzte Gewächshausanlage mit Regalsystemen in Trockentunneln für Solartrocknung von LP (Qu.: Claytec)	68
Abb. 3.33	Plattenhandling mittels Roboter. (Qu.: Claytec)	69
Abb. 3.34	Wenderoboter bei der Umwälzung von erdfeuchten Lehmmörteln. (Qu.: Levita)	69

Abb. 3.35	Vergleich GWP für LPM/andere Putzmörtel (mit Bandbreite einzelner LPM derselben Verfahrensart)	92
Abb. 3.36	Auswirkung von Prozessoptimierungen zur Herstellung und Trocknung von LP im Vergleich zu Durchschnittswerten der Muster-UPD	101
Abb. 4.1	Hauptbauteile eines Gebäudes, Anwendung von Lehmbaustoffen [2]	106
Abb. 4.2	Fußboden STL, Kapelle Klinikum Suhl, prinzipieller Aufbau (Worschech, 2006)	107
Abb. 4.3	Farbige Lehm-Terrazzo-Fußböden (Qu.: Claytec)	108
Abb. 4.4	Stampflehmwand mit Schalungssystem, prinzipielle Ausführung [2, 3]	111
Abb. 4.5	Transport und Montage eines vorgefertigten Stampflehmelementes	111
Abb. 4.6	Schulbau in WL-Bauweise, Meti school Bangla Desh, 2005	112
Abb. 4.7	LSM als tragende/nicht tragende Wandkonstruktion und als Ausfachung	113
Abb. 4.8	Traditionelle Ausfachungen mit Lehmbaustoffen und Holzstaken/Geflecht	113
Abb. 4.9	Holzständerbauweise mit LL-Ausfachung, Wohnungsneubau	114
Abb. 4.10	Stapelwand aus LS mit vorgesetzten LP	115
Abb. 4.11	Nicht tragende Trennwand aus Lehmplatten mit Wärmeisolation aus Schafwolle	115
Abb. 4.12	Nicht tragende Trennwand aus Innendämmplatten mit Lehmklebe- und Armiermörtel	116
Abb. 4.13	Aufgelegte Holzbalkendecke mit LS	117
Abb. 4.14	Eingeschobene Holzbalkendecke mit LS/LT	117
Abb. 4.15	Lehmwickeldecken: in Deckenfelder eingeschoben und Herstellung von Lehmwickeln für Sanierung	117
Abb. 4.16	Vorgefertigte LP zur Sanierung von Deckenkonstruktionen	118
Abb. 4.17	Auftrag des LPM als Spritzputz [7]	119
Abb. 4.18	Oberflächenbewehrung des frischen Lehmputzes mit Jutefasergewebe	119
Abb. 4.19	Traditionelle Feuerstätten, mit LS gezogene Schornsteine	120
Abb. 4.20	In Lehmputz eingebettete – Rohrschlangen zur Temperierung [2]	121
Abb. 4.21	LP mit inte- grierten Rohrschlangen	122
Abb. 4.22	„Heizwand" aus Lehm- hohlkammerplatten (Hypokausten)	122
Abb. 5.1	Gewerbebauten aus Stampflehm STL	126
Abb. 5.2	Pueblo de Taos, NM/USA, alljährliche Sanierungsarbeiten am Lehm-Außenputz	127

Abb. 5.3	Sanierung Familienhotel Weimar: Wandaufbau mit Lehmunterputz und Beschichtung mit Lehmfarbputzen	128
Abb. 5.4	Sanierung UN-Campus Bonn: Büroeinheiten mit Lehm- anstelle von Gipsplatten	128
Abb. 6.1	Vermeidung, Verwertung und Entsorgung von Abfällen – Rangfolge	133
Abb. 6.2	händische/sensorbasierte Sortierung von gemischtem Mauerwerksbruch	135
Abb. 6.3	Experimentelle Arbeiten zum Abbruch von LSM mit Abbruchmaterial	136
Abb. 6.4	Abziehen des erhärteten, faserbewehrten Ausgangs-LPM von der Plattenoberfläche	137
Abb. 7.1	Begriff Recycling	141
Abb. 7.2	Wiederverwertung von rückgewonnenem Lehmputz im privaten Hausbau als LPM	142
Abb. 7.3	Nasse Aufbereitung: Rückgebaute LPM-Bruchschollen/nach „Einsumpfen"	148
Abb. 7.4	Trockene Aufbereitung von LPM-Bruchschollen im Prallbrecher zu Lehm-Rezyklat und „neuem" LPM	148
Abb. 7.5	Auftrag LPM aus Nassverfahren (li.) und Trockenverfahren (re.) auf LP	149
Abb. 7.6	Biegezugfestigkeitsprüfung von Mörtelprismen aus LPM-Rezyklat	150
Abb. 7.7	Einsumpfen einer LP ohne Armierungsgewebe	153
Abb. 7.8	Trockenverfahren mit maschineller Zerkleinerung der LP	153
Abb. 7.9	LP-Rezyklate nach Trocknung u. Biegezugfestigkeitsprüfung nach DIN 18948	154
Abb. 7.10	Druckfestigkeitsprüfung eines Prüfkörpers aus LS	158
Abb. 7.11	Geformte u. getrocknete LS aus LSM-Rezyklat	159
Abb. 7.12	Prüfung der Einbaukonsistenz (li.) und des Schwindmaßes der Mörtelprismen (re.)	160
Abb. 10.1	Interne Organisationsstruktur UPD-Programmbetrieb nach DIN EN ISO 14025	178
Abb. 10.2	Ablauf des UPD-Prüfverfahrens für Hersteller	179
Abb. 10.3	Schema für UPD-Datentransfer in kompatibles ILCD + UPD-Datenformat	180

Tabellenverzeichnis

Tab. 1.1	Normatives Regelwerk für Lehmbauprodukte in Deutschland	2
Tab. 1.2	Produktbeschreibung und Anwendungsbereiche von Lehmbaustoffen	4
Tab. 1.3	Funktionale Einheiten im Produktsystem Lehmbau	7
Tab. 1.4	Indikatoren zur Beschreibung des Ressourceneinsatzes nach DIN EN 15804	9
Tab. 1.5	Kernindikatoren zur Beschreibung der Umweltwirkungen nach DIN EN 15804	11
Tab. 1.6	Zusätzliche Umweltwirkungsindikatoren nach DIN EN 15804	15
Tab. 1.7	Umweltwirkungsindikatoren „anfallende Abfälle/Output Stoff- u. Energieflüsse" nach DIN EN 15084	15
Tab. 2.1	Zusatzstoffe/Zusatzmittel für die Herstellung von Lehmbauprodukten nach DIN 18945–48	30
Tab. 3.1	Verfahren der elementierten Formgebung für die Herstellung von Lehmbaustoffen nach DIN 18945 u. 1894_8	41
Tab. 3.2	Verdichtungsgeräte und Verdichtungswirkung für die Pressformgebung von Lehmbaustoffen	44
Tab. 3.3	Lehmbaustoffe – Herstellungsprozesse/Verfahrensarten gemäß Herstellerangaben	46
Tab. 3.4	Formatbezeichnungen für LS nach DIN 18945	53
Tab. 3.5	Sachbilanz Stoffströme der untersuchten Lehmbauprodukte	72
Tab. 3.6	Sachbilanz Energieinput für Lehmbauprodukte	74
Tab. 3.7	Inputfaktoren LMM	78
Tab. 3.8	Umweltwirkungsfaktoren LMM	79
Tab. 3.9	Outputfaktoren LMM	81
Tab. 3.10	Inputfaktoren LS	84
Tab. 3.11	Umweltwirkungsfaktoren LS	85
Tab. 3.12	Outputfaktoren LS	86

Tab. 3.13	Inputfaktoren LPM (Durchschnittswerte)	88
Tab. 3.14	Umweltwirkungsfaktoren LPM	90
Tab. 3.15	Outputfaktoren LPM	93
Tab. 3.16	Inputfaktoren LP (Durchschnittswerte)	96
Tab. 3.17	Umweltwirkungsfaktoren LP (Durchschnittswerte)	97
Tab. 3.18	Outputfaktoren LP	98
Tab. 3.19	Homogene Zusammensetzung von LSM	99
Tab. 4.1	Verwendung von Lehmbauprodukten in den Bauteilen eines Gebäudes, Übersicht	107
Tab. 4.2	Verwendung von Lehmbaustoffen in Wandkonstruktionen, Übersicht	110
Tab. 4.3	Anwendungsklassen von LS nach DIN 18945	113
Tab. 7.1	Rezepturen für Ausgangsstoffe zur Herstellung von Lehmbaustoffen nach	140
Tab. 7.2	Abbruch Lehmbauteile IM C1 u. Aufbereitung zu Lehm-Rezyklat, IM C3, Inputfaktoren	145
Tab. 7.3	Abbruch Lehmbauteile IM C1 u. Aufbereitung zu Lehm-Rezyklat IM C3, Umweltwirkungsfaktoren	146
Tab. 7.4	Abbruch Lehmbauteile IM C1 u. Aufbereitung zu Lehm-Rezyklat IM C3, Outputfaktoren	147
Tab. 7.5	Prüfergebnisse LPM, Ausgangs-/Recyclingbaustoff nass/trocken aufbereitet	150
Tab. 7.6	LPM, Rückgewinnungsszenarien D1–D3	151
Tab. 7.7	Prüfergebnisse LP, Ausgangs-/Recyclingbaustoff nass/trocken aufbereitet	154
Tab. 7.8	LP, Rückgewinnungsszenarien D1–D3	155
Tab. 7.9	Trockenrohdichte u. Druckfestigkeit für LS, Szenario D1 (direkte Wiederverwendung)	157
Tab. 7.10	LS werkseitig u. aus LSM-Rezyklat, Trockenrohdichte u. Trockendruckfestigkeit bei Wiederverwertung, Szenario D2	158
Tab. 7.11	Trockenrohdichte u. Trockendruckfestigkeit für die Wiederverwertung von LSM-Abbruch als LMM-Rezyklat	159
Tab. 7.12	LS, Rückgewinnungsszenarien D1–D3	161
Tab. 8.1	Abfallarten mit Lehmbaustoffen	169
Tab. 8.2	Materialklassen und Materialwerte für Recyclingbaustoffe RC nach EBV für Lehmbau	170
Tab. 8.3	Materialklassen für Bodenmaterial BM und Baggergut BG	171
Tab. 8.4	Materialwerte für Bodenmaterial BM und Baggergut BG	172
Tab. 10.1	zertifizierte betriebliche UPD nach DVL MUPD, Leitparameter PEI u. GWP, IM A1–A3	180

Produktsystem Lehmbau 1

Das Produktsystem Lehmbau umfasst die Elementar- und Produktflüsse, die eine oder mehrere Funktionen erfüllen und die den Lebenszyklus der Lehmbauprodukte in einer Ökobilanz für Typ III UPD nach DIN EN ISO 14025 modellieren. Die *Ökobilanz (LCA) beurteilt* die In- und Outputflüsse des Produktsystems im Verlauf des Lebenszyklus, während die *Sachbilanz (LCI)* diese erfasst und *quantifiziert*. Die Ökobilanz baut auf der Sachbilanz auf. Zur Vergleichbarkeit der Ökobilanzen untereinander werden die Stoffflüsse in Form von definierten Indikatoren für den Ressourceneinsatz und die Umweltwirkungen nach DIN EN 15804 dargestellt.

Das Produktsystem Lehmbau, für das PKR/Muster-UPD entwickelt wurden/werden sollen, gilt für im Werk industriell hergestellte Lehmbaustoffe. DIN-Formate bilden die Grundlage für die verfahrenstechnische/baustoffliche Beschreibung des Produktsystems. Ein Überblick über die aktuelle Vorschriftensituation zu Lehmbauprodukten in Deutschland steht deshalb am Anfang der Betrachtungen zum Baustoffkreislauf Lehm nach DIN EN 15804 (Tab. 1.1).

Der Untersuchungsrahmen von PKR/UPD umfasst die Systembeschreibung, die Verfahrensgrundlagen und die Anforderungen an die zu erhebenden Daten. Die Systembeschreibung beinhaltet das zu untersuchende Produktsystem mit seinen Funktionen, die funktionale/deklarierte Einheit, die Referenz-Nutzungsdauer (RSL), die Systemgrenze sowie Angaben zur Allokation.

Tab. 1.1 Normatives Regelwerk für Lehmbauprodukte in Deutschland

Nr	Bezeichnung	DIN	PKR	UPD	Weitere Dokumente
1	Lehmsteinmauerwerk (LSM)[a]	18.940: 2023–06			
2	Bezeichnungen	18.942–1:2024–03			
3	Konformität	18.942–100:2024–03			
4	Lehmsteine (LS)	18.945:2024–03	2022–04 [3]	2023–03 [7]	
5	Lehmmauermörtel (LMM)	18.946:2024–03	2022–04 [4]	2023–03 [8]	
6	Lehmputzmörtel (LPM)	18.947:2024–03	2022–04 [5]	2023–03 [9]	
7	Lehmplatten (LP)	18.948:2024–03	2022–04 [6]	2023–03 [10]	
8	Basisdokument [1]			2023–03	
9	Teil 2 [2]			2023–03	
10	Anforderungen an Lehmputz als Bauteil [11]				TM DVL 01:2014–06
11	Qualitätsüberwachung von Baulehm [12]				TM DVL 05:2011–06
12	Lehmdünnlagenbeschichtungen (LDB) [13]				TM DVL 06:2015–06
13	Lehmbau Regeln [14]				LR DVL:2009–01

[a]LSM Verarbeitungsnorm/Bauteilebene

1.1 Normatives Regelwerk

Auf Initiative des DVL entstand über 25 Jahre in Deutschland ein normatives Regelwerk zum Bauen mit Lehm, bestehend aus DIN, PKR, UPD und weiteren Dokumenten (Tab. 1.1).

Die Dokumente „Allgemeine Hinweise für die Erstellung von Ökobilanzen für PKR und Projektberichten (Teil 2)" [2] sowie „Allgemeine Programmanleitungen (Basisdokument)" [1] wurden gemäß DIN EN 15804/DIN EN ISO 14025 erarbeitet und bilden für den DVL die Grundlage für seine Tätigkeit als UPD-Programmbetreiber (Abschn. 10.1).

Das UPD-Programm Lehm besteht aus Produktkategorieregeln (PKR) und Muster-Umweltprodukt-deklarationen (MUPD) für die vier DIN-gestützten Produktkategorien Lehmsteine (LS) [3, 7], Lehmmauermörtel (LMM) [4], Lehmputzmörtel (LPM) [5] und Lehmplatten (LP) [6, 10] sowie für DIN 18940 für tragendes Lehmsteinmauerwerk (LSM) als Ausführungsnorm. In den genannten DIN wird auf die entsprechende UPD Bezug genommen.

Weiterhin wurden *Technische Merkblätter TM DVL* erstellt, die spezielle, in den DIN nicht berücksichtigte Aspekte behandeln [11–13]. Die Ursprünge der Begriffsbestimmungen für Lehmbauprodukte in den UPD/PKR gehen auf die Lehmbau Regeln des DVL zurück [14].

PKR/Typ III UPD sind freiwillige Normen, Selbstverpflichtungen oder Garantien von Herstellern, Verbänden oder Gütegemeinschaften zur systematischen, umfassenden *Beschreibung der Umweltleistung/Nachhaltigkeit von Bauprodukten (aus Lehm)*, dokumentiert durch ein von Dritten (dem Programmbetreiber DVL) vergebenes Zertifikat.

Vorstufe der UPD ist die *Ökobilanz (LCA)*, ein nach DIN EN ISO 14040/DIN EN ISO 14025/DIN EN 15804 genormtes Verfahren zur *Beurteilung* der Stoffflüsse eines Produktsystems auf der Grundlage einheitlicher Regeln für eine spezifische *Produktkategorie*. Die Ökobilanz ist eine Zusammenstellung der In- und Outputflüsse und der potenziellen Umweltwirkungen eines Produktsystems im Verlauf des Lebenszyklus.

Die *Sachbilanz (LCI)* als Bestandteil der Ökobilanz *quantifiziert* die Stoffflüsse eines gegebenen Produktsystems. *Prozessmodule* sind die kleinsten, in einer Sachbilanz berücksichtigten Bestandteile, für die In- und Outputdaten quantifiziert werden. Ein *Informationsmodul (IM)* ist ein Datensatz, der einen oder mehrere, den Lebenszyklus des Produktes in Teilen beschreibende Prozessmodule umfasst.

1.2 Untersuchungsrahmen

1.2.1 Produktbeschreibung und Anwendungsbereiche

Die Beschreibung und die Anwendungsbereiche der Lehmbaustoffe Lehmputzmörtel LPM (DIN 18947), Lehmmauermörtel LMM (DIN 18946), Lehmsteine LS (DIN 18945) und Lehmplatten LP (DIN 18948) sind in Tab. 1.2 zusammengefasst. Darüber hinaus kann man ungeformte (LPM, LMM) und geformte (LS, LP) Lehmbaustoffe unterscheiden. Für alle o. g. Lehmbaustoffe bilden Tonminerale das alleinige Bindemittel, mit Ausnahme von Stärke bei LP (derzeit ≤ 1 M.-% bzw. ≤ 2 M-% bei Lehmklebe- und Armiermörteln LKAM). Lehmdünnlagenbeschichtungen (LDB) gehören zu den Lehmputzmörteln und sind im Technischen Merkblatt TM DVL 06 [13] geregelt.

1.2.2 Produktsystem

Das Produktsystem modelliert den Lebenszyklus eines (Lehmbau)produkts mit seinen dazugehörigen Prozessen mit Elementar- und Produktflüssen, die eine oder mehrere definierte Funktionen erfüllen. Die Modellierung kann durch verbale Beschreibung seiner relevanten technologischen Prozessmodule und Transporte erfolgen, ergänzt durch

Tab. 1.2 Produktbeschreibung und Anwendungsbereiche von Lehmbaustoffen

	Produktbeschreibung	Anwendung
LPM	Ungeformte getrocknete/ungetrocknete Mischung aus Baulehm, mineral. u. pflanzlichen Zusatzstoffen. Tonminerale sind das alleinige Bindemittel im Stoffgemisch. Erhärtung durch Verdunstung des Anmachwassers, Replastifizierung erhärteten LPM durch Wasserzugabe möglich	Ein- oder mehrlagige Beschichtung v. Wänden oder Decken im Innenbereich als Unter- oder Oberputz sowie im witterungsgeschützten Außenbereich, auch als UP für witterungsbeständigen OP. Einbindung v. Temperierungssystemen/ Bewehrungsgeweben in Frischmörtel möglich
LMM	Ungeformte getrocknete/ungetrocknete Mischung aus Baulehm, mineral. u. pflanzlichen Zusatzstoffen, Tonminerale sind das alleinige Bindemittel im Stoffgemisch. Erhärtung durch Verdunstung des Anmachwassers, Replastifizierung erhärteten LMM durch Wasserzugabe möglich	Herstellung von tragendem/ nicht~Mauerwerk (Wände, Trennwände, Ausfachungen, Pfeiler) aus Lehmsteinen LS mit vollfugig aufgebrachten Lager- u. Stoßfugen aus LMM
LS	Ungebrannte, mineral., i. d. R. quaderförmige Lehmbaustoffe mit Tonmineralien als alleinigem Bindemittel im Stoffgemisch sowie pflanzlichen. u. mineral. Zusatzstoffen. Unterscheidung nach Formgebungsverfahren „Patzen", formgepresst, stranggepresst. Replastifizierung durch Wasserzugabe möglich	Herstellung v. tragendem/ nicht~Lehmsteinmauerwerk LSM. Einteilung gem. Anwendungsbereich in Anwendungsklassen AK: Ia – verputztes, bewittertes Außenmauerwerk (AMW) v. Sichtfachwerkwänden Ib – durchgängig verputztes, bewittertes AMW II – verkleidetes/witterungsgeschütztes AMW III – trockene Anwendungen (Deckenfüllungen, Stapelwände)
LP	Ungebrannte, ebene Platten aus Lehmbaustoff mit ggf. Zusatzstoffen u. Bewehrungen, können oberflächennah oder im Kern mit Gittern, Geweben oder Matten bewehrt sein. Sonderprodukte enthalten werkseitig eingearbeitete Temperierungssysteme, auch als „Leerplatten" mit eingeprägter Rillenstruktur lieferbar. Replastifizierung möglich	Beplanken u. Bekleiden v. Bauteilen im Innen- u. witterungsgeschützten Außenbereich. Anwendungsbereiche nach Typen: A – Beplankung v. Ständer-/ Abhängkonstruktionen B – Bekleidung v. Wänden, Decken (Trockenputzplatten) S – Sonderprodukte (Temperierung v. Innenräumen)

1.2 Untersuchungsrahmen

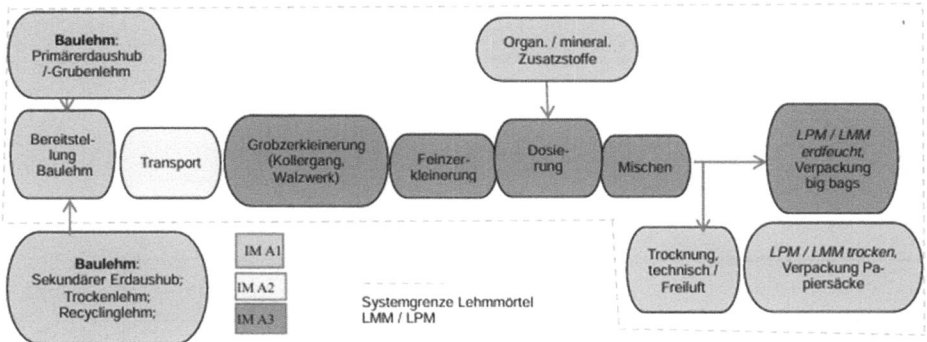

Abb. 1.1 Prozessmodule für das Produktsystem „Lehmmörtel", IM A1–A3, Flussbild

grafische Darstellungen, z. B. Flussdiagramme. Eine ausführliche Beschreibung des Produktsystems „Lehmbau" wird in den nachfolgenden Kapiteln dargestellt. Eine solche Beschreibung ist erforderlich, um die Prozessmodule im gesamten Lebenszyklus „Lehmbau" möglichst abbildgenau darstellen und den relevanten Informationsphasen gem. DIN EN 15804 zuordnen zu können.

Abb. 1.1 zeigt beispielhaft ein allgemeines Flussbild für die Informationsmodule IM A1 (Bereitstellung Ausgangsstoffe), A2 (Transport) und A3 (Herstellung) für die Prozessmodule des Produktsystems „Lehmmörtel" LPM und LMM. Die IM A1 – A3 liegen innerhalb der Systemgrenze „Lehmmörtel". Alle anfallenden Ressourcenaufwände und Emissionen müssen erfasst und in der Sachbilanz dargestellt werden.

LPM und LMM werden sowohl getrocknet als auch erdfeucht ausgeliefert. Die detaillierten Abläufe können herstellerbedingt voneinander abweichen. Sie müssen vor Ort erfasst und in der Sachbilanz berücksichtigt werden.

Ein allgemeines Flussbild für die IM A1 – A3 zur Herstellung von geformten Lehmbaustoffen LS und LP muss ausgehend von Abb. 1.1 um einen Prozessmodul „Formgebung" nach dem „Mischen" ergänzt werden.

1.2.3 Systemgrenze

Die Systemgrenze legt die für das zu untersuchende Produktsystem relevanten Stoffflüsse fest.

In einem tabellarischen Bilanzierungsschema nach DIN EN 15804 sind die Informationen zur Bauwerksbeurteilung als Informationsphasen bzw. -module angeordnet (Abb. 1.2). Jede Informationsphase wird in einzelne Informationsmodule IM unterteilt. Dabei bilden die IM A1 – A3 (Herstellungsphase) die *Baustoff-/Produktebene,* die IM A4, A5, B1 bis B7 und C2 die *Gebäudeebene.* Die Zusammenstellung der Phasen/Module bildet den

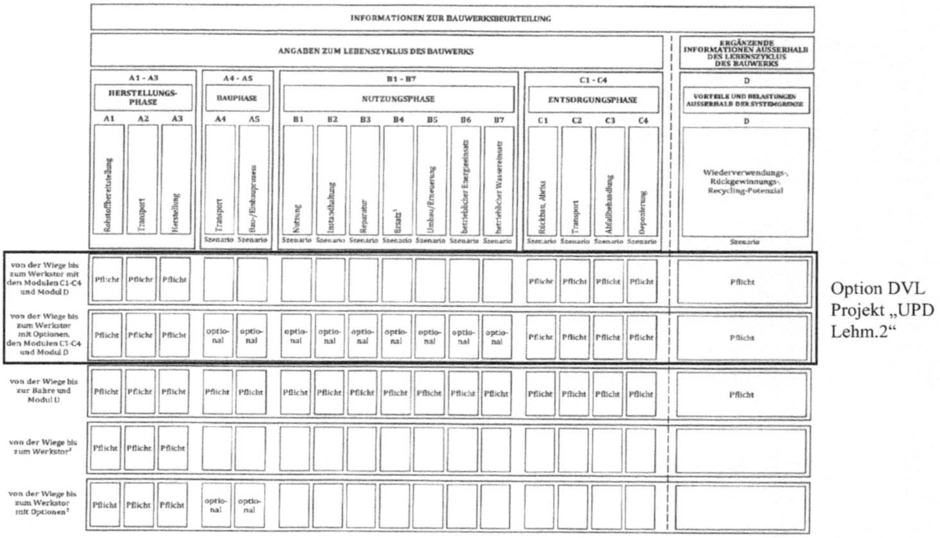

Abb. 1.2 Bilanzierungsschema nach DIN EN 15804

UPD-Typ. Für das DVL-Projekt „UPD Lehm.2" [15] wurde der UPD-Typ „von der Wiege bis zum Werkstor mit den IM C1 – C4 und IM D" gewählt. Inzwischen sind die Module C und D für alle UPD-Arten verpflichtend.

1.2.3.1 Funktionale Einheit

Die funktionalen Einheiten eines zu untersuchenden Systems können sich auf unterschiedliche Ebenen im Rahmen des Gesamtsystems beziehen. Bei einem Baustoff kann die Funktion des Systems sowohl die Herstellung einer bestimmten Menge des Baustoffes als auch die Bereitstellung eines Bauwerks umfassen. In diesem Fall ist der betrachtete Baustoff mit anderen Baustoffen verknüpft und Bestandteil einer Bauteil- oder Gebäudeebene.

Die funktionalen Einheiten für Lehmbaustoffe sind in den entsprechenden Anhängen der DIN 18945–48 für LS, LMM, LS und LP sowie in den entsprechenden PKR geregelt. Sie beschreiben den quantitativen Nutzen/die Leistung des Produktsystems für die Verwendung der Vergleichseinheit (Tab. 1.3).

1.2.3.2 Referenznutzungsdauer RSL

Die Referenz-Nutzungsdauer (RSL – Reference Service Life) ist die Nutzungsdauer, die unter der Annahme bestimmter Nutzungsbedingungen (z. B. Standardnutzungsbedingungen) für ein Bauprodukt zu erwarten ist. Die Angabe einer RSL ist nur für die UPD-Arten „von der Wiege bis zum Werkstor mit Optionen" und „von der Wiege bis zur Bahre"

1.2 Untersuchungsrahmen

Tab. 1.3 Funktionale Einheiten im Produktsystem Lehmbau

Produktsystem (Lehmbaustoff)	Leistung des Systems	Funktionale Einheit	DIN	DIN Anhang
Lehmstein LS	Bereitstellung einer definierten Menge Baustoff	kg LS	18945	A.2
Lehmmauermörtel LMM	Bereitstellung einer definierten Menge Baustoff	kg LMM	18946	A.1
Lehmputzmörtel LPM	Bereitstellung einer definierten Menge Baustoff	kg LPM	18947	A.2
Lehmplatte LP	Bereitstellung eines Bauteils	m^3 LP	18948	A.3

erforderlich (Abb. 1.2). Allgemein wird sie nach DIN EN 15804 bestimmt. Für praktische Zwecke des Lehmbaus kann sie dem Nutzungsdauerkatalog der Bau-EPD GmbH, Version 2014 [16] entnommen werden (Beispiele: LMM/LP/LS: 100 Jahre; LP: 50 Jahre). Anforderungen/Leitlinien für die RSL sind in DIN EN 15804 festgelegt.

1.2.3.3 Allokation

Als Allokation wird die Zuordnung der Stoffflüsse und Emissionen eines Ökobilanzmoduls auf das untersuchte und weitere Produktsysteme definiert (DIN EN ISO 14040). Der gemessene Energieinput wird nach der auf derselben Produktionsanlage hergestellten Masse aller Lehmbaustoffe proportional auf die Masseanteile der untersuchten Produkte aufgeteilt.

Die Inputströme, die in Form von Ausgangsstoffen, Vorprodukten, Hilfs- und Betriebsstoffen in die Bilanzierung eingehen, müssen mit den dazugehörigen Vorstufen verknüpft werden. So sind beim Heizöl nicht nur die infolge des Prozesses entstandenen Emissionen, sondern auch die Emissionen im Zuge der Bereitstellung von Ausgangsstoffen, Aufbereitung und Herstellung der Lehmbauprodukte zu erfassen. Bei dem Vorprodukt „Trockenlehm" müssen die erheblichen Energieaufwendungen für Trocknungsprozesse als „Input" in das betrachtete System berücksichtigt werden.

Bodenaushub/Sekundärlehmaushub ist ein in das Produktsystem „Lehmbau" importierter Abfallstoff aus einem anderen Prozesszyklus (z. B. Kiesabbau, Abb. 1.3), der bei Eintritt in das aktuelle System seine Abfalleigenschaft verliert (End of waste – EoW). Er wird hier stofflich ohne Veränderung der Produkteigenschaften wiederverwertet. Der Hauptanteil der Belastungen wird entsprechend der nach DIN EN ISO 14044 zugrunde gelegten physikalischen Allokation der Kies- oder Kalkgewinnung als Hauptprodukt zugewiesen.

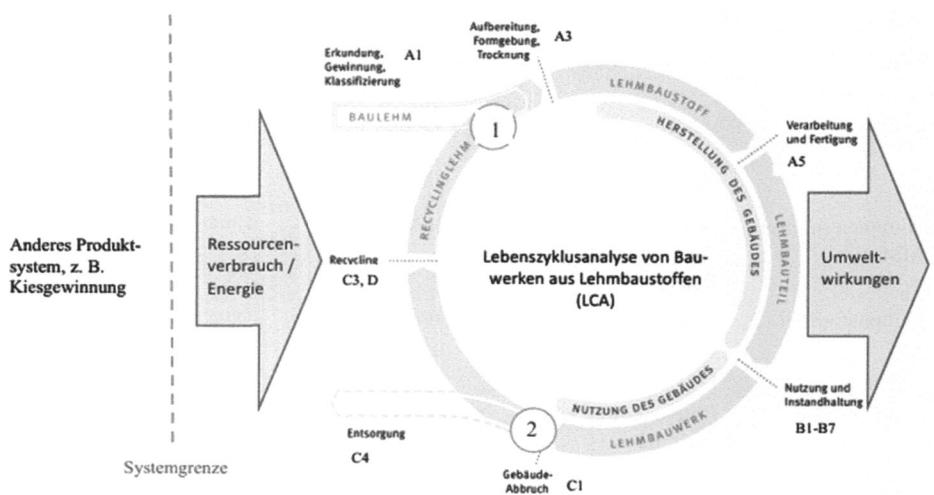

Abb. 1.3 Kreislaufmodell LCA für Bauwerke aus Lehmbaustoffen [20]

Die Verwendung von Bodenaushub als Baulehm entspricht dem Konzept der Wiederverwertung von Abfallstoffen bei der Errichtung von Gebäuden und kann in der Wirkungskategorie „Stoffe zum Recycling MFR" (Tab. 1.7) entsprechend berücksichtigt werden. Mit der Änderung der Eigenschaft „Abfall" in „Baulehm" ändert sich auch das entsprechende Rechtssystem zur Bewertung der Produkte vom Abfallrecht (Ersatzbaustoffverordnung EBV [17]) in das Bau- und Produktenrecht (DIN 18300).

1.2.4 Wirkungsabschätzung und Indikatoren Ökobilanz

Zur quantitativen Darstellung des Ressourceneinsatzes, der Umweltwirkungen und Abfallprodukte in einer Ökobilanz werden in DIN EN 15804 einheitliche Indikatoren definiert. Mit diesen Indikatoren sind UPD mit gleichen Systemgrenzen (Abb. 1.2) und funktionalen/deklarierten Einheiten vergleichbar. Die Darstellung der ermittelten Indikatoren in Datenbanksystemen erfolgt in standardisierter Form als Informationstransfermatrix ITM gemäß DIN EN 15942.

1.2.4.1 Indikatoren Ressourceneinsatz

Die Indikatoren zur Beschreibung des Ressourceneinsatzes bilden den Aufwand für erneuerbare/nicht erneuerbare Primärenergie (PEI) und von Wasser im zu untersuchenden Produktsystem ab. Sie sind aus der Sachbilanz zu errechnen und auf die deklarierte Einheit bezogen darzustellen (Tab. 1.4).

1.2 Untersuchungsrahmen

Tab. 1.4 Indikatoren zur Beschreibung des Ressourceneinsatzes nach DIN EN 15804

Nr	Indikator	Symbol	Einheit	Bewertung im Hinblick auf
1	Einsatz erneuerbarer PE – ohne die erneuerbaren PET[b], die als Rohstoffe verwendet werden	**PERE** (Use of renewable PE excluding renewable PER used as raw materials)	MJ, unterer HW[a]	
2	Einsatz der als Rohstoff verwendeten, erneuerbaren PET (stoffliche Nutzung)	**PERM** (Use of renewable PER used as raw materials)	MJ, unterer HW	
3	Gesamteinsatz *erneuerbarer PE* (PE + die als Rohstoff verwendeten PET) (energetische + stoffliche Nutzung)	**PERT** (Total use of renewable PER)	MJ, unterer HW	Erhöhung der Deckungsrate durch erneuerbare Energien
4	Einsatz nicht erneuerbarer PE ohne die als Rohstoff verwendeten nicht erneuerbarer PET	**PENRE** (Use of non-renewable PE excluding non-re-newable PER used as raw materials)	MJ, unterer HW	
5	Einsatz der als Rohstoff verwendeten nicht erneuerbaren PET (stoffliche Nutzung)	**PENRM** (Use of non-renewable PER used as raw materials)	MJ, unterer HW	
6	Gesamteinsatz *nicht erneuerbarer PE* (PE + die als Rohstoff verwendeten nicht erneuerbare PET) (energetische + stoffliche Nutzung)	**PENRT** (Total use of non-renewable PER)	MJ, unterer HW	Schonung begrenzter fossiler ET
7	Einsatz von Sekundärstoffen	**SM** (Use of secondary material)	kg	Einsatz wiederverwendbarer/-verwertbarer Bauprodukte
8	Einsatz von erneuerbaren Sekundärbrennstoffen	**RSF** (Use of renewable secondary fuels)	MJ, unterer HW	
9	Einsatz von nicht erneuerbaren Sekundärbrennstoffen	**NRSF** (Use of non-renewable secondary fuels)	MJ, unterer HW	

(Fortsetzung)

Tab. 1.4 (Fortsetzung)

Nr	Indikator	Symbol	Einheit	Bewertung im Hinblick auf
10	Nettoeinsatz v. Süßwasserressourcen	**FW** (net use of fresh water)	m^3	Schutz d. Gewässer, Nutzung v. Regen- oder ggf. Grauwasser
11	Flächeninanspruchnahme[c]		m^2	Minimierung d. Bodenversiegelung

[a] HW – Heizwert: Energiemenge, die beim thermischen Recycling (Verbrennen) eines Stoffes frei wird
[b] Primärenergieträger PET/PER – Primary energy resources
[c] nach Leitfaden Nachhaltiges Bauen [18]

1.2.4.2 Indikatoren Umweltwirkung

Die Indikatoren zur Beschreibung der Umweltwirkungen werden gemäß DIN EN 15804 festgelegt. Sie sind aus der Sachbilanz zu errechnen und auf die deklarierte Einheit bezogen darzustellen. „Treibhausgas" [CO_2-Äq.] steht in Tab. 1.5 für die Summenformel eines Gasgemisches GWP, das neben CO_2 als dominanter Größe auch Methan CH_4, Distickstoffmonoxid N_2O (Lachgas), Fluorkohlenwasserstoffe (H-FKW, FKW) und Schwefelhexafluorid SF_6 enthält. Der summarische Indikator GWP setzt sich aus drei Anteilen zusammen, die nach ihrer Herkunft unterschieden werden in fossil, biogen und mit der Landnutzung/-änderungen verbunden.

Die Ermittlung einzelner Indikatoren ist z. T. mit großen Unsicherheiten behaftet. In den Tab. 1.5 und 1.6 ist dies in entsprechenden Fußnoten vermerkt.

Tab. 1.6 enthält zusätzliche Umweltwirkungsindikatoren nach DIN EN 15804 die bei Relevanz deklariert und in die UPD aufgenommen werden können. Nicht deklarierte Indikatoren werden mit „IND" bezeichnet.

Angaben zu sonstigen Umweltinformationen, die verschiedene Abfallkategorien (gefährlicher Abfall, Siedlungsabfall, radioaktiver Abfall) beschreiben, verwenden Daten aus der Sachbilanz und sind gemäß DIN EN 15804 als Angaben zu Output-Stoffflüssen (Recycling/Weiterverwertung) zu nutzen (Tab. 1.7).

Die Indikatoren in Tab. 1.7 sind Teil der zusätzlichen Informationen zur Entsorgung. Zeile 4 erfasst die Komponenten/Stoffe für eine Weiterverwendung/Wiederverwendung (im Lehmbau) (Abb. 7.1). In Zeile 5 werden Stoffe für eine Wiederverwertung/ Weiterverwertung (Primär- bzw. Sekundärrecyclinglehm) zusammengefasst.

Stoffe, die das Gebäude als Abfall (z. B. Bauschutt) verlassen, besitzen keine Abfalleigenschaft (EoW) mehr, wenn folgende Kriterien erfüllt sind:

- das zurückgewonnene Material wird für bestimmte Zwecke wieder- bzw. weiterverwertet (Beispiel: Verwertung von Primärrecyclinglehm als Baulehm nach LR DVL [14] (Tab. 1.7, Z.5),

1.2 Untersuchungsrahmen

Tab. 1.5 Kernindikatoren zur Beschreibung der Umweltwirkungen nach DIN EN 15804

Nr	Indikator	Symbol	Einheit	Globale Umweltwirkungen *(Wirkungskategorie)*
1	Treibhauspotenzial, THP gesamt	GWP-ges (Global Warming Potential)	kg CO_2 Äq.	Gibt an, wie viel eine festgelegte Menge eines „Treibhausgases" zum Treibhauseffekt beiträgt. Dieser bewirkt, dass die von der Erde abgestrahlte Infrarotstrahlung reflektiert und teilweise wieder zur Erde zurückgestrahlt wird. Die erhöhte Konzentration an Treibhausgasen führt zu einer verstärkten Reflexion, die eine globale Erwärmung der Erdoberfläche mit sich bringt *(Klimawandel)*. Vergleichsgröße ist CO_2 mit dem Potenzial 1 bezogen auf 20/50/100 Jahre Verweildauer in der Atmosphäre. CO_2 ist selbst ein wesentlicher Verursacher des Treibhauseffekts und somit der Erderwärmung **GWP-ges. = GWP-fossil + GWP-biogen + GWP-luluc**
1.1	THP fossil	GWP-fossil		Treibhausgaspotenzial fossiler Energieträger und Stoffe (DIN EN 15804, C.2.3)
1.2	THP biogen	GWP-biogen		Treibhauspotenzial biogen (DIN EN 15804, C.2.4)
1.3	THP luluc	GWP-luluc		Treibhauspotenzial der Landnutzung u. Landnutzungsänderung (engl.: luluc: land use and land use change); kann entfallen, wenn der Beitrag GWP-luluc < 5 % v. GWP-ges. über die deklarierten Module mit Ausnahme v. IM D ausmacht (DIN EN 15804, C.2.5)

(Fortsetzung)

Tab. 1.5 (Fortsetzung)

Nr	Indikator	Symbol	Einheit	Globale Umweltwirkungen *(Wirkungskategorie)*
2	Ozonschichtabbaupotenzial	ODP (Ozone Depletion Potential)	kg CFC-11-Äq.	Fasst die Wirkung verschiedener ozonzerstörender Gase zusammen. Bezugsgröße ist das FCKW 11 (Trichlorfluormethan, CCl_3F). Der Sauerstoff wird in der Stratosphäre mit aggressivem UV-Licht bestrahlt, wobei als Reaktionsprodukt das Ozon O_3 entsteht. Durch dieses natürliche Phänomen erreicht nur ein geringer Teil der UV-Strahlung die Erdoberfläche. Ozon ist der Absorber der UV-Strahlung und übernimmt somit eine Schutzfunktion für das Leben auf der Erde. Bei Reduzierung der Ozonschicht *(Ozonabbau)* kommt es zu einer stärkeren Durchdringung von UV-Strahlung, verbunden mit einer erhöhten Zahl von Erkrankungen an Hautkrebs und grauem Star. Seit 1995 ist deshalb die Produktion und Verwendung von FCKW in der EU verboten
3	Versauerungspotenzial	AP (Acidification Potential)	mol H^+-äquiv (bisher SO_2-Äq.)	Gibt die Erhöhung der Konzentration von H^+-Ionen in Luft, Wasser und Boden an. S- u. N-Verbindungen aus anthropogen verursachten Emissionen reagieren in der Luft zu H_2SO_4 u. HNO_3, die als *saurer Regen* zur Erde fallen. Durch die Umwandlung dieser Luftschadstoffe zu Säuren sinkt (versauert) der ph-Wert des Niederschlags. Die Folge ist eine *Versauerung von Böden und Gewässern*. Sekundäre Folgen an Gebäuden sind Korrosion von Stahl, Zersetzung von Naturstein, Beton und Lehm. Das AP setzt alle Substanzen, die zu einer Versauerung führen, in das Verhältnis zur Wirksamkeit von SO_2. Mit der Version DIN EN 15804:2020–03 gilt als Bezugseinheit [mol H^+-Äq.]

(Fortsetzung)

1.2 Untersuchungsrahmen

Tab. 1.5 (Fortsetzung)

Nr	Indikator	Symbol	Einheit	Globale Umweltwirkungen *(Wirkungskategorie)*
4.1	Überdüngungs-/ Eutrophierungspotenzial	EP-Süßwasser (Eutrophication Potential)	kg PO_4^{3-} Äq.	Fasst die in das Süßwasser gelangenden Substanzen (Nährstoffanteile P, N) im Vergleich zur PO_4^{3-}-Wirkung zusammen. Eine **Überdüngung** kann zur Anreicherung humantoxischer Stoffe im Grund- und Trinkwasser und in Böden führen. Beispiele sind **verstärkte Algenbildung in Gewässern** und bei Reaktion zu Nitrit schwerwiegende **toxische Folgen** für die **menschliche Gesundheit**
4.2	Überdüngungs-/ Eutrophierungspotenzial	EP-Salzwasser	kg N-Äq	Fasst die in das Salzwasser gelangenden Substanzen (Nährstoffanteile P, N) im Vergleich zur N^--Wirkung zusammen. Eine **Überdüngung** kann zur Anreicherung humantoxischer Stoffe im Salzwasser führen. Beispiele für Auswirkungen der Überdüngung/ Pflanzenschutz sind **Fischsterben** oder bei Reaktion zu Nitrit schwerwiegende toxische Folgen für die menschliche Gesundheit
4.3	Überdüngungs-/ Eutrophierungspotenzial	EP-Land	mol N-Äq.	Fasst in den Boden gelangende Substanzen (Nährstoffanteile N, P) im Vergleich zur N^--Wirkung zusammen. Eine **Überdüngung** kann zur Anreicherung humantoxischer Stoffe in Böden führen. Beispiele für Auswirkungen der Überdüngung/ Pflanzenschutz sind bei Reaktion zu Nitrit schwerwiegende toxische Folgen für die **menschliche Gesundheit**. Angabe als kumulierte Überschreitung

(Fortsetzung)

Tab. 1.5 (Fortsetzung)

Nr	Indikator	Symbol	Einheit	Globale Umweltwirkungen *(Wirkungskategorie)*
5	Photochemisches Ozonbildungspotenzial	POCP (Photochemical Oxidant Creation Potential)	kg NM VOC-Äq.	Wird auf die Wirkung von flüchtigen org. Verbindungen ohne Methan (NMVOC = Non-methane Volatile Organic Compounds) bezogen. Durch intensive Sonneneinstrahlung entstehen aus Stickoxiden und Kohlenwasserstoffen aggressive Reaktionsprodukte, insbesondere Ozon. Photochemische bodennahe Ozonbildung (sog. *Sommersmog*) kann Vegetations- und Materialschäden hervorrufen. Höhere Konzentrationen von Ozon sind humantoxisch
6.1	Verknappung von abiotischen Ressourcen – Mineralien u. Metalle[a]	ADPE, Stoffe (Abiotic Depletion Potential – Elements)	kg Sb Äq.	Schonung begrenzter Rohstoffvorkommen, Verknappungspotenzial abiot. Stoffe: Mineralien und Metalle, die alle nicht erneuerbaren, abiotischen stofflichen Ressourcen (d. h. außer fossilen ET) umfassen
6.2	dito – fossile ET[a]	ADPF, fossile ET	MJ, unterer HW	Schonung begrenzter fossiler ET, Verknappungspotenzial abiot. Stoffe: alle fossile ET und Uran; (ADPF: Abiotic Depletion Potential – Elements – Fuels
7	Wassernutzung[a]	WDP	m^3, Welt-Äq. entzogen	Wasser-Entzugspotenzial (Benutzer), entzugsgewichteter Wasserverbrauch (WDP: Water Deprivation Potential)

[a]Einschränkungshinweis: begrenzte Erfahrungen, Unsicherheiten groß

- es besteht ein Markt, charakterisiert durch einen positiven ökonomischen Wert für das zurückgewonnene Material oder eine Nachfrage danach (Beispiel: Verwertung von Bodenaushub/Lehm ~ (DIN 18300) als Baulehm nach LR DVL [14]),
- das zurückgewonnene Material erfüllt die technischen Anforderungen für die bestimmten Zwecke und genügt den bestehenden Rechtsvorschriften und Normen für Erzeugnisse (z. B. DIN 18945–48),
- die Verwendung des zurückgewonnenen Materials führt nicht zu insgesamt schädlichen Umwelt- oder Gesundheitsfolgen.

1.2 Untersuchungsrahmen

Tab. 1.6 Zusätzliche Umweltwirkungsindikatoren nach DIN EN 15804

Nr	Indikator	Symbol	Einheit	Umweltwirkung/Wirkungskategorie
1	Feinstaubemission	PM	Krankheitsfälle	Potenzielles Auftreten von Krankheiten aufgrund v. Feinstaubemissionen (PM: Particulate Matter)
2	Ionisierende Strahlung, menschliche Gesundheit[b]	IRP	kBq U235-Äq	Potenzielle Wirkung durch Exposition des Menschen mit U235 (IRP: Ionizing Radiation Potential)
3	Ökotoxizität (Süßwasser)[a]	ETP-fw	CTUe	Potenzielle Toxizitätsvergleichseinheit für Ökosysteme (CTUe: Comparative Toxic Unit for ecosystems; ETP: Ecological Toxic Potential)
4	Humantoxizität kanzerogene Wirkungen[a]	HTP-c	CTUh	Potenzielle Toxizitätsvergleichseinheit für den Menschen (CTUh: Comparative Toxic Unit for humans; HTP-c: Human Toxic Potential-carcinogenic)
5	Humantoxizität nicht kanzerogene Wirkungen[a]	HTP-nc	CTUh	Potenzielle Toxizitätsvergleichseinheit für den Menschen (HTP-nc: Human Toxic Potential-non carcinogenic
6	Mit der Landnutzung verbunde-ne Wirkungen/ Bodenqualität[a]	SQP	-	Potenzieller Bodenqualitätsindex (SQP: Soil Quality Index)

[a]Einschränkungshinweis: begrenzte Erfahrungen, Unsicherheiten groß
[b]Einschränkungshinweis: Indikator misst die mögliche Wirkung ionisierender Strahlung auf die menschliche Gesundheit im Kernbrennstoffkreislauf, jedoch nicht die vom Boden, Radon und einigen Baustoffen ausgehende Strahlung

Tab. 1.7 Umweltwirkungsindikatoren „anfallende Abfälle/Output Stoff- u. Energieflüsse" nach DIN EN 15084

Nr	Indikator	Symbol	Einheit
1	Gefährliche Abfälle zur Deponierung	**HWD** (Hazardous waste disposed)	kg
2	Entsorgung nicht gefährlicher Abfall	**NHWD** (Non-hazardous waste disposed)	kg
3	Entsorgung radioaktiver Abfall	**RWD** (radioactive waste disposed)	kg
4	Komponenten für die Weiterverwendung	**CRU** (Components for reuse)	kg
5	Stoffe zum Recycling	**MFR** (Materials for recycling)	kg
6	Stoffe für die Energierückgewinnung	**MER** (Materials for energy recovery)	kg
7	Exportierte Energie	**EE** + Medium (Export energy)	MJ/ET

Eine Entscheidungshilfe zur Bestimmung des Endes der Abfalleigenschaft bietet DIN EN 15804, Anhang B (informativ).

1.2.4.3 Klassifizierung und charakteristisches Wirkungspotenzial

Nach Auswahl der Wirkungskategorien erfolgt die *Klassifizierung,* wobei die einzelnen Sachbilanzergebnisse den jeweiligen Wirkungskategorien zugeordnet werden. Das geschieht ggf. für einen Stoff mehrmals. So führen z. B. Stickoxide sowohl zur Überdüngung als auch zur Versauerung von Gewässern und Böden.

Für die in Tab. 1.5 genannten Indikatoren der Umweltwirkung wird nun das *charakteristische Wirkungspotenzial* des betrachteten Stoffes ermittelt und der zugehörigen Wirkungskategorie zugeordnet. So ist das CO_2 die maßgebende Größe des Indikators „Treibhauspotenzial GWP" aus der Sachbilanz und der Wirkungskategorie „Klimawandel" zuzuordnen. Die potenzielle Wirkung eines Stoffes wird in dieser Kategorie immer in das Verhältnis zum CO_2 (CO_2-Äquivalent) gesetzt und durch einen Charakterisierungsfaktor nach DIN EN 15804 ausgedrückt (Beispiel: 1 kg Methan CH_4 entspricht in der Umweltwirkung 30 kg CO_2 über 100 Jahre [19] bzw. 1 kg CFC-11 ($CFCl_3$) entsprechend 4.800 kg CO_2.

Für die nach Tab. 1.5 erhobenen Sachbilanzdaten müssen die Charakterisierungsfaktoren von EK-JRC angewendet werden (http://eplca.jrc.ec.europa.eu/LCDN/developerEF.xhtml). Sie sind durch die Bezeichnung EN_15804 identifiziert.

Die Ergebnisse aus der Klassifizierung und der Charakterisierung bilden den *verbindlichen* Teil der Wirkungsabschätzung und somit das Profil des untersuchten Produkts/-systems. Die Profile können für die Beurteilung von Produktsystemen, z. B. Außenwand oder Gebäude eingesetzt werden, wobei die Profile der Baustoffe als Vorstufe bzw. Vorprodukte dienen.

1.2.4.4 Normierung und Gewichtung

Normierung und Gewichtung sind der optionale Teil der Wirkungsabschätzung. Bei der *Normierung* wird der Betrag eines Wertes in das Verhältnis zu einem oder mehreren Referenzwerten gesetzt. Man setzt z. B. die Werte der Treibhausgase eines bestimmten Produkts/-systems in das Verhältnis zum Treibhauseffekt einer größeren Einheit wie Gebäude, Siedlung, Stadt oder Land. Daraus kann man erkennen, welche Wirkungskategorie die größten Einwirkungen auf die Umwelt ausübt. Man kann die einzelnen Wirkungskategorien auch in Gruppen (lokal, regional, global) oder nach ihrer Relevanz innerhalb einer Studie zusammenfassen.

Bei der *Gewichtung* können einzelne Kategorien zu einer aggregiert (summiert) werden, wobei durch die Aggregation der Wert der Aussagekraft der Einzelkategorie nicht verloren gehen darf.

1.3 Kreislaufmodell Produktsystem Lehmbau

UPD für das Produktsystem „Lehmbau" folgen dem Baustoffkreislauf „von der Wiege bis zur Bahre/Wiege" in Form von Sektoren/Informationsmodulen IM, für die in einer *Ökobilanz* jeweils die aufgewendeten Ressourcen ermittelt und den entsprechenden Umweltwirkungen gegenübergestellt werden. Im Idealfall schließt sich der Kreis mit *Recyclinglehm* als Ausgangsstoff für Baulehm zur Herstellung „neuer" Lehmbaustoffe (Abb. 1.3 [20]). Der Baustoff wird im Kreislauf gehalten („cradle to cradle). Es entsteht kein Abfall.

Der Lehm-Stoffkreislauf in einem Bauwerk umfasst folgende Abschnitte (Informationsmodule IM):

1. Erkundung/Gewinnung/Klassifizierung = Bereitstellung (IM A1)
2. Aufbereitung/Formgebung/Trocknung = Herstellung (IM A3)
3. Verarbeitung/Fertigung = Einbau (IM A5)
4. Nutzung/Instandhaltung (IM B1 – B7)
5. Gebäudeabbruch/Sortierung (IM C1)
6. Recycling/Wiederverwertung (IM C3, D)
7. Entsorgung/Deponie (IM C4).

Dem Startpunkt 1 („Wiege") und dem Endpunkt 2 („Bahre") des Stoffkreislaufes wurden im Lehmbau bisher wenig Aufmerksamkeit gewidmet. Beide Punkte sind „Weggabeln" im Stoffkreislauf. Hier ist zu entscheiden, ob der Lehm nach Gebäudeabbruch seine Abfalleigenschaft verliert und als Recyclinglehm im Stoffkreislauf gehalten werden kann (End of Waste, EoW, IM C3) oder ob er als Abfall aus dem Kreislauf ausscheidet und deponiert wird (End of Life, EoL, IM C4).

Das wichtigste umweltpolitisches Ziel des Kreislaufwirtschaftsgesetzes (KrWG) [21] ist, Abfälle zu vermeiden und durch Recycling die Kreislaufwirtschaft zu stärken.

Bei der Lebenszyklusanalyse von Lehmbauprodukten müssen zwei unterschiedliche Systeme von Rechtsvorschriften beachtet werden: Für den Bereich „Startpunkt 1" (IM A1) bis „Endpunkt 2" (IM C1) in Abb. 1.3 gilt das *Bau- und Bauproduktenrecht*. Technische Anforderungen sind in DIN (DIN 18300 Aushub, DIN 18945–48: A3 – C1) und Technischen Regeln niedergelegt. Ab dem „Endpunkt 2" bis zum „Startpunkt 1" einschließlich des Recyclings (IM C3) sowie die Entsorgung (IM C4) gilt das *Abfallrecht*. Die entsprechenden Technischen und Umweltanforderungen sind in der Ersatzbaustoffverordnung EBV [17] dargelegt. Bei einer Weiterverwertung des Recyclinglehms außerhalb des Lehmbaus (z. B. Straßenbau) gilt die EBV, bei einer Weiterverwendung in einem neuen Lehmbaustoff-Kreislauf gelten wieder die Anforderungen an die Stoffnormen des Lehmbaus.

Literatur

1. Dachverband Lehm e. V. (Hrsg.): *Nachhaltigkeit von Bauwerken – Umweltproduktdeklarationen für Lehmbaustoffe – Allgemeine Programmanleitungen (Basisdokument).* Weimar: 2022–08.
2. Dachverband Lehm e. V. (Hrsg.): *Nachhaltigkeit von Bauwerken – Umweltproduktdeklarationen für Lehmbaustoffe – Allgemeine Regeln für die Erstellung von Typ III Umweltproduktdeklarationen (Teil 2).* Weimar: 2022–08.
3. Dachverband Lehm e. V. (Hrsg.): *Nachhaltigkeit von Bauwerken – Umweltproduktdeklarationen für Lehmbaustoffe – Grundregeln für die Baustoffkategorie Lehmsteine (PKR LS).* Weimar: 2022–04.
4. Dachverband Lehm e. V. (Hrsg.): *Nachhaltigkeit von Bauwerken – Umweltproduktdeklarationen für Lehmbaustoffe – Grundregeln für die Baustoffkategorie Lehmmauermörtel (PKR LMM).* Weimar: 2022–04.
5. Dachverband Lehm e. V. (Hrsg.): *Nachhaltigkeit von Bauwerken – Umweltproduktdeklarationen für Lehmbaustoffe – Grundregeln für die Baustoffkategorie Lehmputzmörtel (PKR LPM).* Weimar: 2022–04.
6. Dachverband Lehm e. V. (Hrsg.): *Nachhaltigkeit von Bauwerken – Umweltproduktdeklarationen für Lehmbaustoffe – Grundregeln für die Baustoffkategorie Lehmplatten (PKR LP).* Weimar: 2022–04.
7. Dachverband Lehm e. V. (Hrsg.): *Nachhaltigkeit von Bauwerken – Umweltproduktdeklarationen für Lehmbaustoffe – Muster-UPD für die Baustoffkategorie Lehmsteine (UPD LS) nach DIN EN 15804.* Weimar: 2023–01.
8. Dachverband Lehm e. V. (Hrsg.): *Nachhaltigkeit von Bauwerken – Umweltproduktdeklarationen für Lehmbaustoffe – Muster-UPD für die Baustoffkategorie Lehmmauermörtel (UPD LMM) nach DIN EN 15804.* Weimar: 2023-01
9. Dachverband Lehm e. V. (Hrsg.): *Nachhaltigkeit von Bauwerken – Umweltproduktdeklarationen für Lehmbaustoffe – Muster-UPD für die Baustoffkategorie Lehmputzmörtel (UPD LPM) nach DIN EN 15804.* Weimar: 2023–01.
10. Dachverband Lehm e. V. (Hrsg.): *Nachhaltigkeit von Bauwerken – Umweltproduktdeklarationen für Lehmbaustoffe – Muster-UPD für die Baustoffkategorie Lehmplatten (UPD LP) nach DIN EN 15804.* Weimar: 2023–01.
11. Dachverband Lehm e. V. (Hrsg.): *Anforderungen an Lehmputz als Bauteil.* Technische Merkblätter Lehmbau, TM 01. Weimar:2014–06, 2. Aufl.
12. Dachverband Lehm e. V. (Hrsg.): *Qualitätsüberwachung von Baulehm als Ausgangsstoff für industriell hergestellte Lehmbaustoffe – Richtlinie.* Technische Merkblätter Lehmbau, TM 05. Weimar:2011–06.
13. Dachverband Lehm e. V. (Hrsg.): *Lehmdünnlagenbeschichtungen – Begriffe, Anforderungen, Prüfver- fahren, Deklaration.* Technische Merkblätter Lehmbau, TM 06, Weimar:2015–06.
14. Dachverband Lehm e.V. (Hrsg.): *Lehmbau Regeln – Begriffe, Baustoffe, Bauteile.* Wiesbaden: Vieweg + Teubner I GWV Fachverlage, 3., überarbeitete Aufl., 2009.
15. Dachverband Lehm e. V.: *Entwicklung von Rahmenbedingungen zur Erstellung von Muster-UPD für Lehmbaustoffe (2016–2018); Erarbeitung von Datengrundlagen und Muster-Umweltproduktdeklarationen für Lehmmauermörtel, Lehmsteine und Lehmplatten unter besonderer Berücksichtigung der Möglichkeiten des Recyclings (2020–2022).* Projekte gefördert von der Deutschen Bundesstiftung Umwelt (DBU): Weimar, Dachverband Lehm e. V.: 2022.
16. Bau-EPD (Hrsg.): *Nutzungsdauerkatalog der Bau-EPD für die Erstellung von UPDs.* Bau-EPD GmbH, Wien 2014.

Literatur

17. Verordnung über Anforderungen an den Einbau von mineralischen Ersatzbaustoffen in technische Bauwerke (Ersatzbaustoffverordnung – ErsatzbaustoffV). BGBl. I S.2598 (Nr. 43) v. 09.07.2021, gültig ab 01.08.2023.
18. Bundesministerium für Umwelt, Naturschutz, Bau und Reaktorsicherheit (BMVBS) (Hrsg.): *Leitfaden Nachhaltiges Bauen.* Berlin: BMVBS, 2016, 2. aktual. Aufl.
19. IPCC – Intergovernmental Panel on Climate Change (2021): Summary for Policymakers. In: Climate Change 2021: The Physical Science Basis. Contribution of Working Group I to the Sixth Assessment Report of the Intergovernmental Panel on Climate Change. Cambridge University Press. https://www.ipcc.ch/report/ar6/wg1/downloads/report/IPCC_AR6_WGI_Full_Report.pdf, Stand: 16.12.2021.
20. Schroeder, H.; Lemke, M.: *Lehm im Baustoffkreislauf – Bauprodukte, Modelle, Rückbau und Recycling.* Tagungsband „Baustoffrecycling & Lehmbaustoffe", FH Potsdam 2022. Springer: Wiesbaden 2024.
21. Gesetz zur Förderung der Kreislaufwirtschaft und Sicherung der umweltverträglichen Bewirtschaftung von Abfällen (Kreislaufwirtschaftsgesetz – KrWG) (letzte Neufassung 24.02.2012, letzte Änderung 29.10.2020).

Bereitstellung von Ausgangsstoffen 2

Für die Herstellung von Lehmbaustoffen nach DIN 18945–48 müssen neben dem Hauptbestandteil Baulehm weitere Ausgangsstoffe bereitgestellt werden. Mit diesem Schritt beginnt der Stoffkreislauf „Lehmbau" (IM A1).

2.1 Baulehm

Der Startpunkt „1" (Wiege) (Abb. 1.3) erfordert zunächst eine Präzisierung des in den Lehmbau Regeln des DVL [1] definierten Begriffes „Baulehm".

Die Bereitstellung von Baulehm (IM A1) kann in Form von vier verschiedenen baustofflichen Kategorien erfolgen: Lehmaushub (früher Grubenlehm), Trockenlehm, Recyclinglehm und Presslehm (Abb. 2.1 [2]).

2.1.1 Lehmaushub/Grubenlehm

Lehmaushub/Grubenlehm ist ein mineralischer Rohstoff, der zielgerichtet für die Herstellung von Lehmbaustoffen abgebaut wird (Abb. 2.2 [3]). Der Baulehm wird in diesem Fall als *Primärlehmaushub* bezeichnet. Alle abbaubedingten Aufwände/Umweltwirkungen für Erkundung, Gewinnung und Klassifizierung werden dem aktuellen Produktsystem zugerechnet.

Sekundärlehmaushub ist ein aus einem anderen Produktsystem „importierter" Abfallstoff (Abfallschlüssel AVV 17 05 04 [4]), z. B. aus dem Kiesabbau, der bei Überschreitung

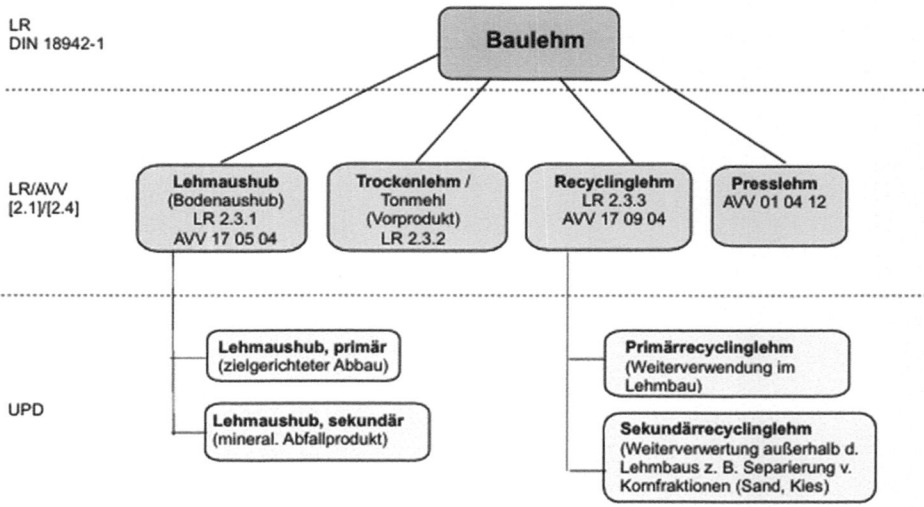

Abb. 2.1 Bereitstellung von Baulehm, Begriffe

Abb. 2.2 Lehmaushub mit angetrockneten Lehmklumpen (Agglomeratgrößen > 200 mm)

der Systemgrenze „Kiesgewinnung" seine Abfalleigenschaft verliert (EoW) und zum Ausgangsstoff (Baulehm) im Produktsystem „Lehmbau" wird (Abb. 1.3). Der Aufwand/ die Umweltwirkungen für den Abbau werden dann dem ursprünglichen Produktsystem „Kiesabbau" zugerechnet. Eine Reihe von Lehm-Produktherstellern verwenden „Sekundärlehmaushub" als Baulehm und verbessern damit ihre Ökobilanz.

Abb. 2.3 Vereinfachtes bodenkundliches Normalprofil

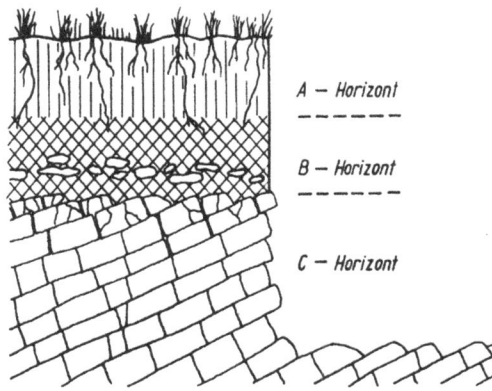

2.1.1.1 Erkundung

Bei der Erkundung von Lehmaushub als Primärrohstoff wird ein mögliches Abbaugebiet mittels geotechnischer Verfahren (Sondierung, Schurf, Bohrung) in seiner räumlichen Ausdehnung abgegrenzt. Feldprüfungen vor Ort entscheiden über die grundsätzliche Eignung als Baulehm.

In einem bodenkundlichen Normalprofil steht Lehmaushub für die Herstellung von Lehmbaustoffen im B-Horizont über dem gewachsenen Fels an (C-Horizont) (Abb. 2.3 [5]). Zuvor muss der organische Oberboden (A-Horizont) abgeräumt und für eine spätere Nutzung als natürliche Ressource zwischengelagert werden.

2.1.1.2 Gewinnung

Der Abbau von Lehmaushub/Grubenlehm erfolgt je nach örtlichen Bedingungen nach DIN 18300 mit geeigneten Geräten, z. B. hydraulische Raupenbagger (Abb. 2.4 [6]) und anschließendem LKW-Transport zur Aufbereitung.

2.1.1.3 Klassifizierung

Nach der Entscheidung über die grundsätzliche Eignung des Lehmaushubs/Grubenlehms für Lehmbauzwecke durch Feldprüfungen vor Ort wird der abgebaute Lehm mittels Laborprüfungen klassifiziert. Wesentliche Indikatoren sind die Kornzusammensetzung und -verteilung, die Plastizität und der Gehalt an natürlichen Beimengungen.

Kornzusammensetzung und -verteilung

Lehme auf der natürlichen Lagerstätte sind das Ergebnis von natürlichen Transport- und Umlagerungsprozessen auf der Erdoberfläche. Kornzusammensetzung und -verteilung geben Hinweise auf ihre Entstehungsgeschichte, die durch entsprechende petrografische/ lithogene Bezeichnungen dargestellt werden (Abb. 2.5 [6]):

Lösslehme sind windtransportierte, eiszeitliche Sedimente im Stau der Mittelgebirge. Sie besitzen ein steil verlaufendes, schmales Körnungsband im Mittel- bis Grobschluffbereich

Abb. 2.4 Abbau von Sekundärgrubenlehm mit Raupenbagger u. Schürfkübel

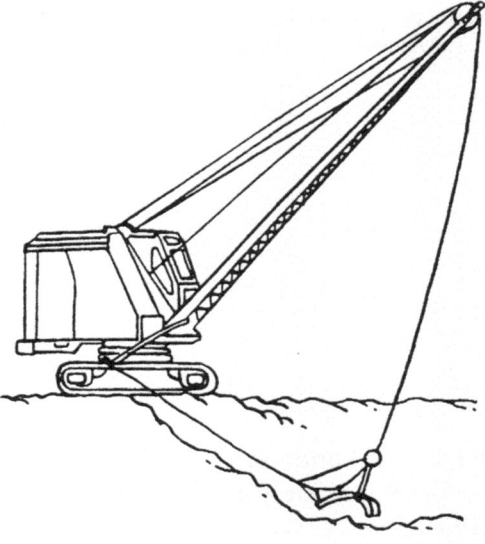

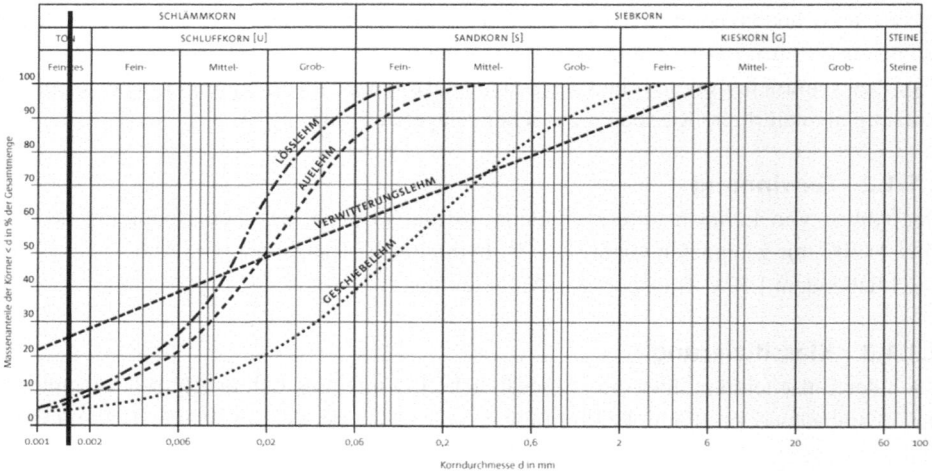

Abb. 2.5 Körnungslinien verschiedener Lehmarten mit petrografischen Bezeichnungen

mit geringem Tonkornanteil. Sie eignen sich für die Herstellung von Lehmputzmörteln (LPM).

Geschiebelehme sind durch eiszeitlichen Transport als Grundmoräne ungeschichtet abgelagertes Material mit breitem Körnungsband vom Ton- über den Schluff-, Sand- und Kieskorn- bis in den Bereich der Steine.

2.1 Baulehm

Verwitterungslehme besitzen eine ähnliche Kornverteilung wie Geschiebelehm. Da sich der Lehm noch auf der primären Lagerstätte befindet, sind die Körner/Bruchstücke jedoch kantig und eckig. Er eignet sich deshalb besonders für die Herstellung von Konstruktionen aus Stampflehm STL.

Eine Klassifikation der Lehme nach Korngrößen erfolgt auf der Grundlage von DIN EN ISO 17892-4 in die Fraktionen Schlämmkorn (Ton, Schluff) und Siebkorn (Sand, Kies, Steine) mit den in Abb. 2.5 [7] dargestellten Korndurchmessern d. Die Hauptarten Schluff, Sand und Kies werden noch jeweils in die Untergruppen fein, mittel und grob unterteilt. Entscheidend für die Eigenschaften des Baulehms ist neben dem Kornskelett der Tonanteil mit d < 0,002 mm. Er enthält Tonminerale, die in ihre Schichtstruktur Wassermoleküle einlagern können und trockenem Lehm die Eigenschaft der „Replastifizierung" durch Wasserzusatz verleihen.

Plastizität

Innerhalb eines bestimmten Wassergehaltsbereiches sind Lehme bildsam (Bildsamkeitsbereich I_P). Dieser Bereich wird in Abhängigkeit vom aktuellen Wassergehalt mit dem Konsistenzindex I_C beschrieben. Am „nassen Rand" des Bildsamkeitsbereiches ($I_C = 0$) geht der Lehm von der breiigen in die flüssige Konsistenz über, am „trockenen Rand" ($I_C = 1$) von steif nach halbfest. Zwischen „steif" und „breiig" liegt die Konsistenzform „weich" (Abb. 2.6 [8]). Für die Verarbeitung und Formgebung von Lehmbaustoffen sind bestimmte Konsistenzformen optimal, z. B. breiig für die Verarbeitung von LPM und LMM oder weich – steif für die Formgebung von LS und LP.

Ein Alleinstellungsmerkmal von nicht chemisch stabilisierten Lehmbaustoffen ist ihre Replastifizierbarkeit: Trockene Lehmbaustoffe werden durch Wasserzugabe wieder plastisch und die hydraulischen Eigenschaften der Tonminerale reaktiviert. Im DVL-Projekt „UPD Lehm.1/2" [9] wurden für die Replastifizierung Rückgewinnungsszenarien im IM D entwickelt.

Das bei Formgebungsprozessen für LS und LP erforderliche Anmachwasser muss bis zum Erreichen des Gebrauchszustandes austrocknen. Eine technische Trocknung beschleunigt

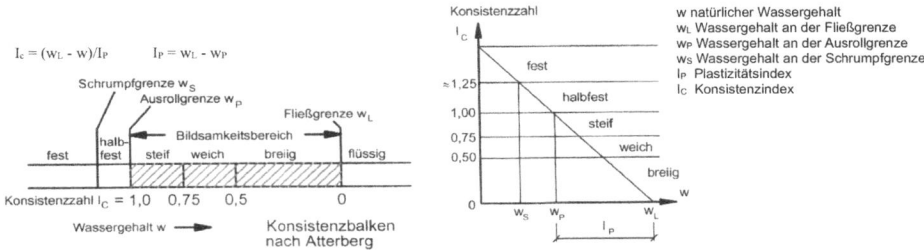

Abb. 2.6 Darstellung der Grenzwassergehalte im Konsistenzdiagramm n. DIN EN ISO 17892-12

den Vorgang, erfordert jedoch erhebliche Energieaufwendungen, die die Ökobilanzen in die Nähe von gebrannten (keramischen) Produkten rücken.

Mit der Trocknung/Wiederbefeuchtung (Replastifizierung) des Lehms verbunden sind die entsprechenden Formänderungsprozesse Schwinden/Quellen.

Natürliche Beimengungen
Neben den mineralischen Bodenbestandteilen können Baulehme auch natürliche Beimengungen enthalten. Dabei handelt es sich um wasserlösliche Salze und pflanzliche organische Rückstände.

Nach DIN EN ISO 14688-1 gelten Böden mit einem *Kalkanteil* < 1 V.-% als kalkfrei, zwischen 1 bis 5 V.-% als kalkhaltig und > 5 V.-% als stark kalkhaltig. Kalk wird/wurde im traditionellen Lehmbau auch als Zusatzmittel verwendet.

Der *organische Anteil* in Böden wird mit der Glühverlustmethode nach DIN EN 17685-1 ermittelt. Er beträgt < 5 V.-% für anorganische Böden, zwischen 5–30 V.-% für organogene Böden und > 30 V.-% für organische Böden (z. B. Torf).

Lehme können auch „bauschädliche" Salze (Nitrate, Sulfate, Chloride) enthalten, deren Gesamtgehalt in DIN 18945–48 auf $\leq 0{,}12$ % Massenanteil begrenzt ist.

2.1.2 Trockenlehm/Tonmehl

Sind Vorprodukte (aufgemahlene Lehme), die „graue" Energie aus Vorprozessen mit entsprechenden Umweltwirkungen beinhalten, die dem aktuellen Produktsystem zugerechnet werden müssen. Trockenlehme/Tonmehle werden in Kraftpapiersäcken zu je 25 kg oder lose in Silos angeliefert (Abb. 2.7 [10]).

2.1.3 Recyclinglehm

Ist aus Gebäudeabbruch rückgewonnener Lehmbaustoff, der bei Wiederverwertung im Lehmbau als *Primärrecyclinglehm* bezeichnet wird. *Sekundärrecyclinglehm* ist ebenfalls aus Gebäudeabbruch rückgewonnener Lehmbaustoff, der jedoch außerhalb des Produktsystems Lehmbau weiterverwertet wird (Aufschüttungen Straßenbau) (Abb. 2.1).

2.1.4 Presslehm

Ist ein bei der Kieswäsche anfallendes Abfallprodukt in Form von Waschschlamm der Korngruppen Mittelsand – Ton (d < 0,4 mm, DIN EN ISO 17892-4), der zunächst in

2.1 Baulehm

Abb. 2.7 Tonmehl, abgesackt

Schlammteichen aufgefangen wird (Abb. 2.8 [11]). Eine Weiterverwendung von (entwässertem) Presslehm (Abb. 2.9 [11]) für die Herstellung von LS/LSM ist belegt [12]. Für Anwendungen im Lehmbau darf der Waschschlamm keine chemischen „Anti"-Flockungsmittel oder andere Zusätze enthalten. Der Waschschlamm wird in [13] auch als „Schlufffraktion aus Waschprozessen" bezeichnet.

Abb. 2.8 Einleiten des Kies-Wasch-Schlamms in Schlammteich

Abb. 2.9 Presslehm nach Durchlaufen des Kies-Wasch-Schlamms durch Kammerfilterpresse

2.2 Weitere Ausgangsstoffe

Für die Herstellung von Lehmbaustoffen werden neben Baulehm/Erdaushub derzeit die in DIN 18945–48 aufgeführten mineralischen/organischen Zusatzstoffe als weitere Ausgangsstoffe verwendet. Darüber hinaus ist der Zusatz von anorganischen Pigmenten nach DIN EN 12878 oder pflanzlichen Farbstoffen zulässig.

2.2.1 Natürliche Gesteinskörnung

Natürliche Gesteinskörnungen nach DIN EN 12620 werden als Zusatzstoff für die Herstellung von Beton eingesetzt. Sie werden durch industrielle Aufbereitung natürlicher Gesteinsrohstoffe erzeugt und besitzen eine Kornrohdichte KRD von $\geq 2{,}0$ g/cm^3. Die KRD ist die Masse eines Korns bezogen auf sein durch die Kornoberfläche begrenztes Volumen einschließlich Poren in kg/dm^3. Sie ergänzen im Körnungsspektrum des Baulehms bei Bedarf die Sandkornfraktion.

2.2.2 Holz

Der Zusatzstoff Holz umfasst zerkleinertes, chemisch unbehandeltes Holz wie Späne, Sägemehl etc. Zerkleinerte Holzwerkstoffe mit chemischen Klebern/Anstrichstoffen sind nicht zugelassen.

2.2.3 Pflanzenfasern/Tierhaar

Zugelassene Pflanzenfasern sind z. B. Strohfasern, aber auch lokal verfügbare Faserarten, z. B. Miscanthus. Die Faserlänge folgt praktischen Erfahrungen und ist abhängig vom Lehmbaustoff: Sie kann bei Wellerlehm $W_L \geq 20$ cm betragen (Abb. 3.7), bei LPM bis etwa 1 cm.

Beispiele für die traditionelle Verwendung von Tierhaar als Zusatzstoff sind z. B. der Einsatz von Kälberhaar/Schweineborsten für die Herstellung von LPM. Dadurch kann die Rissstabilität des LPM beim Austrocknen verbessert werden.

2.2.4 Ziegelbruch

Aus Ziegelbruch aufbereitetes Ziegelmehl/Ziegelsplitt aus mörtelfreien Ziegeln darf als Zusatzstoff eingesetzt werden, um Sandkornfraktionen aus Primärstoffen zu ersetzen/ergänzen.

2.2.5 Bims

Bims ist ein poröses, natürliches Gestein vulkanischen Ursprungs. Bei einem Einsatz als Zusatzstoff für die Herstellung von Lehmbaustoffen muss DIN EN 13055-1 beachtet werden. Durch das große Porenvolumen reduziert Bims die Trockenrohdichte im Lehmbaustoff (z. B. LPM) und verbessert dadurch die Wärmedämmung.

2.2.6 Geblähte Leichtzusätze

Geblähte Leichtzusätze umfassen alle mineralischen, technisch expandierten Produkte, z. B. Blähperlit, Blähton, Blähglas, Blähschiefer, wobei im Einzelfall die bauaufsichtliche Zulassung nachzuweisen ist. Geblähte Leichtzusätze erfordern einen hohen thermischen Energieeinsatz für den Blähvorgang, der die Ökobilanz des Lehmbauprodukts negativ beeinflusst.

2.2.7 Rezyklierte Gesteinskörnung

Besteht aus zu Rezyklaten < 2 mm aufbereitetem Ziegel-/Kalksandstein-Mauerwerksbruch mit anhaftenden Mörtelresten sowie Betonbruch, die als mineralische Sekundärstoffe in den Baustoffkreislauf „Lehm" eingeführt werden, um primäre/natürliche Gesteinskörnungen zu ersetzen. Zu dieser Sekundärstoffkategorie gehören auch „Schlufffraktionen aus Waschprozessen" [13] (Waschschlamm, Abschn. 2.1.4).

Die Rezyklate müssen die Anforderungen der Ersatzbaustoffverordnung EBV [14] für Bodenmaterial der Klasse BM-0 für Lehm und Schluff erfüllen und entsprechend geprüft werden (Feststoff/Eluat).

Alternativ kann rezyklierte Gesteinskörnung als Klasse RC-1 bei Nachweis gem. EBV deklariert und bis max. 10 M.-% bezogen auf den trockenen Lehmbaustoff dem Baulehm zugesetzt werden.

2.2.8 Zusatzstoffe/Zusatzmittel in UPD Lehm

Tab. 2.1 zeigt eine Übersicht der derzeit nach DIN 18945–48 möglichen (☐) bzw. von den Herstellern im Projekt „UPD Lehm.1/2" [13] verwendeten (■) Zusatzstoffe/Zusatzmittel zum Baulehm.

Tab. 2.1 Zusatzstoffe/Zusatzmittel für die Herstellung von Lehmbauprodukten nach DIN 18945–48

Nr	Zusatzstoff/Lehmbauprodukt	LS	LMM	LPM	LP
1	Natürliche Gesteinskörnung (Sand 0/2, Bims)	☐	■	■	☐
2[a]	Primärlehmaushub	■	☐	☐	■
3[a]	Sekundärlehmaushub	☐	■	■	■
4[a]	Trockenlehm/Tonmehl	☐	☐	■	☐
5[a]	Primärrecyclinglehm	☐	☐	☐	☐
6	Ziegelmehl/-splitt aus mörtelfreien Ziegeln	☐	☐	☐	■
7	Thermisch geblähte Produkte (Blähton etc.)	☐	☐	☐	☐
8	Pflanzenfasern/Stroh	☐	☐	☐	■
9	Tierhaar	☐	☐	☐	☐
10	Holzspäne/Sägemehl, chemisch unbehandelt	■	■	■	■
11	Anorganische Pigmente	☐	☐	☐	☐
12	Pflanzliche Farbstoffe	☐	☐	☐	☐
13	Wasserlösliche stabilisierte Zusatzmittel < 1M.-% (z. B. Stärke, Methylzellulose)	☐	☐	■	■

a Die Zeilen Nr. 2 bis 5 bilden die verschiedenen Kategorien des Baulehms nach Abb. 2.1

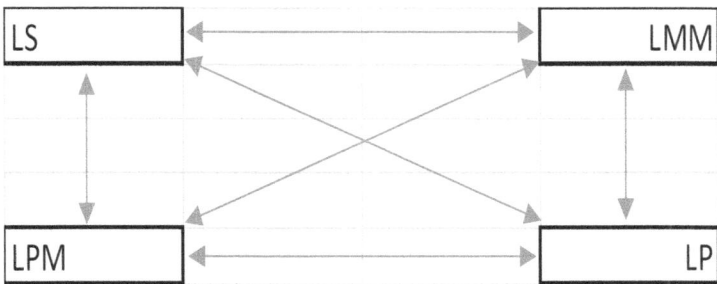

Abb. 2.10 Kreuzkompatibilität von aufbereitetem Lehm-Abbruchmaterial als Ausgangsstoff für neue Lehmbaustoffe

Alle Ausgangsstoffe werden nach firmenspezifischen Rezepturen in einem Arbeitsgang „Mischen" zu einer homogenen Arbeitsmasse aufbereitet. Bei Lehmmörteln (LMM, LPM) kann dies je nach Wassergehalt der Ausgangsstoffe „erdfeucht" oder „trocken" geschehen. LMM/LPM können entsprechend „erdfeucht"/„trocken" in geeigneten Verpackungen an die Baustelle geliefert werden.

Die im Lehmaushub und in den daraus hergestellten Lehmbaustoffen enthaltenen bindekräftigen Tonminerale behalten die Eigenschaft der Replastifizierbarkeit auch nach Gebäudeabbruch bei. So kann deshalb aus Lehmabbruch hergestelltes Lehm-Rezyklat unabhängig von der ursprünglichen Produktkategorie, z. B. LS, LMM u. LPM, auch als Ausgangsstoff für eine „andere" Lehm-Produktkategorie eingesetzt werden, z. B. für LP. In Abb. 2.10 ist diese Austauschbarkeit oder „Kreuzkompatibilität" als Schema dargestellt.

Mit der Entwicklung neuer technischer Anwendungen für Lehmbaustoffe ist eine Erweiterung der Palette der Zusatzstoffe/-mittel zu erwarten (Rezyklierte Gesteinskörnungen, Abschn. 2.2.7). Dabei ist zu beachten, dass die Eigenschaft der Replastifizierbarkeit des Lehmabbruchs im Rahmen des Recyclings (IM D) nicht eingeschränkt werden darf.

Literatur

1. Dachverband Lehm e.V. (Hrsg.): *Lehmbau Regeln–Begriffe, Baustoffe, Bauteile*. Wiesbaden: Vieweg + Teubner | GWV Fachverlage, 3., überarbeitete Aufl., 2009.
2. Schroeder, H.; Lemke, M.: *Lehm im Baustoffkreislauf – Bauprodukte, Modelle, Rückbau und Recycling*. Tagungsband Symposium „Baustoffrecycling & Lehmbaustoffe – Perspektiven für eine Kreislaufwirtschaft im Bauwesen", FH Potsdam August 2022. Springer: Wiesbaden 2024.
3. Venkatarama Reddy, B.: *Compressed Earth Block ¬ Rammed Earth Structures*. Springer Transactions in Civil and Environmental Engineering. Springer Nature: Singapore 2022.
4. Verordnung über das Europäische Abfallverzeichnis (Abfallverzeichnis-Verordnung AVV)v. 10.12.2001 (BGbl. I, S. 3379), letzte Fassung v. 30.06.2020 (BGbl. I, S. 1533).
5. Klengel, K. J.: Wagenbreth, O.: *Ingenieurgeologie für Bauingenieure*. Berlin: VEB Verlag f. Bauwesen, 1981.

6. Rigassi, V.: *Compressed earth blocks Vol. 1: Manual of production.* Gate/CRATerre-EAG, Braunschweig:Vieweg Verlag, 1995.
7. Dachverband Lehm e. V. (Hrsg.): *Kurslehrbuch Fachkraft Lehmbau (DVL).* Weimar 2012.
8. Schroeder, H.: *Lehmbau – Mit Lehm ökologisch planen und bauen.* Springer Vieweg: Wiesbaden 2019, 3. Aufl.
9. Dachverband Lehm e. V.: *Entwicklung von Rahmenbedingungen zur Erstellung von Muster-UPD für Lehmbaustoffe (2016–18); Erarbeitung von Datengrundlagen und Muster-Umweltproduktdeklarationen für Lehmmauermörtel, Lehmsteine und Lehmplatten unter besonderer Berücksichtigung der Möglichkeiten des Recyclings (2020–22).* Projekte gefördert von der Deutschen Bundesstiftung Umwelt (DBU): Weimar, Dachverband Lehm e. V.: 2022.
10. Kärlicher Ton- u. Schamottewerke Mannheim Co. KG. *KTS – einen Ton besser.* Mülheim-Kärlicher, Firmenprospekt 2003.
11. Krakow, L.: *Waschschlamm als Deponiebaustoff – Ein intelligenter Beitrag zur Rohstoffeffizienz und Ressourcenschonung.* Aggregates International 03/2008, S. 29 – 37.
12. Dietzschkau, A.: *Zielgruppen für mögliche Lehmprodukte aus der Kiesgewinnung – eine praktische Marketingkonzeption.* Unveröff. Diplomarbeit, FB Wirtschaftswissenschaften/Allg. BWL, Westsächsische Hochschule Zwickau (FH), Zwickau 1998.
13. Klinge, A.; Mönig, J.: *upMIN100: upcycling mineralischer Bau- und Abbruchabfälle zur Substitution natürlicher Gesteinskörnungen in Lehmbaustoffen.* LEHM 2024. 9. Internat. Fachtagung f. Lehmbau. Beitrag USB-Stick, Weimar 2024.
14. Verordnung über Anforderungen an den Einbau von mineralischen Ersatzbaustoffen in technische Bauwerke (Ersatzbaustoffverordnung – ErsatzbaustoffV). BGBl. I S. 2598 (Nr. 43) v. 09.07.2021, gültig ab 01.08.2023.

3 Herstellung von Lehmbaustoffen

Die Herstellung von Lehmbaustoffen umfasst die Prozesse der Aufbereitung der Ausgangsstoffe sowie die verschiedenen Verfahren der Herstellung mit der Formgebung und der abschließenden Trocknung. Im DVL-Projekt „UPD Lehm.1/2" wurden Muster-UPD für die Produktkategorien LS, LMM, LPM und LP entwickelt [1], auf deren Grundlage das Prüfgremium des DVL in den Jahren 2023/24 sieben Hersteller-UPD für LMM, LPM und LP zertifizierte [2]. Die in den Hersteller-UPD enthaltenen aktuellen Daten zu Sach- und Ökobilanzen werden im *Abs. 3.5* als Durchschnittswerte dargestellt und bewertet. Davon ausgenommen sind LS, für die noch keine Hersteller-UPD vorliegen: Die Daten für LS basieren auf theoretischen Berechnungen in der Muster-UPD LS [3]. Das Kapitel schließt ab mit der zusammenfassenden grafischen Darstellung ausgewählter Berechnungsergebnisse für die Leitparameter Primärenergieinput (PEI) und Treibhausgasemission (GWP) sowie der Überleitung von der Baustoffebene zur Bauteilebene (IM A5) mit Lehmsteinmauerwerk (LSM), bestehend aus den Baustoffen Lehmsteine (LS) und Lehmmauermörtel (LMM).

3.1 Aufbereitung

Lehmaushub (Abb. 2.2) ist i. d. R. noch nicht für eine Verarbeitung/Formgebung geeignet. Das Ziel der Aufbereitung ist die Herstellung einer homogenen, verarbeitungsfähigen Mischung für ungeformte und geformte Lehmbaustoffe aus Lehmaushub und den erforderlichen Zusatzstoffen. Dieser Arbeitsmasse wird dabei i. d. R. Wasser zugesetzt, damit die für die anschließende Verarbeitung (LMM, LPM)/Formgebung (LS, LP) erforderliche Konsistenz erreicht wird *(Abs. 2.1.1.3.2)*.

Bei der Aufbereitung werden die abbaubedingten und geologisch gewachsenen Strukturen aufgebrochen und homogenisiert. Die Qualität der Aufbereitung ist entscheidend für die zu erreichenden Qualitätsparameter der hergestellten Lehmbaustoffe. Während dieser Prozess im traditionellen Lehmbau von Haustieren/Menschen durch „Treten" geleistet wurde/wird, stehen dafür heute unterschiedliche, auf Lehmbaustoffe angepasste industrielle Maschinensysteme zur Verfügung, die z. B. aus der Ziegelindustrie, aber auch aus artfremden Bereichen wie Gartenbau, Landwirtschaft und Nahrungsmittelindustrie adaptiert wurden/werden.

Alle zur Aufbereitung verwendeten produktspezifischen maschinellen Systeme werden im Rahmen einer Ökobilanz in Bezug auf ihren Energieverbrauch mit einem produktbezogenen Erhebungsbogen erfasst [1]. Hintergrunddaten zu Energieträgern, Transporten oder Verpackungen sind generischen Datenbanksystemen entnommen.

Generell unterscheidet man zwischen natürlicher und mechanisierter Aufbereitung.

3.1.1 Natürliche Aufbereitung

Bei der natürlichen Aufbereitung wird der Lehmaushub zu Mieten/Halden aufgeschüttet und über einen längeren Zeitraum den vorherrschenden Witterungseinflüssen ausgesetzt. Dabei wird der Lehm durch physikalische und chemische Prozesse infolge von Niederschlägen, Sonnen- und Frosteinwirkung *(„Aussommern"/„Auswintern")* in seiner Struktur „aufgeschlossen".

Im Lehmbau kommen noch die Verfahren „Mauken" und „Sumpfen" zur Anwendung. Beim *Mauken* handelt es sich um biologisch wirkende Fäulnis-/Gärprozesse, die während der Witterungsexposition ohne zusätzliches Zutun stattfinden. Diese Prozesse bewirken eine Erhöhung der Plastizität *(Abs. 2.1.1.3.2)*. Beim *Sumpfen* wird der Lehm für eine gewisse Zeit mit Wasser versetzt, wodurch Quellvorgänge ausgelöst werden, die die verkitteten Lehmstrukturen lockern und die anschließende Verarbeitung erleichtern.

Trocken an die Baustelle gelieferte LPM/LMM sollen nach „Anmachen" mit Wasser vor der Verarbeitung noch eine gewisse Zeit ruhen (sumpfen), damit sich die Bindekraft der Tonminerale voll entfalten kann.

Das Einsumpfen von trocken rückgewonnenem Lehmabbruch wird als ein Rückgewinnungsszenario im IM D *(Abs. 7.3)* behandelt.

Alle Verfahren der manuellen, natürlichen Aufbereitung von Baulehm erfordern außer Transportaufwand keinen Ressourcenverbrauch, der in der Ökobilanz erfasst werden muss. Sie sind die umweltschonendsten, zugleich aber auch zeitaufwändigsten Verfahren der Aufbereitung. Sie wurden/werden im überwiegend traditionellen Hausbau/-sanierung angewendet.

3.1.2 Mechanisierte Aufbereitung

Für eine werksmäßige/industrielle Herstellung von Lehmbaustoffen nach DIN 18945-48 wird der Lehmaushub i. d. R. mechanisiert aufbereitet und mit den weiteren Baulehmanteilen und Ausgangsstoffen zu einer homogenen Arbeitsmasse vermischt. Abbruchlehm wird als aufbereitetes Lehm-Rezyklat bereitgestellt.

Für die Aufbereitung stehen je nach Abbauqualität des Lehmaushubs zahlreiche Verfahren von manuell-mechanisierten Dieselaggregaten bis zu E-motorbetriebenen industriellen Anlagen [4, 5] zur Verfügung. Solche Anlagen werden auch bei der Aufbereitung von Abbruchlehm zu Lehm-Rezyklat genutzt *(Abs. 7.3.1.1)* [6].

Bei der Erstellung einer Ökobilanz werden nur mechanisierte Anlagen und die relevanten Energieträger (i. d. R. elektrische Energie) berücksichtigt. Menschliche Arbeitskraft wird bzgl. der Stoffflüsse derzeit (noch) nicht erfasst.

Die nachfolgenden Beispiele für Aufbereitungsverfahren werden nach der zu zerkleinernden Agglomeratgröße des Lehmaushubs gegliedert und Prinzipien der dazu erforderlichen Diesel-/E-motorbetriebenen Aufbereitungsanlagen dargestellt. Verfahrenstechnisch bedingte Leistungsdaten/Angaben zum Energieverbrauch der eingesetzten Geräte können bei den Produktherstellern erfasst (herstellerspezifische Datenblätter) oder generischen Datenbanken entnommen werden.

3.1.2.1 Brechen, Schneiden und Kneten

Für die Grobzerkleinerung des Lehmaushubs (Abb. 2.2, Agglomeratgrößen d > 200 mm) setzten sich ab etwa 1850 in den Ziegeleien maschinelle Aufbereitungssysteme durch, die in vereinfachter Form auch für die Aufbereitung von Lehmaushub übernommen wurden/ werden. Beispiele für Prinzipien motorbetriebener Systeme zeigt Abb. 3.1 [5]:

- *Kollergang/Backenbrecher:* Lehmklumpen werden mittels sich gegenläufig drehender bzw. feststehender und drehender Walzen zerquetscht (Leistung/h ca. 2 – mehrere 100 t [7]),
- *Schlaghammer:* horizontal gelagerte, mit aufgeschraubten Stahlwinkeln besetzte Scheibe rotiert mit hoher Geschwindigkeit um Vertikalachse und zerschlägt dabei Lehmklumpen sowie verfestigtes Lockergestein (Leistung/h 10 – mehrere 100 t in Abhängigkeit vom Maschinensystem [7]).

3.1.2.2 Sieben

Beim Sieben wird grob zerkleinerter Lehmaushub nach Korn- bzw. Agglomeratgrößen klassiert. Dabei werden unbrauchbare Steine und Grobkörnungen, organische Bestandteile (Baumwurzeln) sowie Fremdstoffe aussortiert. Auf dem Sieb zurückbleibende Lehmklumpen können einzeln zerkleinert und dem Siebvorgang erneut zugeführt werden. Die Siebvorrichtung muss dabei in der Lage sein, das Grobgut zu tragen und das Feingut durch seine Öffnungen passieren zu lassen.

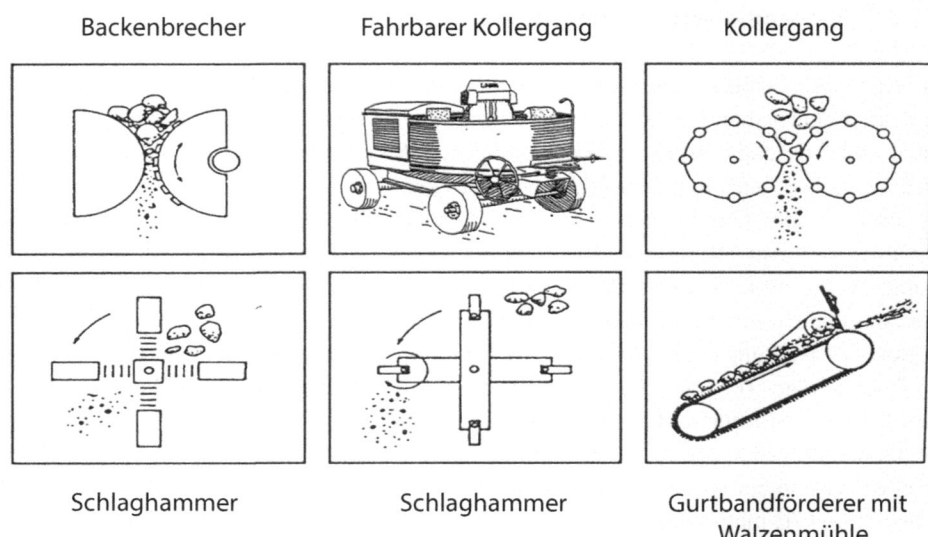

Abb. 3.1 Mechanismen zur Aufbereitung von Lehmaushub: grob zerkleinern, brechen, kneten

Je nach Zielgröße finden Siebe mit Maschenweiten zwischen etwa 4 und 12 mm Anwendung. Für kleinere, manuell bewegte Mengen werden feststehende Siebe und Roste eingesetzt (schräg gestellter Durchwurf, Handsieb). Für größere Mengen erfolgt die Siebklassierung durch maschinell betriebene Siebvorrichtungen, z. B. Rotations- oder Vibrationssiebe.

Industrielle Anlagen zur Herstellung von Lehmbauprodukten sieben die mineralischen Zusatzstoffe ebenfalls aus. Dafür werden außer den beschriebenen Siebtypen auch Rüttelsiebe genutzt, die in die Materialzufuhr der Dosier- und Mischanlagen integriert sind.

Abb. 3.2 zeigt ein Rotations- oder Trommelsieb, dessen Trennfläche durch ein leicht geneigtes, rotierendes, zylindrisches Sieb gebildet wird [4, 5]. Die Materialaufgabe erfolgt am höheren Ende. Das Feinkorn tritt durch die Öffnungen des Trommelmantels aus. Das Grobgut verlässt die Trommel axial am unteren Ende.

3.1.2.3 Mahlen und Granulieren

Bei der *Feinzerkleinerung* wird aus feinkörnigem Lehmaushub rieselfähig aufbereiteter Lehmbaustoff hergestellt und getrocknet unter der Bezeichnung Trockenlehm/ Lehmpulver/Tonmehl (oder Lehm-Rezyklat, *Abs. 7.3.1.1*) angeboten. Diese Produkte bilden eine eigenständige Kategorie im Begriffssystem „Baulehm" (Abb. 2.1, *Abs. 2.1.1.2*). Trockenlehme sind Vorprodukte. Die mit ihrer Herstellung verbundenen Trockenprozesse erfordern einen Energieaufwand, der als „graue Energie" in die Ökobilanzierung von Lehmprodukten mit Trockenlehm eingeht.

3.1 Aufbereitung

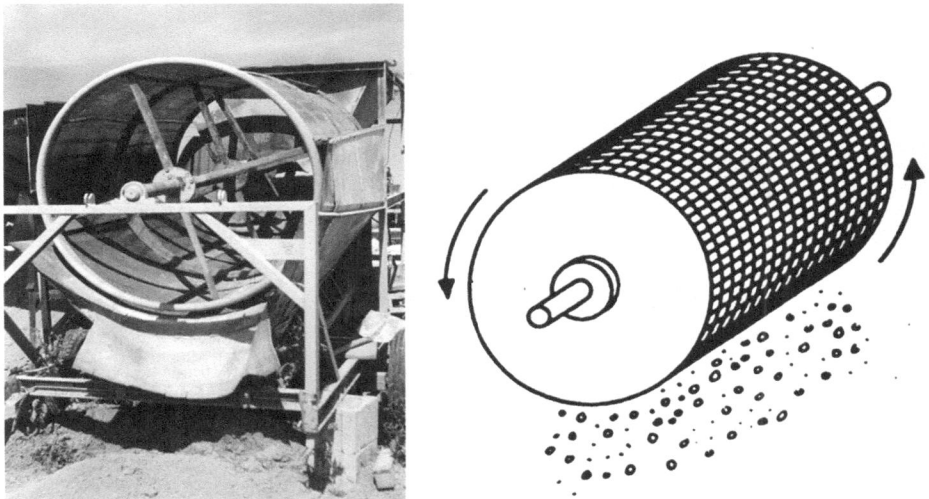

Abb. 3.2 Rotations- oder Trommelsieb/Schema

Die *Mahlaufbereitung* des Lehmaushubs erfolgt in speziellen, in der keramischen Industrie üblichen Trommelmühlen bis zu Teilchengrößen d < 0,1 mm. Abb. 3.3 zeigt eine Trommel-/Kugelmühle: In einem rotierenden Stahlzylinder (Trommel) befinden sich Mahlkugeln aus Flintsteinen/Stahl. Der Mahleffekt entsteht dadurch, dass bei Drehung der Trommel die mitgenommenen oberen Kugeln den Böschungswinkel des Haufwerks herunterrollen. Dabei treffen die Kugeln zufällig aufeinander, und das Mahlgut, das sich zwischen den Kugeln befindet, wird zerschlagen. Eine weitere Mahlwirkung wird durch Verschiebungen der Kugeln im Inneren des Kugelhaufens erzielt [6, 8]. Trockenlehme/Tonmehle werden als „Sackware" (Abb. 2.7) oder in geschlossenen Silos an die Baustelle geliefert. (Absatz einfügen) Die Aufbereitung des Mahlgutes kann mit dem *Granulieren* als letzter Stufe abgeschlossen werden. In einem Halbnassverfahren wird das auf ca. 90 °C erhitzte Tonmehl unter Zusatz von verdüstem Wasser zu Pelletgrößen von ca. 1–30 mm agglomeriert (Abb. 3.4 [9]). Das granulierte Tonmehl wird als Lehmschüttung (LT) zur Verfüllung waagerechter Bauteile (Holzbalkendecken) verwendet. Die Erhitzung des Tonmehls sowie der Einsatz von Wasser erfordern einen erhöhten Energieaufwand.

3.1.2.4 Dosieren, Vereinigen, Mischen

Beim *Dosieren* werden der Lehmaushub, weitere Baulehmanteile (Lehm-Rezyklat, Trockenlehm) und ggf. die Zusatzstoffe/Zusatzmittel durch volumetrisch oder gravimetrisch arbeitende Geräte aufgenommen und einem nachgeschalteten Stetigförderer zugeführt. Beim *volumetrischen* Dosieren wird dem Lager ein vorgegebenes Volumen des Feststoffes pro Zeiteinheit entnommen und abgeführt. Beim *gravimetrischen* Dosieren wird der abzugebende Feststoff durch eine Wiegevorrichtung gemessen und danach die

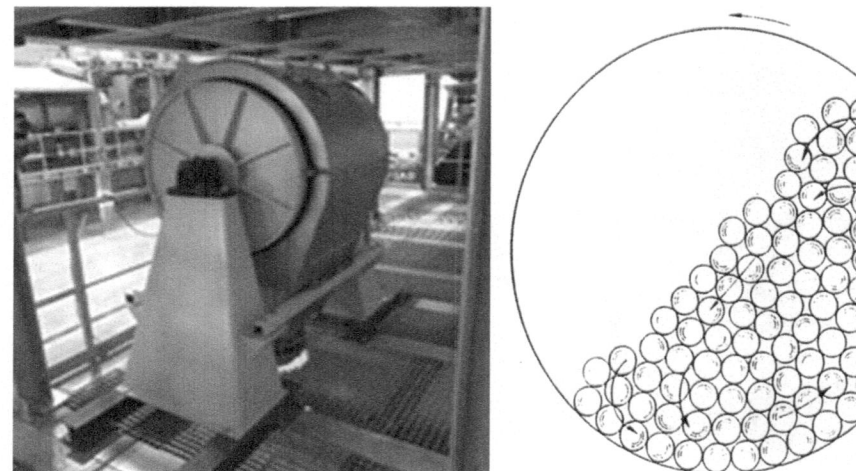

Abb. 3.3 Feinmahlen von Lehmaushub in Kugelmühle /Schema [6, 8]

Abb. 3.4 granuliertes Tonmehl

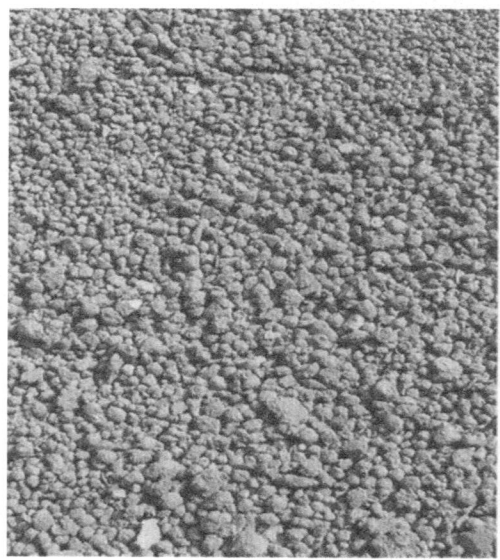

Geschwindigkeit oder die Abnahmefläche des Dosierens geregelt. Abb. 3.5 zeigt eine vollautomatische Dosier- und Mischanlage zur Herstellung von LPM.

Beim *Vereinigen* werden die unterschiedlichen Stoffströme (Baulehm, Zusatzstoffe und ggf. Zusatzmittel) nach einer vorgegebenen Rezeptur durch Transportbänder zu einem Massenstrom zusammengeführt. Unterschiedliche Stoffströme können auch durch eine lagenweise Haldenschüttung homogenisiert und anschließend oder zeitversetzt abgebaut und weiterverarbeitet werden.

3.1 Aufbereitung

Abb. 3.5 Automatische Dosier- und Mischanlage zur Herstellung von LPM. (Qu.: Claytec)

Beim *Mischen* erfolgt mittels Walk- und Scherarbeit eine Durchdringung des Baulehms und der Zusatzstoffe, ggf. unter Zusatz von Wasser, bis aus dem Gemenge eine homogene, bildsame Masse in einer über längere Zeit konstanten Zusammensetzung entstanden ist. *Bildsamkeit* bedeutet in diesem Zusammenhang das Vermögen der Arbeitsmasse, auf äußere Kräfte durch Formänderung zu reagieren, ohne dass dadurch der Zusammenhalt der einzelnen Komponenten verloren geht. Diese Fähigkeit wird der Masse durch die Klebkraft der Tonminerale verliehen. Abb. 3.6 zeigt Beispiele für verschiedene Formen des mechanisierten Mischens von Baulehm mit Zusatzstoffen [10].

Industrielle Intensivmischanlagen optimieren den Mischvorgang durch exzentrisch eingebaute Mischwerkzeuge, Planetenmischer, deren Mischwerkzeuge sich auf einer Kreisbahn und zusätzlich um sich selbst bewegen, sowie Boden-Wand-Abstreifer oder rotierende Mischtrommeln. Solche Mischanlagen haben eine Kapazität von ca. 1 t/Charge.

3.1.2.5 Aufschlämmen

Beim *Aufschlämmen* wird der Baulehm durch Nassaufbereitung (elektrisch betriebene Rührquirle) in flüssige Konsistenz überführt. Dabei werden die Kapillarkraftbindungen zwischen den Körnungen des Baulehms aufgelöst. Mit Lehmschlämme übergossene bzw. in diese eingetauchte pflanzliche Zusatzstoffe erhalten einen tonmineralhaltigen Überzug, der nach Austrocknen als Bindemittel wirkt und die Formstabilität des geformten Bauproduktes (SL, Strohleichtlehm SLL) gewährleistet (Abb. 3.7 [10]).

Abb. 3.6 Mischen mit Zwangsmischer/Rührquirl

Abb. 3.7 Übergießen des ausgebreiteten Strohs mit Lehmschlämme

3.2 Formgebung

Je nach Formgebungsverfahren kann die Konsistenzform der feuchten Arbeitsmasse von „halbfest" bis „breiig" schwanken *(Abs. 2.1.1.3.2)*. Diese „Arbeitsfeuchte" muss vor der Nutzung durch Freiluft-/technische Trocknung wieder aus den Produkten verdunsten. Geformte Lehmbaustoffe (LS, LP) erreichen nur im trockenen Zustand ihre vorgesehenen Gebrauchswerteigenschaften. Technische Trocknungsprozesse beeinflussen die Ökobilanz je nach Verfahren und Energieträger signifikant.

3.2.1 Elementierte Formgebung

Man unterscheidet zwischen elementierter (LS, LP: Baustoffebene) und monolithischer Formgebung (Wandkonstruktionen Stampflehm STL, Wellerlehm WL: Bauteilebene).
Tab. 3.1 zeigt eine Übersicht der derzeit nach DIN 18945 und 18948 möglichen (☐) bzw. von den Herstellern im Projekt „UPD Lehm.1/2" [1] angewendeten (■) Formgebungsverfahren für geformte (elementierte) Lehmbauprodukte, die dort durch die entsprechenden UPD erfasst werden.
Gemäß DIN 18945/18548 werden Lehmsteine LS derzeit nach den Formgebungsverfahren „formgeschlagen (f)", „formgepresst (p)" und „stranggepresst (s)", LP nach den Formgebungsverfahren bandgestrichen, formgepresst und stranggepresst hergestellt.

3.2.1.1 Formgeschlagen (Patzen)

Beim traditionellen Patzen (von LS) wird der in weiche Konsistenz (w ~ 15–25 M.-%) aufbereitete Lehmbaustoff manuell/mechanisiert in einen Formrahmen/Formkammer eingeworfen. Überschüssiges Material wird ohne Nachverdichtung mit einem Brett abgestrichen. Beim Patzen ordnen sich die Tonmineralplättchen durch den Impulseintrag in den weichen Lehmbaustoff normal zur Impulsrichtung. Nach Entformen werden die Rohlinge an der Luft getrocknet.
Es gibt zahlreiche Verfahren des manuellen Patzens, angefangen vom manuellen Einwerfen in eine Holzform/Formbatterie (Abb. 3.8 [11]) bis zu arbeitsphysiologisch verbesserten Verfahren mittels Formtisch mit Formkammer und Fußpedal zum Herausdrücken des Formlings (Abb. 3.9 [12]). Die Formtische wurden später noch zusätzlich mit einer Verschlussplatte für die Formkammer und einem Hebel zum Eintrag des Pressdruck auf die plastische Masse in der Formkammer ausgestattet. Damit war der Übergang zur Hand-/Kniehebelpresse erreicht, die den Eintrag größerer Pressdrücke zuließ.
Beim mechanisierten Patzen wird die weiche Arbeitsmasse von einem Behälter in volumetrisch dosierten „Portionen" auf ein Förderband abgegeben. Das Band wird beschleunigt und schleudert die „Portion" in eine Stahlform, die dabei von der Lehmmasse

Tab. 3.1 Verfahren der elementierten Formgebung für die Herstellung von Lehmbaustoffen nach DIN 18945 u. 1894$_8$

Nr	Formgebungsverfahren/Lehmbauprodukt	Konsistenzform Arbeitsmasse	LS	LP
1	Formgeschlagen (patzen)	steif – weich	■	
2	Formgepresst	halbfest – steif	■	■
3	Formgestampft	halbfest – steif	☐	☐
4	Stranggepresst	steif – weich	■	■
5	Streichen	weich – breiig		■

Abb. 3.8 Patzen in Holzform

Abb. 3.9 Patzen in Formkammer mit Arbeitstisch und Fußpedal

vollständig ausgefüllt wird. Überschüssiges Material wird mit einem Draht abgestrichen. Es erfolgt keine zusätzliche Verdichtung.

In DIN 18945 wird das Verfahren unter der Bezeichnung „formgeschlagen (f)" als charakteristisches Merkmal für die Deklaration aufgeführt.

3.2.1.2 Stranggepresst
Das Strangpressen ist das übliche Formgebungsverfahren der Ziegelindustrie und wird in Deutschland/international auch für die Herstellung von Lehmsteinen angewendet. Die

3.2 Formgebung

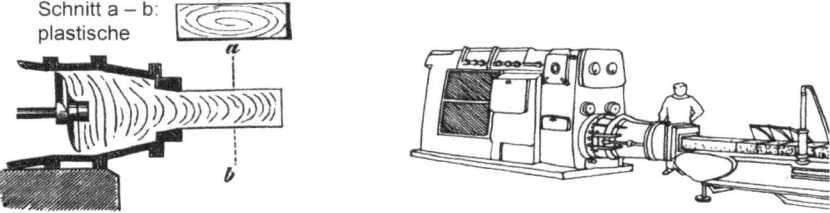

a) übliche Strangpresse mit Mischerschnecke   b) stationäre Strangpresse mit Schneckenantrieb

Abb. 3.10 Formgebung von Lehmsteinen mittels Strangpressen

aufbereitete, einem Behälter zugeführte Arbeitsmasse wird über eine Mischerschnecke verdichtet und in einer Vakuumkammer am Ende in steifer – weicher Konsistenz I_c durch ein Mundstück gepresst (Abb. 3.10a [13]), dabei zu einem Endlosstrang geformt und von einer Schneidvorrichtung auf das vorgegebene Format zugeschnitten (Abb. 3.10b [14]). In DIN 18945 wird das Verfahren unter der Bezeichnung „stranggepresst (s)" als zu deklarierendes Merkmal aufgeführt.

Das für LS prinzipiell beschriebene Formgebungsverfahren „stranggepresst" wird mit entsprechend formatiertem Mundstück auch für die Herstellung von Lehmplatten (LP) angewendet. Für die Erstellung der DVL Muster-UPD LP [15] wurden diese Produkte nicht erfasst, weil keine Herstellerangaben vorlagen. Das Verfahren wird nach DIN 18948 als „Pressen" deklariert.

3.2.1.3 Formgepresst
Das Formgebungsverfahren „Formgepresst" umfasst sowohl eine statische (pressen) als auch eine dynamische (stampfen) Verdichtung. Es erfordert eine stabile (i. d. R. rechteckige) Form aus Stahl (früher auch Holz) zur Aufnahme des seitlichen Pressdrucks.

Das Formpressen wird sowohl für die Herstellung von Lehmsteinen (LS, DIN 18945: „p") als auch LP (DIN 18948) angewendet und ist entsprechend zu deklarieren.

Tab. 3.2 zeigt eine Übersicht über Verdichtungsgeräte und deren Verdichtungswirkung für die Pressformgebung, die für die Konsistenzformen I_c der Arbeitsmasse halbfest – steif geeignet sind [4]. Die Auswahl des technologischen Systems der Presse wird durch den erforderlichen Verdichtungsdruck und die Konsistenz der Arbeitsmasse bestimmt.

3.2.1.4 Streichen
Das Formgebungsverfahren „gestrichen" wird für industriell hergestellte LP angewendet. Diese kamen in Deutschland ab Mitte der 1990er Jahre auf den Markt.

Das Prinzip dieses Verfahrens besteht im Aufstreichen einer Arbeitsmasse aus Baulehm, mineralischen Zusätzen und armierenden Pflanzenfasern/–teilen in weicher (pastöser) Konsistenz auf ein Förderband mit anschließendem Zuschnitt auf das vorgegebene Plattenformat oder in Formbleche. Nach DIN 18948 ist das Verfahren unter der Bezeichnung „gestrichen" zu deklarieren.

Tab. 3.2 Verdichtungsgeräte und Verdichtungswirkung für die Pressformgebung von Lehmbaustoffen

Nr.	Verdichtungswirkung	Verdichtungsgerät	Systemskizze
1	Statische Verdichtung durch Auflast / Druckverdichtung	Presse, Glattwalze	
2	Impuls- oder Stampfverdichtung	Druckluft- bzw. Elektrostampfer, Handstampfer	
3	Vibrationsverdichtung	Vibrationsplatte	
4	Kombinierte statische / Vibrationsverdichtung	Vibrations-Schaffuß- u. Gitterradwalzen	

3.2.2 Monolithische Formgebung

Bei der monolithischen Formgebung von Lehmbaustoffen werden diese lagenweise (i. d. R.) zu Wandkonstruktionen aufgesetzt. Die einzelnen Lagen werden umlaufend eingebaut und ggf. durch technologisch bedingte Arbeitsfugen unterbrochen. Als Lehmbaustoffe kommen/kamen neben Stampflehm STL auch Wellerlehm WL und Strohlehm SL zur Anwendung. Während WL und SL heute noch im traditionellen Lehmbau eingesetzt werden, wird STL nach monolithischen Formgebungsverfahren unter Anwendung moderner Schalungs- und Verdichtungstechnik (heute wieder) verarbeitet.

Grundprinzip der monolithischen Formgebung von STL ist eine ausreichend stabile Schalung, in die der Baustoff lagenweise eingebaut und verdichtet wird. Die Schalung muss sowohl den senkrechten als auch den waagerechten Verdichtungserddruck verformungsfrei aufnehmen können. Abb. 3.11 zeigt das Schalungssystem für ein monolithisch geformtes Bauwerk aus STL [16] sowie eine Prinzipskizze für eine Schalung [10].

3.3 Herstellung von Lehmbaustoffen

Aufgrund signifikanter Abweichungen der Energiebilanzen PEI und Umweltwirkung GWP in den Muster-UPD Lehm [1] werden die Herstellungsprozesse der verschiedenen Lehmbaustoffe nach Verfahrensart entsprechend den Herstellerangaben gesondert bewertet.

Tab. 3.3 zeigt eine Übersicht der Herstellungsprozesse/Verfahrensarten gem. Herstellerangaben [2].

3.3 Herstellung von Lehmbaustoffen

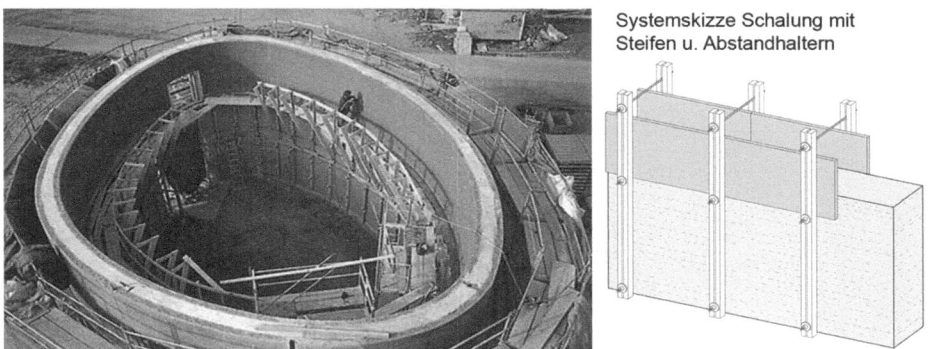

Abb. 3.11 Monolithische Formgebung für Baukonstruktionen aus STL, Schalungssystem [16, 10]

3.3.1 Lehmmauermörtel LMM

Untersucht wurden LMM nach dem Erdfeuchtverfahren und nach einem diesem Verfahren nachgelagerten Trocknungsprozess (Nachtrocknungsverfahren) [2].

Die verwendeten Rezepturen werden den jeweiligen Rohstoffeigenschaften angepasst und variieren innerhalb der in Tab. 3.2 angegebenen Bereiche. Weitere Stoffe sind nicht enthalten.

3.3.1.1 Erdfeuchtverfahren LMM

LMM können aufgrund der hydraulischen Eigenschaften der Tonminerale im erdfeuchten Zustand gemischt, verpackt, gelagert, transportiert und verarbeitet sowie nach Erhärtung replastifiziert werden. Das ermöglicht ein Verfahren zur Dosierung, Mischung und gravimetrischen Absackung, welches keine thermische Behandlung der Komponenten und keine Wasserzugabe erfordert (Erdfeuchtverfahren).

Das Erdfeuchtverfahren umfasst folgende Prozessschritte mit ggf. dazwischen liegenden Transporten:

1. Bereitstellung von erdfeuchtem Lehmaushub/Ausgangsstoffen,
2. mechanische Zerkleinerung des Baulehms im Kollergang/Walzwerk/Siebung. Der fertig aufbereitete Baulehm ist erdfeucht und besitzt eine krümelig-rieselfähige Struktur. Einfache Produktionen verzichten auf den Kollergang/das Walzwerk und geben den Baulehm durch ein grobmaschiges Sieb direkt in einen Mischer.
3. Aussiebung von groben Gesteinskörnungen (Überkorn nach DIN 18946) im Baulehm und im Zusatzstoff Sand,
4. Förderung des aufbereiteten Lehms und des ungetrockneten, gesiebten Sandes gemäß Rezeptur in den Mischer,

Tab. 3.3 Lehmbaustoffe – Herstellungsprozesse/Verfahrensarten gemäß Herstellerangaben

Nr	Lehmbaustoff	Verfahrensart / Kapitelnr Überschrift 5 im Text: fett, kursiv u. ohne Zahl)			
1	LMM	3.3.1.1 Erdfeuchtverfahren	3.3.1.2 Nachtrocknungsverfahren		
2	LPM	3.3.2.1 Erdfeuchtverfahren	3.3.2.2.1 Nachtrocknungsverfahren	3.3.2.2.2 Trockendosierverfahren	3.3.2.2.3 Passive Solartrocknung
3	LS	3.3.3.1 Formgeschlagen	3.3.3.2 Formgepresst	3.3.3.3 Stranggepresst	3.3.3.4 Gestampft
4	LP	3.3.4.1.1 Bandgestrichen	3.3.4.1.2 Formgestrichen	3.3.4.2 Formgepresst	3.3.4.3 Stranggepresst

3.3 Herstellung von Lehmbaustoffen

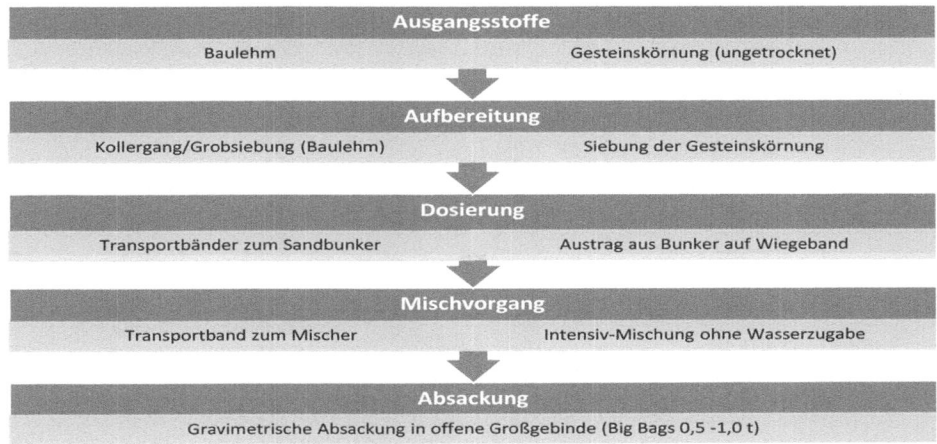

Abb. 3.12 Produktionsschema „Erdfeuchtverfahren" für LMM „schwer"

5. nur für LMM „leicht": Zufuhr und ggf. mechanische Zerkleinerung von pflanzlichen Zusatzstoffen (hier: Holzspäne) gemäß Rezeptur in den Mischer,
6. Mischvorgang (ohne Wasserzugabe),
7. Absackung des Fertigproduktes in feuchtestabile Transportverpackungen (PE/PP-Big Bags) zum Transport auf Holzpaletten.

Abb. 3.12 zeigt die Prozessschritte zur Herstellung von LMM nach dem Erdfeuchtverfahren.

3.3.1.2 Nachtrocknungsverfahren LMM

Nach dem Nachtrocknungsverfahren hergestellte „leichte" LMM (hier [1]: Rohdichteklasse 1,4) nach DIN 18946 werden als getrocknete feinkörnige, rieselfähige Massen in geeigneten Gebinden zwischengelagert und ggf. auf Holzpaletten mit Schrumpffolie ausgeliefert.

„Schwere" LMM der Rohdichteklasse 1,8 sind für dieses Verfahren nicht geeignet. Sie werden ausschließlich im Erdfeuchtverfahren *(Abs. 3.3.1.1)* hergestellt.

Die am Markt erhältlichen getrockneten „leichten" LMM werden als Fertigmischungen nach dem Erdfeuchtverfahren *(Abs. 3.3.1.1)* hergestellt und unmittelbar anschließend in eine Trocknungsanlage zur Nachtrocknung überführt. Die Trocknung erfolgt in Trommeltrocknern für Schüttgüter, befeuert mit unterschiedlichen Energieträgern (Biogas, Erdgas oder Flüssiggas). Nach Trocknung werden sie als feinkörnige, rieselfähige Massen in 25 kg-Kraftpapiersäcke abgepackt und ausgeliefert.

Die Nachtrocknung schließt unmittelbar an den Mischvorgang an *(Abs. 3.3.1.1, Pkt. 6)*:

7. direkte Zuführung in den Trommeltrockner (z. B. offene Transportbänder),
8. Trocknung, z. B. nach dem Drehofenprinzip in einem speziell angepassten Trommeltrockner,

Abb. 3.13 Produktionsschema „Nachtrocknungsverfahren" für LMM „leicht"

9. Reduktion des Feuchtegehaltes von „erdfeucht" (10–13 M.-%) auf bis zu 2–4 M.-%,
10. Absackung in Kraftpapiersäcke ohne Folieneinlagen.

Abb. 3.13 zeigt als Beispiel die Prozessschritte der Nachtrocknung von zuvor erdfeucht hergestellten leichten LMM.

3.3.1.3 Trockendosierverfahren LMM

LMM können auch nach dem Trockendosierverfahren hergestellt werden. Für die deklarierten LMM in der Muster-UPD LMM [17] gab es dafür jedoch keine Datengrundlage. Hersteller-UPD gibt es dafür ebenfalls nicht.

3.3.2 Lehmputzmörtel LPM

Untersucht wurden LPM nach dem Erdfeuchtverfahren und 3 verschiedenen Trockenverfahren [2].

Die verwendeten Rezepturen werden den jeweiligen Rohstoffeigenschaften angepasst und variieren innerhalb der in Tab. 2.2 angegebenen Bereiche. *Lehmputzmörtel* (LPM) bestehen aus Baulehm und dem Zusatzstoff Sand. *Leichtlehmputzmörtel* (LLPM) enthalten zusätzlich Stroh- oder andere Pflanzenfasern.

3.3 Herstellung von Lehmbaustoffen

3.3.2.1 Erdfeuchtverfahren LPM

LPM können aufgrund der hydraulischen Eigenschaften der Tonmineralien im erdfeuchten Zustand gemischt, verpackt, gelagert, transportiert und verarbeitet sowie nach Erhärtung replastifiziert werden. Das ermöglicht ein Verfahren zur Dosierung, Mischung und gravimetrischen Absackung, das keine thermische Behandlung der Komponenten und keine Wasserzugabe erfordert (Erdfeuchtverfahren).

Das Erdfeuchtverfahren umfasst folgende Prozessschritte mit ggf. dazwischen liegenden Transporten:

1. Bereitstellung von Baulehm (Lehmaushub)/Ausgangsstoffen,
2. mechanische Zerkleinerung des Baulehms (Lehmaushubs) im Kollergang/Walzwerk/Siebung. Der fertig aufbereitete Baulehm (Lehmaushub) ist erdfeucht, besitzt eine krümelige Struktur und ist gut rieselfähig. Einfache Produktionen verzichten auf den Kollergang/das Walzwerk und geben den Baulehm durch ein grobmaschiges Sieb direkt in einen Mischer.
3. Aussiebung von groben Gesteinskörnungen (Überkorn nach DIN 18947) im Baulehm und im Zusatzstoff Sand,
4. Förderung des aufbereiteten Lehms und des gesiebten Sandes gemäß Rezeptur zur Mischung,
5. nur für LLPM: Zufuhr und ggf. mechanische Zerkleinerung von pflanzlichen Zusatzstoffen (z. B. Strohfasern) gemäß Rezeptur in den Mischer,
6. Mischvorgang (ohne Wasserzugabe),
7. lose Lagerung und Abholung oder Absackung des Fertigproduktes in feuchtestabile Transportverpackungen (PE/PP-Big bags) zum Transport/Auslieferung auf Mehrwegholzpaletten.

Abb. 3.14 zeigt die Prozessschritte für die Herstellung von LPM nach dem Erdfeuchtverfahren.

3.3.2.2 Trockenverfahren LPM

Nach verschiedenen Trockenverfahren gem. DIN 18947 hergestellte LPM werden als getrocknete, feinkörnige, rieselfähige Massen in geeigneten Gebinden (Papiersäcke, PE-Big Bags, Silos) zwischengelagert und ggf. auf Holzpaletten mit Schrumpffolie ausgeliefert. Die deklarierten getrockneten LPM unterscheiden sich nach Art der Zufuhr der Trocknungsenergie. Die Nachtrocknung *(Abs. 3.3.2.2.1)* folgt nach dem Erdfeuchtverfahren. Beim Trockendosierverfahren *(Abs. 3.3.2.2.2)* sind die Ausgangsstoffe vorgetrocknet und durchlaufen nur noch den Dosier- und Mischvorgang bis zur Absackung. Die passive Solartrocknung *(Abs. 3.3.2.2.3)* erfolgt unter Ausnutzung des solaren Wärmeeintrages in einem Gewächshaus während des Mischvorgangs.

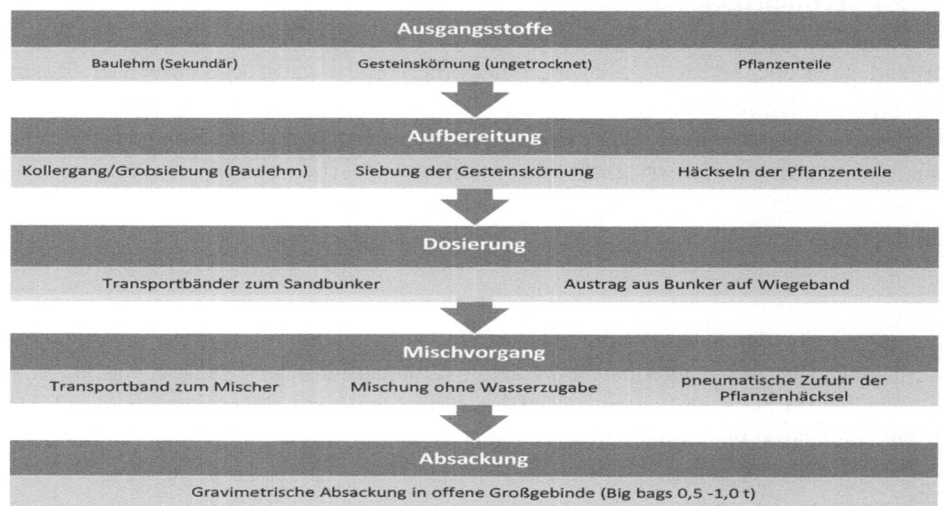

Abb. 3.14 Produktionsschema „Erdfeuchtverfahren" für LPM

Nachtrocknung LPM

Erdfeuchte LPM, die als Fertigmischung nach dem Erdfeuchtverfahren vorbehandelt wurden, können in einem unmittelbar anschließenden Prozess getrocknet werden (Nachtrocknungsverfahren). Die Trocknung erfolgt in Trommeltrocknern für Schüttgüter, befeuert mit unterschiedlichen Energieträgern, z. B. Biogas, Erdgas oder Flüssiggas.

Die Nachtrocknung findet Anwendung für LPM und LLPM.

Die nach dem Erdfeuchtverfahren hergestellten LPM werden unmittelbar anschließend in eine Trocknungsanlage zur Nachtrocknung überführt. Nach Trocknung bis zu einer rieselfähigen Masse folgt die automatisierte Verpackung in 25–30 kg Kraftpapiersäcke.

Die Nachtrocknung mithilfe eines Trommeltrockners schließt unmittelbar an das Erdfeuchtverfahren unter Auslassung der Absackung in Großgebinde an *(nach Nr.6, Abs. 3.3.2.1)*:

7. Direkte Zuführung in den Trockner (z. B. offene Transportbänder),
8. Trocknung nach dem Drehrohrofenprinzip in einem speziell angepassten Trommeltrockner,
9. Reduktion des Feuchtegehaltes von erdfeuchten 10–13 M.-% auf bis zu ca. 5 M.-%,
10. Absackung in Kraftpapiersäcke ohne PE/PP-Folieneinlagen.

Trockendosierverfahren LPM

Die Beheizung der Trocknungsluft erfolgt in der Regel durch den Einsatz von Gas- oder Leichtöl-Brennern. Die Verbrennungsgase werden dabei mit einem Anteil Umgebungsluft

3.3 Herstellung von Lehmbaustoffen

auf mittlere Trocknungslufttemperaturen zwischen 600 °C und 900 °C gemischt. Für thermisch unempfindliche Güter, wie z. B. Quarzsand, kann die Brennerflamme direkt in der sich drehenden Trommel ausbrennen.

Bei der schonenden Trocknung von temperaturempfindlichen Stoffen wie Tonmehl kommen Brennkammern zum Einsatz. Diese stellen sicher, dass die heißen Verbrennungsgase vor Eintritt in die Trommel ausreichend gut mit Umgebungsluft auf die gewünschte mittlere Trocknungslufttemperatur vermischt sind. Die so vorgetrockneten Rohstoffe werden in Großgebinden, häufig in Austauschsilos, an die Herstellerwerke geliefert und dort entsprechend der jeweiligen Rezeptur dosiert und intensiv miteinander vermischt *(Trockendosierverfahren)*. Insbesondere für Oberputze kommen Lehm, Sandkörnungen und andere Zusatzstoffe als vorgetrocknete Rohstoffe in die jeweiligen Mischungen.

Solche Anlagen bestehen aus mehreren Bunkern oder Silos mit den jeweiligen, vorgetrockneten Ausgangsstoffen. Der Austrag über Transportschnecken oder -bänder zur Mischanlage ist mit Wiegezellen zur Dosierung der jeweiligen Rezepturen ausgestattet (Abb. 3.15).

Abb. 3.16 zeigt die Prozessschritte für LPM nach dem Trockendosierverfahren. Im Unterschied zu den anderen Verfahren erfolgt die Dosierung und Mischung nicht durch Zufuhr über offene Transportbänder, sondern pneumatisch oder mit Förderschnecken über das Rohrsystem zwischen Silo und Mischanlage *(*Abb. 3.15).

Passive Solartrocknung LPM
Der Lehmaushub der analysierten LPM wird nahe dem Herstellerwerk abgebaut. Ungetrocknete Sande und Pflanzenfasern werden aus der Nähe des Werkes angeliefert. Die

Abb. 3.15 Silo- und Trockendosieranlage für LPM. (Qu.: Claytec)

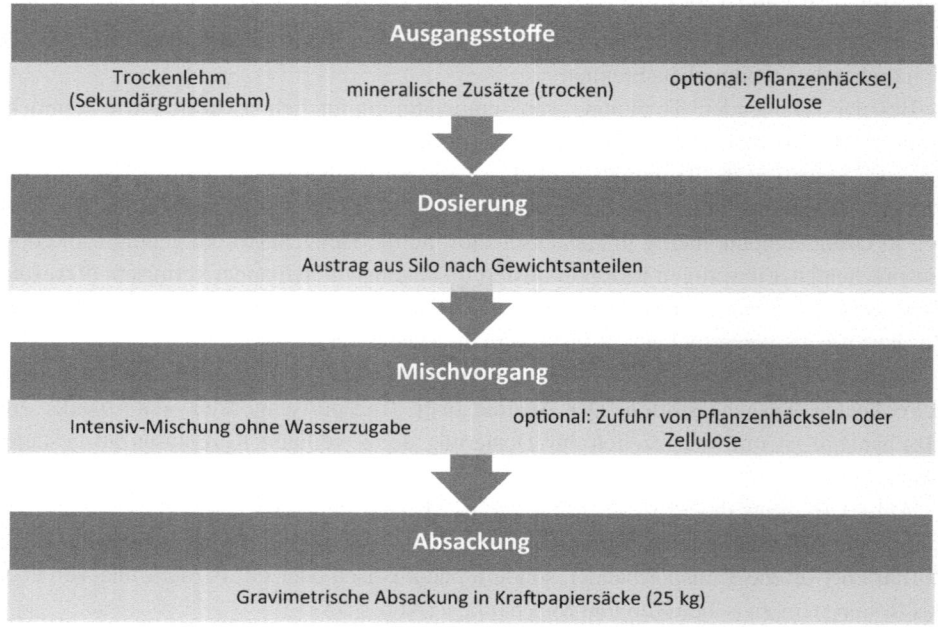

Abb. 3.16 Produktionsschema „Trockendosierverfahren" für LPM

Ausgangsstoffe werden in einem umgenutzten Gewächshaus durch Ausnutzung des passiven Solarenergieeintrages, unterstützt mit automatisierter Luftventilation getrocknet. Um ein gleichmäßiges Durchtrocknen der Massen zu erzielen, erfolgt eine regelmäßige Umwälzung der Sand-/Lehmgemische mit einem automatisch gesteuerten Wenderoboter (Abb. 3.34).

3.3.3 Lehmsteine LS

Für die Herstellung von LS sind nach DIN 18945/DIN 18942-1 die Formgebungsverfahren „Schlagen", „Pressen/Stampfen" und „Strangpressen" definiert.

Der Herstellungsprozess von LS umfasst allgemein folgende Prozessschritte mit ggf. dazwischen liegenden Transporten:

1. Bereitstellung der Ausgangsstoffe,
2. mechanische Aufbereitung des Baulehms im Kollergang/Walzwerk und Aussiebung von groben Gesteinskörnungen. Der fertig aufbereitete Baulehm ist erdfeucht, besitzt eine krümelige Struktur und ist gut rieselfähig. Einfache Produktionen verzichten auf den Kollergang oder das Walzwerk und geben den Baulehm durch ein grobmaschiges Sieb direkt in einen Mischer.

3.3 Herstellung von Lehmbaustoffen

Tab. 3.4 Formatbezeichnungen für LS nach DIN 18945

Nr	Format-Kurzzeichen	Nennmaße [mm]		
		l	w	t
1	1DF (Dünnformat)	240	115	52
2	NF (Normalformat)	240	115	71
3	2DF	240	115	113
4	3DF	240	175	113
5	4DF	240	240	113
6	5DF	240	300	113
7	6DF	240	365	113
8	8DF	240	240	238
9	10DF	240	300	238
10	12DF	240	365	238

3. Förderung des aufbereiteten Baulehms gemäß Rezeptur in den Mischer,
4. mechanische Zerkleinerung der pflanzlichen Zusatzstoffe und Förderung in den Mischer gemäß Rezeptur,
5. Mischvorgang, Wasserzugabe gemäß Rezeptur und des vorgesehenen Formgebungsverfahrens,
6. Formgebung (formgeschlagen (f), formgepresst/-gestampft (p), stranggepresst (s)),
7. Trocknung (Freiluft/technisch),
8. Lagerung/Verpackung (Holzpaletten mit Schrumpffolie).

Die Abmessungen von LS nach DIN 18945 entsprechen den Formatbezeichnungen in Tab. 3.4. Sonderformate sind als solche zu kennzeichnen.

3.3.3.1 Formgeschlagen LS

Die Herstellungsverfahren für formgeschlagene Leichtlehmsteine LLS unterscheiden sich hinsichtlich des Produktsystems und des Trocknungsverfahrens. Die Hersteller nutzen manuelle und automatisierte Verfahren.

Abb. 3.17 zeigt die Prozessschritte für die *manuelle* Herstellung formgeschlagener LLS (f) der Anwendungsklasse (AK) Ia nach DIN 18945. Das überwiegend manuelle Formgebungsverfahren erfordert einen größeren Platzbedarf für die Freilufttrocknung in einer offenen, überdachten Stellage oder querbelüfteten Halle sowie eine entsprechende saisonale Produktionsplanung. Das Verfahren benötigt keine technische Trocknungsenergie, mit Ausnahme des Mischvorgangs.

Abb. 3.18 zeigt die Prozessschritte für ein mechanisiertes Verfahren mit anschließender technischer Trocknung zur Herstellung formgeschlagener LS (f) der AK Ib nach DIN 18945.

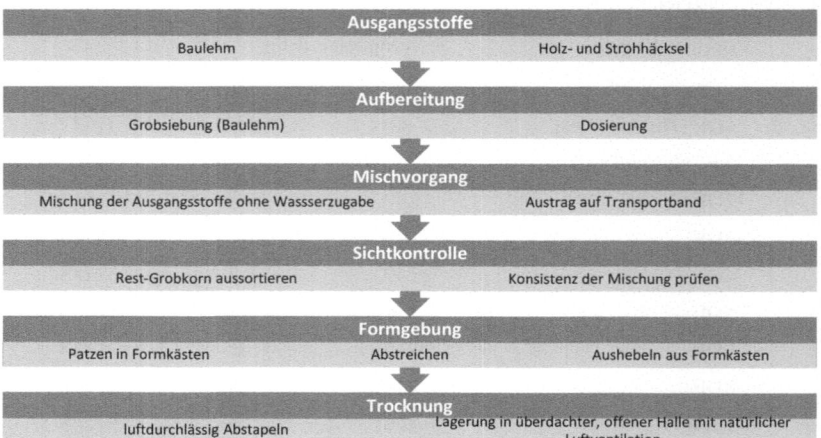

Abb. 3.17 Produktionsschema „formgeschlagene Leichtlehmsteine" LLS AK Ia

Abb. 3.18 Produktionsschema für die mechanisierte Herstellung technisch getrockneter, formgeschlagener LS AK Ib

Anders als bei manuellen Verfahren wird die Aufbereitung und Mischung der Ausgangsstoffe in einem vorgelagerten Prozess durchgeführt. Die Formgebung erfolgt weitgehend mechanisiert über Transportbänder mit umlaufenden Formkästen von der Befüllung über die Formgebung bis hin zur Zwischenlagerung auf übereinander gestapelten Trockenblechen in einem Wagengestell. Der Trockenvorgang wird mit entsprechenden

Abb. 3.19 Kniehebelpresse, gepresster

Sensoren für Temperatur, Feuchte und Luftströmung überwacht und geregelt. Die Wärmeerzeugung kann entweder als direkte Befeuerung mit fossilen Brennstoffen oder durch Abwärmenutzung aus anderen Prozessen (z. B. Brennkammern in Ziegeleien) erfolgen.

3.3.3.2 Formgepresst LS

LS mit $\rho_d > 1500$ kg/m^3 werden als „formgepresst (f)" deklariert. Einige Hersteller beschreiben das Verfahren als „formgeschlagen und formgepresst", obwohl die LS nach DIN 18945 mit „f" für formgeschlagen deklariert werden.

Abb. 3.19 [4] zeigt eine manuell betriebene Kniehebelpresse zur Herstellung von Lehmsteinen (CIN-VA ram), die, Mitte der 1950er Jahre in Südamerika entwickelt, globale Verbreitung erfahren hat. Dargestellt ist ein aus der geöffneten Formkammer herausgedrückter Formling, der nach Entnahme zur Lufttrocknung aufgestellt wird. Abb. 3.20 [18] zeigt eine hydraulische Lehmsteinpresse. Die Arbeitsmasse wird in die Formkammer eingefüllt (Detail leere Formkammer links oben), der Deckel geschlossen, der Pressdruck seitlich eingetragen, der Formling entnommen und zum Trocknen aufgestellt.

Manuell/hydraulisch betriebene Lehmsteinpressen kommen auch heute noch in vielen Ländern zum Einsatz. Einen Überblick zu den heute verfügbaren zahlreichen Verfahren zur Pressformgebung von Lehmsteinen geben verschiedene Quellen [4, 14, 19].

3.3.3.3 Stranggepresst LS

Einige Hersteller bieten „schwere" Lehmsteine an, teilweise unter der Alt-Bezeichnung „Grünlinge". Schwere LS enthalten keinen Sand als Zusatzstoff, sondern nur Lehmaushub. Diese LS werden meist als stranggepresst „s" nach DIN 18945 deklariert.

Im Rahmen eines vom Bundesinstitut f. Bau-, Stadt- u. Raumforschung (BBSR) geförderten Forschungsprojektes hat ein Ziegelproduzent stranggepresste, großformatige Lehm-Plansteine (l = 30,5, b = 24,0, h = 24,9 cm) für tragendes Lehmsteinmauerwerk LSM hergestellt und mit der Abwärme aus dem Ziegelbrand getrocknet [20]. Die getrockneten Lehmsteine werden plangeschliffen. Die Lehm-Plansteine zeigten ein sehr gutes Festigkeitsverhalten. Im Vergleich zu Ziegeln entfällt der erhebliche Energieaufwand für den Brennprozess.

Abb. 3.20 Hydraulische Lehmsteinpresse, Pressdruck Formling wird entnommen [4] wird seitlich eingetragen [18]

3.3.3.4 Gestampft LS

DIN 18945 präzisiert die maximalen Abmessungen großformatiger LS dadurch, dass bei der Verarbeitung pro Geschoss mindestens zwei LS-Lagen übereinander vermauert werden. Die Breite w der einzelnen LS wird auf 500 mm begrenzt. Nach dieser Definition sind die in den Abb. 3.21 und 3.22 dargestellten STL-Wandelemente großformatige LS.

Großformatige LS werden heute in Stampflehmtechnologie im Herstellerwerk vorgefertigt, freiluft-/technisch getrocknet, zur Baustelle transportiert und verarbeitet. Die Entkopplung des Herstellungs- und Trocknungsprozesses der LS von der Montage auf der Baustelle bietet Vorteile für den Bauablauf.

Abb. 3.21 zeigt die Freilufttrocknung von großformatigen LS aus STL für einen Gewerbebau. In die LS sind Öffnungen für Versorgungsleitungen und Klimatisierung integriert. Für eine Geschosshöhe wurden vier Lagen der großformatigen STL-Lehmsteine übereinander versetzt (Abb. 3.22) [16].

3.3.4 Lehmplatten LP

LP nach DIN 18948 sind ebene, plattenförmige und rechteckige Bauprodukte, die auch gelocht sein können. Längs- und Querränder von LP können mit Nuten und Federn, die Seitenflächen mit Oberflächenprofilierung versehen oder oberflächennah mit Glas-/Jute-Fasergewebe oder -matten bewehrt sein. Als Sonderprodukte gekennzeichnete LP können werkseitig eingearbeitete Temperierungsanlagen enthalten. Zur Verbesserung der Verarbeitungseigenschaften der Arbeitsmasse dürfen Methylzellulose/Stärke ($\leq$ 1 M.-%) als Zusatzmittel zugesetzt werden.

3.3 Herstellung von Lehmbaustoffen

Abb. 3.21 Freilufttrocknung großformatiger LS aus STL (Druckerei Pielach, Österreich/STL, M. Rauch)

Abb. 3.22 im Werk hergestellte, zu tragenden Wandkonstruktionen verarbeitete großformatige LS aus STL

Die in DIN 18948 geregelten LP beruhen in der Längen- und Breitenabmessung i. d. R. auf einem Vielfachen von 12,5 cm. Die Dicke t von LP darf nicht mehr als 1/5 der Breite w betragen. Sonderformate müssen deklariert werden.

Von den vier DIN-gestützten Lehmbaustoffen ist die industrielle Produktion von LP technologisch am anspruchsvollsten und aufwändigsten. Für die industrielle Herstellung von LP sind nach DIN 18948 die Formgebungsverfahren „Streichen", „Stampfen" und „Pressen" definiert. Im Rahmen der für die DVL Muster-UPD LP [15] durchgeführten Recherche konnten keine deutschen Hersteller ermittelt werden, die LP nach dem Verfahren „Stampfen" herstellen. Für das Verfahren „Pressen" wurden die Varianten „formgepresst" (vier Hersteller) und „stranggepresst" (ein Hersteller) nachgewiesen. Zwei Hersteller fertigen LP nach dem Streichverfahren.

3.3.4.1 Gestrichen LP

Im Streichverfahren kann man zwischen *form-* und *bandgestrichenen* LP unterscheiden. Nach DIN 18948 sind beide Verfahren unter der Bezeichnung „gestrichen" zu deklarieren.

Bandgestrichen LP

Abb. 3.23 zeigt eine Anlage zur industriellen Produktion von *bandgestrichenen* LP, die 1996 ihren Betrieb aufnahm [21]. Dabei wird die dickflüssig aufbereitete Arbeitsmasse (I_c weich) auf ein mit Unterflächenbewehrungsgewebe aus Jute belegtes, endlos umlaufendes Transportband durch eine senkrecht zur Bandrichtung arbeitende „Düse" schichtweise aufgestrichen. Diese Unterbahn dient als Transportband und verbleibt als Armierungsgewebe auf der Unterseite der fertigen LP. Zur Erhöhung der Plattensteifigkeit und Gewichtsreduzierung werden kreuzweise angeordnete Schilfrohrmatten in die Arbeitsmasse integriert. Die relativ geringe Trockenrohdichte $\varrho_d = 700$ kg/m^3 ermöglicht eine erweiterte Anwendung im Trockenbau.

Der Strang wird auf der Oberseite mit einem zweiten Jute-Bewehrungsgewebe belegt, das diesen durch Formatwalzen mit eingestellter Plattendicke (t = 25, 20 oder 16 mm) zieht und nach Längenvorgabe abschneidet. Die Formatwalzen erzeugen eine leichte Oberflächenverdichtung der Plattenrohlinge. Diese werden nun durch einen gasbefeuerten Trockentunnel geführt, in dem Temperatur und Durchlaufgeschwindigkeit reguliert werden können. Die „fertigen" LP werden abschließend auf Holzpaletten gestapelt und mit Schutzfolie transportfertig verpackt.

Formgestrichen LP

Abb. 3.24 zeigt die Herstellung von LP nach dem Formgebungsverfahren *formgestrichen* (DIN 18948 „Streichen"). Formkästen aus Stahl werden auf einem Transportband so hintereinander aufgereiht, dass sie eine zusammenhängende Fläche zur Aufnahme der Arbeitsmasse aus Baulehm und Miscanthusfasern bilden. In einer trichterförmigen Füllstation werden die Formkästen mit der Arbeitsmasse (I_c weich) flächig befüllt und ohne Verdichtung abgestrichen. Überschüssiges Material wird in die Füllstation zurückgeführt. Die Formkästen haben die Abmessungen der „fertigen" LP.

3.3 Herstellung von Lehmbaustoffen

Abb. 3.23 Produktionsanlage zur Fertigung von „bandgestrichenen" Lehmplatten (Fa. Muhr, Emmerich)

Abb. 3.24 Produktionsanlage zur Fertigung von „formgestrichenen" Lehmplatten (Qu.: ClayTec)

In diesem Verfahren wird die aufbereitete Arbeitsmasse in weich eingestellter Konsistenz flächig direkt in zusammenhängende Formkästen im Forma l x b aufgetragen, abgestrichen und nicht verdichtet. Die Trennung der aneinandergereihten Formkästen erfolgt durch einen gezielte Wasserstrahl. Danach werden die noch feuchten Plattenformlinge mittels spezieller Robotertechnik gewendet, auf perforierte Formbleche aufgelegt und in ventilierte Trocknungsgestelle eingeschoben.

Die Trocknung erfolgt allein durch passiven Solareintrag in einer großen Glashalle, der die Luft in den Trockenregalen hinreichend erwärmt. Nach dem Trocknungsprozess folgt eine Nachkalibrierung der Plattendicke zur Qualitätssicherung, bevor je 40 bzw. 60 LP auf

Abb. 3.25 Materialaufbereitung und -transport

Holzpaletten gestapelt, mit Folie ummantelt und mit Kantenschutz versehen versandfertig verpackt werden.

Der Abschlussbericht des von der DBU geförderten Projektes enthält eine vorläufige Umweltbilanz dieser „formgestrichenen", solar getrockneten LP [22].

Die Abb. 3.25 und 3.26 zeigen die Produktionsanlage sowie einen Wenderoboter zum Plattenhandling zwischen den Produktionsschritten *(Qu.: ClayTec)*.

Abb. 3.27 zeigt die Prozessschritte für die Herstellung von band- und formgestrichenen LP.

3.3.4.2 Formgepresst LP

Beim *Pressverfahren* wird die Arbeitsmasse mit einer Restfeuchte von 10–15 M.-% in Formrahmen gefüllt, einzeln hydraulisch zu LP gepresst und anschließend getrocknet. Die angewandten Trocknungsverfahren sind unterschiedlich, ebenso die Trocknungszeiten und -temperaturen. Die Hersteller setzen vor allem Erdgas-betriebene, wärmegeführte Blockheizkraftwerke (BHKW) ein und nutzen den Stromüberschuss am Produktionsstandort.

Einige untersuchte LP enthalten zur Verbesserung der Fließeigenschaften Polysacharide als Zusatzmittel, z. B. Stärke bis zu 1 M.-%. Die LP enthalten keine armierenden Holzspäne, Pflanzenfasern oder –teile. Einige LP erhalten zusätzlich Glasgewebe- oder Jutematten als Bewehrung. Nach Fertigstellung werden die LP auf Holzpaletten gestapelt und mit Schrumpffolie transportfertig verpackt.

3.3 Herstellung von Lehmbaustoffen

Abb. 3.26 Vollautomatisiertes Plattenwendemodul

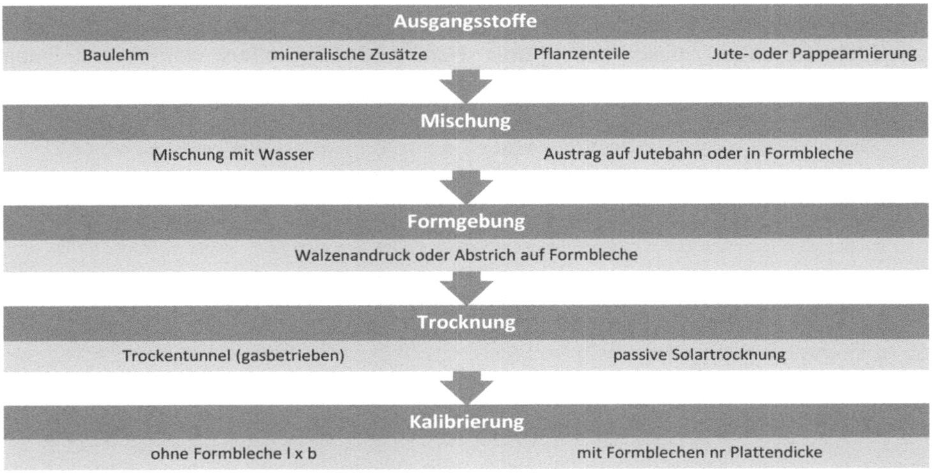

Abb. 3.27 Produktionsschema von band- und formgestrichenen LP

Nach diesem Verfahrensprinzip entstehen auch Sonderformen, insbesondere LP mit integrierten Heiz-/Kühlrohren. Andere LP haben vorgepresste Vertiefungen zur Montage von Heiz-/Kühlschlangen.

Abb. 3.28 zeigt eine Produktionsanlage zur Herstellung formgepresster LP.

Abb. 3.28 Produktionsanlage zur Fertigung von „formgepressten" Lehmplatten (www.lemix.de)

Abb. 3.29 zeigt das Produktsystem „Lehmplatten, Pressen/formgepresst" mit den relevanten Prozessmodulen für den IM A3 „Herstellung" ohne Transporte. Abweichungen ergeben sich durch unterschiedliche Rezepturen der jeweiligen Hersteller *(Abs. 3.3.1.2.4)*. So werden Stärke und Ziegelmehl nicht bei allen bekannten LP zugeführt. Dagegen sind natürliche Faseranteile Bestandteil der meisten Rezepturen für LP.

Das Produktsystem umfasst die nachfolgenden Prozesse:

1. Aufbereiteter Baulehm wird über Transportbänder dem Intensivmischer gravimetrisch dosiert zugeführt.
2. Zerkleinerte Pflanzenfasern aus Stroh, Hanf und Miscanthus werden aus einem Vorratsbehälter volumetrisch dosiert dem Intensivmischer zugeführt.

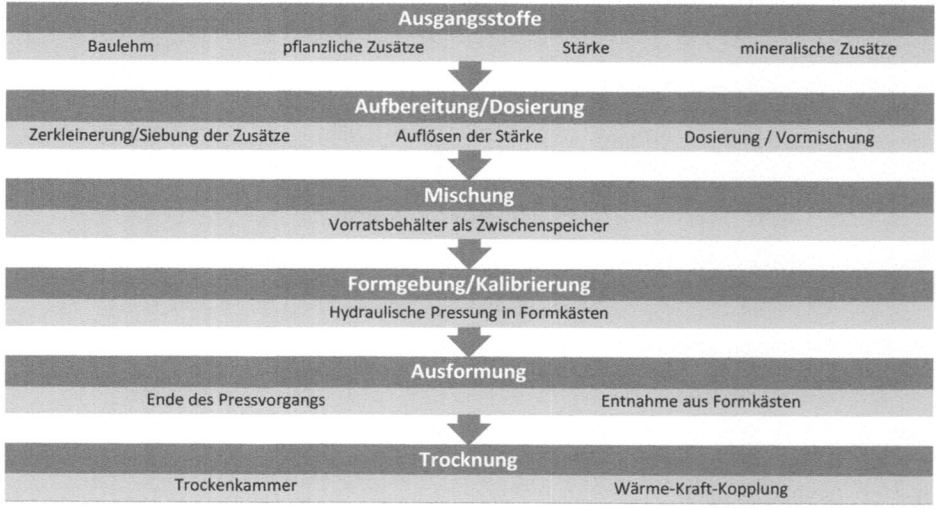

Abb. 3.29 Produktionsschema Lehmplatten „formgepresst"

3.4 Trocknung

3. Kartoffel- oder Maisstärke wird in Säcken trocken angeliefert. Die Stärke wird in einem Behälter mit Wasser aufgelöst und über Schlauchpumpen dem Mischprozess gravimetrisch dosiert zugeführt.
4. Mineralische Zusätze entsprechend den Vorgaben der DIN 18948. Einige Hersteller nutzen aufgemahlene, ungebrannte Ziegeleiabfälle zur Abmagerung der Mischungen. Die Zuführung erfolgt gravimetrisch dosiert.
5. Der Mischvorgang wird über die Drehgeschwindigkeit des Mischers und die Mischzeit geregelt
6. Aus einem Zwischenspeicher wird die Arbeitsmasse über die Füllstation in Formkästen gefüllt und hydraulisch gepresst. Überschüssige Masse geht zurück in den Vorratsbehälter. Die Pressung lässt sich über den regelbaren Anpressdruck steuern.
7. Die Ausformung bezeichnet die Entnahme der Plattenrohlinge aus der Pressform. Es erfolgt eine Sichtkontrolle. Ausschuss wird in den Formgebungsprozess zurückgeführt.
8. Die feuchten Rohlinge werden in Trockenkammern getrocknet. Die Trocknung kann durch Temperaturregelung und Trocknungsdauer reguliert werden.
9. Nach Aufstapeln der getrockneten LP auf Mehrweg-Holzpaletten wird das Paket mit Folie verpackt und witterungsgeschützt gelagert.

3.3.4.3 Stranggepresst LP

Stranggepresste LP werden in Deutschland hergestellt und sind im Baustoffhandel verfügbar. Sie werden von der DVL Muster-UPD LP [15] jedoch nicht erfasst, weil derzeit keine Herstellerangaben für eine Ökobilanzberechnung vorliegen.

3.4 Trocknung

Die Trocknung ist der abschließende Prozessmodul des IM A3 „Herstellung" im Stoffkreislauf „Lehmbau" (Abb. 3.1). Formgebundene Lehmbaustoffe (LS, LP) erreichen erst im trockenen Zustand ihre vollen Gebrauchswerteigenschaften.

Derzeit werden Lehmbaustoffe überwiegend *konvektiv* getrocknet: Erwärmte Luft führt zur Verdampfung des in den noch feuchten Lehmbaustoffen enthaltenen Wassers. Die Erwärmung der Luft zwischen Wärmequelle und der Lehmoberfläche erfordert zusätzliche Energie. Durch künstliche/natürliche Luftbewegung wird der Wasserdampf abgeführt. Dabei unterscheidet man Freiluft- und technische Trocknung. Die Hersteller entwickeln eigene technische Lösungen für die Trocknung ihrer feuchten Lehmbauprodukte. (Absatz einfügen) Noch im experimentellen Stadium befindet sich das Verfahren der Mikrowellentrocknung. Dabei entsteht im Vergleich zur konvektiven Trocknung die Wärme direkt durch Einkopplung der (elektromagnetischen) Mikrowellenstrahlung im Produkt (hier: LS) [26].

3.4.1 Freilufttrocknung

Die Freilufttrocknung nass geformter Lehmbaustoffe erfordert keine zusätzlich technisch erzeugte Trocknungsenergie. Diese Art der Trocknung ist deshalb die energiesparendste, zugleich aber auch zeitaufwändigste Form. Innerbetriebliche Transporte müssen berücksichtigt werden.

Die Freilufttrocknung wird vor allem von LS-Herstellern durchgeführt. Für sie ist die Freilufttrocknung mit folgendem Problem verbunden: Lange Trockenzeiten bei hohen Lufttemperaturen und großer Flächenbedarf sind erforderlich, wenn die Betriebsanlagen kontinuierlich ausgelastet werden sollen.

Eine Freilufttrocknung unter mitteleuropäischen Klimabedingungen erfordert immer eine Überdachung mit Querlüftung. Dazu eignen sich Folienzelte, in die Regale mit den zu trocknenden LS aufgestellt werden (Abb. 3.30).

Abb. 3.31 zeigt die Freilufttrocknung eines LS-Herstellers im SW der USA mit ca. 3 Mio. LS/Saison (Mai – September) bei stabilen, trocken-heißen Klimabedingungen. Überdachungen oder Folienabdeckungen sind i. d. R. nicht erforderlich.

Eine spezielle Form der Freilufttrocknung ist die *Solartrocknung*. Dabei werden die Lehmbauprodukte in lichtdurchlässigen Hallen unter Ausnutzung des passiven Sonnenenergieeintrags bei automatisierter Luftventilation getrocknet *(Abs. 3.4.4.4.3)*. Ein Schaufelroboter sichert durch regelmäßige Umwälzung ein gleichmäßiges Durchtrocknen der Massen (Abb. 3.34) (DVL Muster-UPD LPM [23]). Die Solartrocknung wird inzwischen auch für die Trocknung von LP angewendet *(Abs. 3.3.4.1.2)* [22, 24].

Abb. 3.30 Regaltrocknung von LS

3.4 Trocknung

Abb. 3.31 Freilufttrocknung von LS in trocken-heißen Klima- im Folienzelt gebieten

3.4.2 Technische Trocknung

Eine technische Trocknung von Lehmbaustoffen erfordert immer eine durch spezielle Anlagen erzeugte Trocknungsenergie. Diese Energie wird den noch feuchten (geformten) Lehmbauprodukten in Form von Wärme zugeführt. Die Wärme bewirkt, dass das noch vorhandene Porenwasser vom flüssigen in den gasförmigen Zustand überführt wird und verdunsten kann. Die dazu benötigte Energiemenge ist die *Verdampfungsenthalpie ΔH_V (Abs. 3.4.3)*.

Vor allem bei großen, kontinuierlichen Produktionsumfängen erweist sich diese Art der Trocknung durch Verkürzung der Trockenzeiten i. d. R. als kostensparender im Vergleich zur Freilufttrocknung, weil damit Maschinen/Anlagen besser ausgelastet und erforderliche Trockenflächen reduziert werden können. Der Nachteil ist eine i. d. R ungünstigere Energiebilanz. Einen möglichen Vorteil haben hier Produktionsstätten (z. B. Ziegeleien), die zur Trocknung der Lehmbaustoffe Abwärme aus einem anderen Produktsystem einsetzen können.

Eine technische Trocknung wird sowohl für geformte (Kanal-/Kammertrockner) als auch für ungeformte Lehmbaustoffe eingesetzt. Die technische Nachtrocknung der ungeformten Lehmbaustoffe LMM und LPM erfolgt mit ursprünglich für Schüttgüter konzipierten Trommeltrocknern *(Abs. 3.3.2.2.1)*. Zugeführte erdfeuchte LMM und LPM durchlaufen einen rotierenden, beheizten Trommeltrockner. Beim Durchgang von der Materialzufuhr bis zum Materialaustritt erreichen die Lehmbaustoffe den gewünschten Trocknungsgrad. Trommeltrockner lassen sich mit Erd-, Flüssig- oder Biogas befeuern.

3.4.3 Theoretischer Energiebedarf zur Trocknung

Die Energiemenge, die benötigt wird, um eine bestimmte Menge einer Flüssigkeit (Wasser) vom flüssigen in den gasförmigen Zustand zu überführen, wird als Verdampfungsenthalpie ΔH_v bezeichnet. Bei konstantem Umgebungsdruck (isobar) wird ΔH_v zu Q_v.

Allgemein kann die Berechnung des Energiebedarfs zur technischen Trocknung feuchter Lehmbaustoffe vereinfacht nach Gl. (3.1) ausgeführt werden [25]:

$$Q_v = m_{tr} \cdot (w_a - w_e) \cdot H_v \tag{3.1}$$

Q_v zur Verdampfung aufgewendete Wärmeenergie [kJ, MJ]
m_{tr} trockene Produktmasse [kg]
w_a Anfangswassergehalt [M.-%]
w_e Wassergehalt nach Trocknung [M.-%]
ΔH_v Verdampfungsenthalpie [kJ/kg Flüssigkeit] = Energieinput

Das Molgewicht für 1 kg Wasser entspricht 55,56 Mol bei Normalluftdruck 1030 mbar. Zur Verdampfung von Wasser bei > 60 °C und 1030 mbar müssen 41.585 J/Mol aufgewendet werden. Daraus ergibt sich die theoretisch erforderliche Energie (in Joule) zur Verdampfung von 1 kg Wasser:

$$41.585\,Joule \cdot 55{,}56\,Mol = 2310\,kJ/kg\,Wasser = 0{,}64\,kWh/kg\,Wasser.$$

Für die Ermittlung der theoretischen Wärmeenergie Q_{kj} zur technischen Trocknung von LS (DVL Muster-UPD LS [3]) sind die produktspezifischen Parameter zu bestimmen:

m_{tr} = *trockene Produktmasse (2,3 kg)*
w_a = *Anfangswassergehalt (20 M.-%)*
w_e = *Wassergehalt nach Trocknung (5 M.-%)*

$$Q_{kj} = 2{,}3 \cdot (20\% - 5\%)\,kg \cdot 2310\,kJ/kg\,Wasser = 797\,kJ = 0{,}22\,kWh/LS\,(Trockenmasse) \tag{3.2}$$

Real muss ein höherer Energiebetrag aufgewendet werden, da auch das Produkt erwärmt wird und der Trocknungsprozess Wärmeverluste aufweist. Bei kontinuierlichen Trocknungsprozessen berechnet man die erforderliche Leistung in kW, indem man in Gl. (3.2) den Trockenproduktmassenstrom in kg/s einsetzt.

Andere Berechnungsmethoden sind die konvektive Trocknung und die Kontakt- oder Strahlungstrocknung. Bei der *konvektiven Trocknung* wird wird die notwendige Energie durch die fühlbare Wärme des Trocknungsgases bereitgestellt. Das Trocknungsgas gibt die Wärme ab und nimmt die Feuchte auf. Bei der *Kontakttrocknung* wird die erforderliche Wärme durch den Kontakt des feuchten Trocknungsgutes mit heißen Flächen bewirkt.

Um eine möglichst gute Wärmeübertragung zu gewährleisten, wird der Feststoff in den meisten Kontakttrocknern mehr oder weniger intensiv gemischt, sodass immer wieder feuchtes, kühleres Material an die heißen Kontaktflächen gebracht wird.

Noch im experimentellen Stadium befindet sich das Verfahren der *Mikrowellentrocknung*. Dabei entsteht im Vergleich zur konvektiven Trocknung die Wärme direkt durch Einkopplung der (elektromagnetischen) Mikrowellenstrahlung im Produkt (hier: LS) [26].

3.4.4 Trocknungstechniken in der Praxis

Für die technische Trocknung geformter Lehmbauprodukte haben sich mehrere Verfahren etabliert: die Kraft-Wärme-Kopplung (KWK), holzbefeuerte Trockenkammern und die passive Solartrocknung.

3.4.4.1 Kraft-Wärme-Kopplung KWK

Für die KWK setzen einige Hersteller Gasturbinen mit einem Leistungsbereich von 50–200 kW ein. Bei elektrischen Wirkungsgraden von ca. 33 % kommt es auf die sinnvolle Nutzung der Abwärme an. Für LP und LS kann die Abwärme unmittelbar in entsprechenden Trockenkammern zur Trocknung der Lehmprodukte genutzt werden. Die KWK-Anlagen sind dann i. d. R. wärmegeführt, d. h. sie sind auf den Wärmebedarf zur Verdampfung des Wassergehalts in den Lehmbauprodukten ausgerichtet. Dabei entsteht ein Überschuss an elektrischer Energie (EE), der für andere Prozesse exportiert wird (Tab. 1.7).

3.4.4.2 Holzbefeuerte Trockenkammern

Eine Alternative zum Betrieb von KWK mit fossilen Brennstoffen ist die Wärmeerzeugung mit Holzscheit- oder Holzhackschnitzelöfen, insbesondere in Regionen mit Forsten, in denen Restholz minderer Qualität anfällt. Holzscheite haben je nach Feuchtegehalt einen Brennwert von ca. 4 kWh/kg. Die für den Ofenbetrieb erforderliche Holzmasse lässt sich nach Gl. (3.1) abschätzen. Die Wärmezufuhr erfolgt über Holzscheitkessel in speziellen Trockenkammern mit Wärmerückgewinnungssystem, in denen die LP oder LS auf luftdurchlässigen Stellagen bzw. Formkästen aufgestapelt werden. In Ökobilanzen gleicht sich das im Holz gebundene CO_2 mit dem durch Verbrennung freigesetzten CO_2 aus (Tab. 1.5).

3.4.4.3 Passive Solartrocknung

Die passive Solartrocknung ist für die Trocknung geformter Lehmbauprodukte ein innovativer, neuer Ansatz, der von der Deutschen Bundesstiftung Umwelt (DBU) in einem Projekt gefördert wurde [22]. Die autarke Trocknung erfolgte in diesem Projekt allein durch den passiven Solarenergieeintrag in eine umgenutzte Gewächshaushalle. Die Umkehrung der Funktion von Gewächshäusern von „Klimakammern" zu „Wärmelieferanten" durch verstärkte passive Solarenergieeinträge öffnet neue Möglichkeiten, LP oder LS ohne fossile Wärmeenergie oder Verbrennung von Holz klimaneutral herzustellen.

Abb. 3.32 Umgenutzte Gewächshausanlage mit Regalsystemen in Trockentunneln für Solartrocknung von LP (Qu.: Claytec)

Abb. 3.32 zeigt ein Regalsystem in einer umgenutzten Gewächshausanlage, in die nach *Abs. 3.3.4.1.2* hergestellte LP als Stapel mit 20 LP einzeln in Regale eingeschoben werden. Zur Durchtrocknung wendet ein Roboter die Platten aus den Formkästen auf perforierte Trockenbleche (Abb. 3.33). Der solare Wärmeeintrag in die Regale, die bis zu 200 LP auf perforierten Formblechen fassen, wird durch Abdeckung mit schwarzen Planen erhöht. In den Trockentunneln erhitzt sich die Luft auf Temperaturen > 60 °C. Für eine optimierte Durchströmung der eingestapelten Platten sorgt ein Umluftgebläse. Der solare Wärmeeintrag in die Trockentunnel reicht aus, um eine vollständige Durchtrocknung der LP zu erreichen. Die kombinierte Nutzung regenerativer Energieträger ermöglicht den Verzicht auf fossile Energieträger.

Diese Art der Umnutzung einer brachliegenden Gewächshausanlage kann als Prototyp für weitere solcher Produktionsanlagen für zu trocknende geformte Lehmbaustoffe (LP, LS) gelten. Nach vorläufiger Schätzung im Pilotbetrieb reduziert sich der gesamte Energieeintrag aus elektrischer Energie für den Herstellungsprozess mit Industrierobotern (IM A3) auf 132 MJ/m^3 LP, gespeist aus 100 % Wasserkraft. Zum Vergleich: Die DVL Muster-UPD für LP [15] rechnet mit einem Energieeinsatz für den Herstellungsprozess (IM A1) von 4873 MJ/m^3 LP.

Ein anderer Hersteller nutzt ein umgerüstetes Gewächshaus zur Erzeugung von Solarenergie für die Trocknung von erdfeuchten Lehmmörteln, die durch einen Roboter regelmäßig umgewälzt werden (Abb. 3.34).

3.5 Sach- und Ökobilanzierung

Die Sach- und Ökobilanzen nach DIN EN ISO 14040/DIN EN ISO 14044/DIN EN 15804 für die Lehmbauprodukte LMM, LPM und LP beruhen auf in den beteiligten Werken erhobenen Durchschnittswerten aus den Jahren 2021/22 als Ergebnis des Projektes „UPD Lehm.1/2" und auf Basis der Muster-UPD für diese Produktkategorien [1]. Dabei handelt

3.5 Sach- und Ökobilanzierung

Abb. 3.33 Plattenhandling mittels Roboter. (Qu.: Claytec)

Abb. 3.34 Wenderoboter bei der Umwälzung von erdfeuchten Lehmmörteln. (Qu.: Levita)

es sich um Produkte mehrerer Hersteller derselben Produktkategorie. Für LS liegen keine Hersteller-UPD vor. Die Bilanzen für LS geben den Stand der Muster-UPD LS aus 2021 wieder [3].

Die Ökobilanzierung umfasst die *Herstellungsphase* IM A1–A3 (Abb. 1.2) von der Bereitstellung der Ausgangsstoffe bis zur Auslieferung der Produkte am Werktor. Erläuterungen zu den Ausgangsstoffen für die Herstellung der Lehmbauprodukte werden in den entsprechenden Kapiteln von *Abs. 3.2* gegeben: Erdaushub/Grubenlehm/ Sekundärgrubenlehm *(Abs. 2.1.1)*, Recyclinglehm *(Abs. 2.1.3)*, Trockenlehm *(Abs. 2.1.2)*, Zusatzstoffe mineralisch/künstlich *(Abs. 2.2.1* u. *2.2.4)*, organische Zusatzstoffe natürlich / künstlich *(Abs. 2.2.2, 2.2.3, 2.2.7)*.

Zielgruppen für Ökobilanzen von Lehmbaustoffen sind insbesondere Hersteller, die die Ergebnisse zur ökologischen Optimierung ihrer Produktsysteme nutzen (Beispiel: Solartrocknung *Abs. 3.4.4.3*) sowie Entscheidungsträger/Planer im Bauwesen, die Bauteile/ Bauwerke mittels Datenbanksysteme ökologisch optimieren oder Recyclingpotenziale identifizieren wollen. Noch ganz am Anfang stehen Bewertungen zu Auswirkungen von Ökobilanzen zu Lehmbaustoffen auf die Abfallwirtschaft. Nicht zuletzt bieten UPD Argumentationshilfen beim Marketing für Lehmbauprodukte.

3.5.1 Ergebnisse der Sachbilanzen

Die Sachbilanz nach DIN EN ISO 14040, DIN EN ISO 14044 bzw. DIN EN 15804 dient der Quantifizierung der In- und Outputströme des Produktsystems auf der Basis der Datenerhebung und geeigneter Berechnungsverfahren. Die Inputfaktoren beziehen sich auf Ausgangs-, Hilfs- und Betriebsstoffe, Energieträger und -arten sowie Verpackungen. Die Outputfaktoren umfassen die entsprechenden Emissionen in Luft, Wasser und Boden sowie Abfälle.

Der Lehmaushub (Tonminerale) ist bei allen untersuchten Lehmbauprodukten das einzige mineralische Bindemittel. Bei den leichten LMM, den meisten LPM, den LS und den LP hat der Lehmaushub den größten Anteil (52–100 M.-%) an den Ausgangsstoffen. „Schwere" LMM und einige LPM erfordern einen höheren Sandanteil zur Abmagerung. LPM unterscheiden sich je nach Anwendung von groben Unterputzen mit Strohfasern mit 35 mm/Lage, über Dämmputze mit Bimssand bis hin zu verschiedenen Feinputzen für Beschichtungen mit ≥ 3 mm Dicke, die teilweise feine Quarzsande 0/1 und Methylzellulose (< M.-%) enthalten. Im Trockendosierverfahren hergestellte LPM benötigen Trockenlehm als rieselfähigen, gravimetrisch zuführbaren Ausgangsstoff. Holzfasern oder –späne mit 10 M.-% und Sand (20 M.-%) reduzieren die Rohdichte von LLS, z. B. für Ausfachungen (Rohdichteklassen 0,7 bis 1,2). LS für tragendes Mauerwerk (AK Ib) bestehen i. d. R. zu 100 M.-% aus Lehm.

3.5 Sach- und Ökobilanzierung

Tab. 3.5 fasst die Schwankungsbreiten der in normenkonformen Fragebögen erhobenen betrieblichen Daten für die deklarierten Lehmbauprodukte nach In- und Outputfaktoren zusammen [1].

Häufig produzieren Ziegeleien als Nebengeschäft auch LS und nutzen dafür eigene Lehmvorkommen zur Bereitstellung von Primärlehmaushub. Ähnlich verhält es sich bei einigen Herstellern von LP und LPM mit Lehmaushub aus eigenen Lehmgruben. Alle anderen Hersteller verwenden Sekundärlehmaushub, der als Bodenabfall, z. B. bei der Kiesgewinnung oder dem Kalkabbau anfällt.

Einige der untersuchten LP enthalten Pflanzen- bzw. Holzfasern zur inneren Armierung der Mischungen. Zur Abmagerung können trocken verfügbare Abfälle aus der Ziegelei- oder Schieferproduktion hinzugefügt werden. Im Formgebungsprozess oder vor Kalibrierung werden oft Bewehrungsgewebe aus Jute oder Glasfasern in die LP integriert (Abb. 3.23).

Die Frischwasserverbräuche entstehen überwiegend aus dem Eintrag durch Vorprodukte und deren Prozessketten. Die Produktion von LMM, LS und LPM benötigt keine nennenswerte Wasserzugabe. Dagegen erfordern LP zur Formgebung und Auflösung von Stärkeanteilen signifikante Wassermengen zwischen 0,6 bis 0,7 m^3/m^3 LP.

Die Verpackungen von LS und LP bestehen aus einer Holzpalette (teilweise Mehrweg), PE-Folie zur wetterfesten Ummantelung und ggf. Kantenschutz aus Pappe. Eine Palette nimmt entsprechend Liefervertrag eine definierte Anzahl von LS/LP auf.

LMM und LPM können im erdfeuchten Zustand verpackt, transportiert und gelagert werden. Deshalb bieten alle Hersteller sog. Big Bags aus PP mit 1000–1200 kg Tragfähigkeit an. Das Handling auf den Baustellen und die Arbeit mit Putzmaschinen verlangen vonseiten der Nachfrage auch die Belieferung mit trockenen LMM und LPM in Standardgrößen von 25 kg in Papiersäcken. Beide Verpackungsarten werden in der UPD analysiert.

Produktionsabfälle entstehen in den Prozessketten der Vorprodukte und kommen indirekt in die Sachbilanz. Reste der Ausgangsstoffe gehen zurück in den Produktionsprozess. Die Produktion von Lehmbaustoffen verläuft abwasserfrei, lediglich Anmachwasser zur Formgebung verbleibt im Produkt und verdunstet im Trocknungsprozess. Staubemissionen entstehen bei Aufbereitung von Pflanzenfasern im Werk oder bei trockenen Prozessen. Sie werden mit Filtern aufgefangen und in den Prozess zurückgeführt. Eine Quantifizierung der Mengen ist mangels Nachweise nicht möglich.

Die energetische Sachbilanz (Tab. 3.6) basiert auf stichprobenartiger Befragung von Herstellern. Sie bildet die Bandbreite der energetischen Inputfaktoren für deklarierte Lehmbauprodukte ab. Davon ausgenommen sind die Werte für LS, die auf veröffentlichten Datenblättern, bekannten Herstellungsverfahren und daraus abgeleiteten theoretischen Berechnungen beruhen.

Bei LPM gibt es Unterschiede im Strombedarf zwischen Erdfeuchtverfahren (0,03 MJ/kg LPM) und Trockendosierverfahren (0,02 MJ/kg LPM). Der Strom wird aus Wasserkraft bereitgestellt. Flüssiggas als Energieträger zur Wärmeerzeugung kommt nur bei Nachtrocknung von zuvor erdfeucht hergestellten LMM und LPM mit 0,013 kg/kg LMM oder LPM zum Einsatz.

Tab. 3.5 Sachbilanz Stoffströme der untersuchten Lehmbauprodukte

Sachbilanz Stoffströme Input/Output	Produktkategorien				Erläuterungen
	LMM	LPM	LS	LP	
INPUT	[M.-%/kg]	[M.-%/kg]	[M.-%/kg]	[M.-%/m³]	
Lehmaushub	43–70	30–52	90–100	52–87	nach funktionaler Einheit
• Primärlehmaushub	–	0–32	90–100	0–71	große herstellerspezifische Abweichungen
• Sekundärlehmaushub	43–70	0–52	–	16–52	Bodenabfall
• Recyclinglehm	–	–	–	–	aus Sekundärlehmaushub
Trockenlehm	–	0–32	–	–	große herstellerspezifische Abweichungen
Gesteinskörnung 0/2	20–57	48–69	–	0–47	
mineralische Zusätze	–	0–41 [2]	–	0–8	2) Spezialputze (z. B. mit Bims)
Pflanzliche Zusätze	–	0–1	-	<1–4	Stroh- oder Miscanthusfaser
Holzfasern (unbehandelt)	0–10	–	0–10	0–12	
organische Zusätze (wasserlöslich)	–	0–1 [1]	–	0–1	Zellulose oder Stärke; [1] nur für Feinputze
Bewehrungsgewebe	–	–	–	<1	Jute oder Glasfaser
INPUT	[m³/kg]	[m³/kg]	[m³/kg]	[m³/m³]	nach funktionaler Einheit
Frischwasser	6,0E-05–1,0E-03	0,7	0,06	2,30E+01	inkl. Vorprodukte und Ausgangsstoffe
INPUT	[kg/Verpackungseinheit]				

(Fortsetzung)

3.5 Sach- und Ökobilanzierung

Tab. 3.5 (Fortsetzung)

Sachbilanz Stoffströme Input/Output	Produktkategorien				Erläuterungen
	LMM	LPM	LS	LP	
Holzpaletten	2,00E-02	2,00E-02	2,00E-02	2,00E-02	Mehrweg
PE/PP Großgebinde	1,60E-03	1,60E-03	–	–	1,4–1,6 kg Big Bag für 1000kg LPM/LMM
Kraftpapiersack	3,60E-02	3,60E-02	–	–	90 g/25 kg LPM/LMM ohne Inlet
PE Folie	2,00E-04	2,00E-04	2,00E-04	2,00E-04	$t > 20~\mu m$; 2 m^2/Palette mit 800–1000 kg
OUTPUT					
Produkt	1,00E+00	1,00E+00	1,00E+00	1,00E+00	
Abfälle	2,80E-04–1,70E-02	1,58E-04–2,38E-04	1,22E-04–3,76E-04	1,90E+00–2,69E+00	aus Vorketten
Abwasser	–	–	–	–	abwasserfreie Produktion
Staub	–	–	–	–	k. A

Tab. 3.6 Sachbilanz Energieinput für Lehmbauprodukte

Sachbilanz Energieinput		Produktkategorien				Erläuterungen
		LMM	LPM	LS[1]	LP	
INPUT (Energie, direkt)	Einheit	[kg]	[kg]	[kg]	[m³]	
Elektrische Energie	MJ	0,03	0,02–0,03	0,03	0–169	LMM, LPM mit Strom aus Wasserkraft
Flüssiggas	kg	0,011	0,011	–	–	Durchschnitt, nur für Nachtrocknungsverfahren
Erdgas	kWh	–	–	0,22	680	Durchschnitt, nur LP-Trocknung mit Kraft-Wärme-Kopplung
Holzscheite	kg	–	–	–	27	Durchschnitt, nur LP-Trocknung mit Holzscheitofen
Diesel	kg	0,0005	0,0005	–	0,0006	Baufahrzeuge im Werk, Durchschnitt

[1]Schätzung

Die erhobenen Daten für LP beziehen sich auf zwei von drei Verfahrenstechniken. Die Kraft-Wärme-Kopplung benötigt für Wärme und Strom zusammen ca. 680 kWh/m³ LP (1425 kJ/m³). Zusätzliche externe elektrische Energie wird nicht benötigt und überschüssiger Strom versorgt andere Prozesse im Werk oder wird ins Netz eingespeist. Bei Trocknung mit Holzfeuerung bedarf es eines zusätzlichen Strominputs aus dem deutschen Strommix in Höhe von 169 MJ/m³ LP. Zur Wärmeerzeugung in Trockenkammern werden 27 kg Holz/m³ LP verfeuert, bei angenommener Heizleistung von 4 kWh/kg Holz.

Die Dieselverbräuche beziehen sich auf Radlader, Gabelstapler und andere Baufahrzeuge im Werk. Alle Dieselverbräuche wurden am Standort abgefragt und auf die Gesamtproduktionsmenge bezogen.

3.5.2 Ergebnisse der Ökobilanzen

Im folgenden Abschnitt werden die Berechnungsergebnisse der Ökobilanzen für die vier untersuchten Produktkategorien LS, LMM, LPM und LP [1] in den IM A1 – A3 (Herstellungsphase, Abb. 1.2) als Tabellen im Format von Informationstransfermatrizen ITM nach DIN EN 15942 dargestellt.

3.5.2.1 Lehmmauermörtel LMM

Das Erdfeuchtverfahren *(Abs. 3.3.1.1)* ist das vorherrschende, für „schwere" LMM alleinige Herstellungsverfahren. „Schwere" LMM (Rohdichteklassen >1,2) nach DIN 18946 können zum Vermauern von LS der AK I und II verwendet werden. Leichte LMM (LLMM, Rohdichteklassen 0,9–1,2) nach DIN 18946 finden vorwiegend im Bereich der Ausfachungen und Innenschalen Anwendung. Zur besseren Handhabung auf Baustellen gibt es auch getrocknete LLMM (Nachtrocknungsverfahren, *Abs. 3.3.1.2*) in geeigneten Verpackungen. Die UPD bewerten beide Produkte und Verfahren.

Abschneidekriterium LMM
Entsprechend DIN 18946, A.3 werden alle Stoffflüsse berücksichtigt, die in das Produktionssystem fließen (Inputs) und mehr als 1 % der Gesamtmasse der Stoffflüsse oder mehr als 1 % des Primärenergieverbrauchs betragen.

Abweichend davon werden auch alle Stoffflüsse erfasst, die das System verlassen (Outputs) und deren Umweltauswirkungen >1 % der gesamten Auswirkungen einer in der Bilanz berücksichtigten Wirkungskategorie darstellen. Das trifft insbesondere auf Holzspäne in der Rezeptur für LLMM zu und deren Absackung in Kraftpapiersäcke.

Die Stoffflüsse zur Herstellung der benötigten Maschinen, Anlagen und Infrastruktur wurden nicht einbezogen.

Annahmen und Abschätzungen LMM
Annahmen und Abschätzungen betreffen Lehmaushub als Primär- bzw. Sekundärrohstoff, Verpackungen sowie Pflanzenanteile.

Baulehm (Abs. 2.1): Nach Herstellerangaben wird ausschließlich *Sekundärlehmaushub* eingesetzt *(Abs. 2.1.1)*. Dieser war ursprünglich mineralischer Abfallstoff in Vorprozessen außerhalb der Systemgrenze. Beim Eintritt in das System LMM wurde er zum Ausgangsstoff für deren Herstellung (Upcycling). Der Ressourceneinsatz und die Umweltwirkungen der Prozesse des Grubenbetriebes entfallen hier auf die Endprodukte des Betriebes zur Kiesgewinnung.

Für den Abbau von *Primärlehmaushub* wurden folgende Annahmen getroffen: erdfeucht, mittelbindig, steife Konsistenz, Gewinnungsklasse GK 3–4 nach DIN 18300:2012-09, $\rho =$ 2000 kg/m.

Verpackungen: Holzpaletten lassen sich nicht direkt den LMM zuordnen, da diese in einem Pfand-Mehrwegsystem für verschiedene Produkte verwendet werden. Die im Holz der Paletten gebundenen biogenen Kohlenstoffe und Gutschriften aus der möglichen energetischen Verwertung werden nicht berücksichtigt. Das Abschneidekriterium *(Abs. 3.5.2.1.1)* findet hier Anwendung.

Erdfeucht produzierte und transportierte „schwere" LMM werden in *Großgebinden (Big Bags)* mit einer Kapazität von 1,0–1,2 t abgesackt. Die Bilanzierung erfolgte durch generische Daten für PP-Gewebe nach ÖKOBAUDAT, Z. 6.6.04 [27] als annähernd vergleichbares

Produkt. Gutschriften durch die stoffliche/thermische Verwertung der Big Bags über ein Entsorgungssystem werden nicht berücksichtigt.

Ungebleichte Kraftpapiersäcke ohne Kunststoffeinlage dienen der Verpackung und dem Feuchteschutz für getrocknete LLMM. Die Verpackungseinheit für getrocknete LMM ist 25 kg. Ein Kraftpapiersack wiegt 90 g. Gutschriften durch die stoffliche oder thermische Verwertung der Kraftpapiersäcke über ein Entsorgungssystem werden nicht berücksichtigt.

PE-Folie schützt die palettierten, in Kraftpapiersäcke abgefüllten, getrockneten LLMM. Die 150 cm breite Folie umschließt eine Palette mit 48 Sack LMM und einem Gesamtgewicht von 1,2 t. Für PE-Folie findet das Abschneidekriterium nach *Abs. 3.5.2.1.1* Anwendung.

Holzspäne: Die Umrechnung der Holzmasse in CO_2 erfolgt über die im Holz enthaltene Kohlenstoffmenge im Verhältnis der Molmassen von CO_2 zu C (44/12). Der Kohlenstoffgehalt im Holz wird für alle Holzarten mit 50 % der absolut trockenen Holzmasse angenommen. Somit entspricht 1 kg absolut trockene Holzmasse etwa 1,832 kg CO_2. Die verwendeten Holzspäne sind nicht absolut trocken. Sie fallen bei der Verarbeitung unterschiedlicher Hölzer mit nicht definierten Restfeuchten an. Die angelieferten Holzspäne werden im Werk nicht weiter getrocknet, zumal sie zusammen mit Baulehm und Wasser vermischt werden. Angenommen wird ein Sicherheitsabschlag auf die CO_2-Speicherung einer absolut trockenen Holzmasse von -30% durch die in den Holzspänen enthaltene Restfeuchte von bis zu w $= 30\%$ (fasergesättigt). Während der Wachstumsphase eines Baumes wird der Atmosphäre durch die Photosynthese CO_2 entzogen und in Form von Kohlenstoff in das Holz einlagert, welches am Lebensende nur bei energetischer Verwertung wieder in die Atmosphäre freigesetzt wird. LLMM werden dann stofflich verwertet *(Abs. 7)*. Das gebundene CO_2 verbleibt im System.

Datenqualität LMM

Die verwendeten Daten beziehen sich auf das Geschäftsjahr 2022. Die Ökobilanzen wurden für den Bezugsraum Deutschland erstellt.

Die Datenerfassung für die untersuchten Produkte und Verfahren erfolgte durch Nachweis der Energieeinsätze und Ermittlung weiterer Daten mittels eines strukturierten Erfassungsbogens. Alle Daten und Berechnungen sind beim Programmbetreiber hinterlegt. Die untersuchten, nach dem beschriebenen Verfahren hergestellten LMM sind typisch für die am Markt befindlichen Produkte in Deutschland.

Zur Modellierung der Umweltwirkungen wurden Hintergrunddatensätze auf Basis der GaBi Datenbank [27] und UBA-proBas [28], Studien [29] und weitere Fachliteratur [30] herangezogen.

Allokation LMM

Als Allokation wird die Zuordnung der Input- und Outputströme eines Ökobilanzmoduls auf das untersuchte Produktsystem und weitere Produktsysteme definiert (DIN EN ISO 14040).

Sekundärlehmaushub wird als Bodenaushub bereitgestellt und in anderen Prozessen stofflich ohne Veränderung der Produkteigenschaften wiederverwertet. Der Hauptanteil der

3.5 Sach- und Ökobilanzierung

Belastungen wird entsprechend der nach DIN EN ISO 14044, Abs. 4.3.2 zugrunde gelegten *physikalischen Allokation* (hier) der Kiesgewinnung als Hauptprodukt zugewiesen.

Der ermittelte Energieinput wird nach der auf derselben Produktionsanlage hergestellten Masse aller Lehmbauprodukte (z. B. LPM und LMM) proportional auf die Masseanteile des untersuchten Produktes (LMM) aufgeteilt *(massebezogene Allokation).*

Berechnungsergebnisse LMM

Im folgenden Abschnitt werden die Berechnungsergebnisse der Faktoren Input (Tab. 3.7), Umweltwirkung (Tab. 3.8) und Output (Tab. 3.9) für die deklarierten LMM dargestellt.

Inputfaktoren LMM

Tab. 3.7 zeigt den gesamten Primärenergieeinsatz PEI = PERT + PENRT, basierend auf den erhobenen Angaben zu Energiemengen und -trägern aus den beteiligten Herstellerwerken im Jahr 2021: LMM 01 „schwer" 5,16E-0,1 MJ/kg LMM 01 (erdfeucht), LLMM 02 5,84E-01 MJ/kg LLMM 02 und LLMM 03 (nachgetrocknet) 1,31E-00 MJ/kg LLMM 03. Strom aus Wasserkraft ist der Hauptenergieträger für alle deklarierten LMM. LLMM 03 benötigt für die Trocknung im Trommeltrockner zusätzlich 7,00E-01 MJ/kg LLMM 03 für Flüssiggas, etwa die Hälfte des gesamten PEI für LLMM 03.

Die Transporte zum Werk berücksichtigen die Anlieferung des Sekundärgrubenlehms, der Gesteinskörnung, anderer Zusätze und der Verpackungen. Diese Transporte tragen zwischen 3,50E-02 MJ/kg LMM 01 und 6,60E-02 MJ/kg LMM 02 zum PEI bei. Das sind 8 bzw. 6 % des gesamten PEI.

Die Großgebinde (PP Big Bag) verursachen einen „grauen Energieeintrag" in einer geschätzten Höhe von 1,05E-01 MJ/kg LMM 01/LLMM 02, entsprechend 18 bzw. 20 % des gesamten PEI. Es handelt sich dabei um eine worst case-Annahme zur Ökobilanz solcher Großgebinde, abgeleitet aus Werten für ähnliche Kunststoffgewebe, die in der ÖKOBAUDAT [27] als generische Daten verfügbar sind.

Ungebleichte Kraftpapiersäcke ohne Kunststoffinlet zur Absackung von LLMM 03 getrocknet tragen 1,32E-01 MJ/kg LLMM 03 mit ca. 10 % zum PEI bei.

In Tab. 3.8 werden die Treibhausgaspotenziale GWP für die LMM 01 und LMM 02 in der Herstellungsphase IM A1–A3 zusammenfassend dargestellt. Die für die Rezeptur von getrockneten LLMM 03 verwendeten unbehandelten Holzspäne enthalten gebundenes CO_2, das nach DIN EN 16449 in die Berechnung einbezogen wurde.

Die im Erdfeuchtverfahren hergestellten LMM 01 verursachen 7,98E-03 kg $CO_{2equiv.}$/ kg LMM 01. Der marginale Anteil des biogenen GWP (4,77E-05 kg $CO_{2equiv.}$/kg LMM 01) ergibt sich aus der Sandbereitstellung, den Treibstoffen für Transporte und der Herstellung von Großgebinden.

Die ebenfalls im Erdfeuchtverfahren hergestellten LLMM 02 enthalten 7,1 M.-% Holzspäne. Die darin enthaltene CO_2-Gutschrift von 1,06E + 00 kg $CO_{2equiv.}$/kg Holzspäne führt insgesamt zu einem Klimaentlastungseffekt mit negativem Vorzeichen in Höhe von −6,02E-02 kg $CO_{2equiv.}$/kg LLMM 02. Dieser Effekt bleibt auch bestehen, wenn LLMM

Tab. 3.7 Inputfaktoren LMM

LMM 01: Lehmmauermörtel schwer nach DIN 18946 - Erdfeuchtverfahren									
Funktionale Einheit kg		Parameter	PERE	PERM	PERT	PENRE	PENRM	PENRT	SM	FW
		IM/Einheit	MJ H_u	MJ H_u	MJ H_u	MJ H_u	MJ H_u	MJ H_u	kg	m^3
Produktstadium	Ausgangsstoffe	A1	9,05E-03	0,00E+00	9,05E-03	3,10E-01	0,00E+00	3,10E-01	4,30E-01	4,02E-05
	Transport	A2	2,20E-03	0,00E+00	2,20E-03	3,28E-02	0,00E+00	3,28E-02	0,00E+00	1,95E-06
	Herstellung	A3	3,81E-02	0,00E+00	3,81E-02	8,63E-02	3,88E-02	1,25E-01	0,00E+00	6,50E-05
Summe (cradle to gate)		A1-A3	4,94E-02	0,00E+00	4,94E-02	4,29E-01	3,88E-02	4,67E-01	4,30E-01	1,07E-04

LMM 02: Lehmmauermörtel leicht nach DIN 18946 - Erdfeuchtverfahren									
Funktionale Einheit kg		Parameter	PERE	PERM	PERT	PENRE	PENRM	PENRT	SM	FW
		IM/Einheit	MJ H_u	MJ H_u	MJ H_u	MJ H_u	MJ H_u	MJ H_u	kg	m^3
Produktstadium	Ausgangsstoffe	A1	6,49E-03	0,00E+00	6,49E-03	3,48E-01	0,00E+00	3,48E-01	7,00E-01	1,42E-05
	Transport	A2	4,14E-03	0,00E+00	4,14E-03	6,19E-02	0,00E+00	6,19E-02	0,00E+00	3,69E-06
	Herstellung	A3	3,81E-02	0,00E+00	3,81E-02	8,63E-02	3,88E-02	1,25E-01	0,00E+00	6,50E-05
Summe (cradle to gate)		A1-A3	4,87E-02	0,00E+00	4,87E-02	4,96E-01	3,88E-02	5,35E-01	7,00E-01	8,29E-05

LMM 03: Lehmmauermörtel leicht nach DIN 18946 - Nachtrocknungsverfahren									
Funktionale Einheit kg		Parameter	PERE	PERM	PERT	PENRE	PENRM	PENRT	SM	FW
		IM/Einheit	MJ H_u	MJ H_u	MJ H_u	MJ H_u	MJ H_u	MJ H_u	kg	m^3
Produktstadium	Ausgangsstoffe	A1	6,49E-03	0,00E+00	6,49E-03	3,48E-01	0,00E+00	3,48E-01	7,00E-01	1,42E-05
	Transport	A2	4,19E-03	0,00E+00	4,19E-03	6,26E-02	0,00E+00	6,26E-02	0,00E+00	3,73E-06
	Herstellung	A3	8,88E-02	5,76E-02	1,46E-01	7,44E-01	0,00E+00	7,44E-01	7,00E-01	6,98E-05
Summe (cradle to gate)		A1-A3	9,94E-02	5,76E-02	1,57E-01	1,15E+00	0,00E+00	1,15E+00	1,40E+00	5,19E-05

PERE Nutzung erneuerbarer Primärenergie ausgenommen erneuerbare Primärenergieressourcen, die als Rohstoffe verwendet werden
PERM Nutzung erneuerbarer Primärenergieressourcen, die als Rohstoffe verwendet werden
PERT Gesamtnutzung erneuerbarer Primärenergieressourcen (Primärenergie und Primärenergieressourcen, die als Rohstoffe verwendet werden)
PENRE Nutzung nicht erneuerbarer Primärenergieressourcen außer nicht erneuerbare Energieressourcen, die als Rohstoffe verwendet werden
PENRM Nutzung nicht erneuerbarer Primärenergieressourcen, die als Rohstoffe verwendet werden
PENRT Gesamtnutzung nicht erneuerb. Primärenergieressourcen (Primärenergie u. Primärenergieressourcen, die als Rohstoffe verwendet werden)
SM   Nutzung von Sekundärstoffen
FW   Nutzung von Frischwasser

02 zusätzlich getrocknet werden (Nachtrocknungsverfahren). Nach technischer Trocknung im Trommeltrockner mit Flüssiggas ergibt sich ein Klimaentlastungseffekt in Höhe von $-5{,}69\text{E-}02$ kg $CO_{2equiv.}$/kg LLMM 03.

Der Dosier- und Mischprozess für alle drei deklarierten LMM erfolgt mit 100 % Strom aus Wasserkraft aus Flusskraftwerken auf derselben Produktionsanlage. Dieselverbräuche entstehen durch Baufahrzeuge (Radlager, Stapler) im Herstellerwerk. Dieser Herstellungsprozess hat ein Treibhausgaspotenzial in Höhe von 3,06E-04 kg $CO_{2equiv.}$/kg LMM 01–03 Für LLMM 03 kommt die Treibhausgasemission des anschließenden Trocknungsprozesses mit 1,05E-02 kg $CO_{2equiv.}$/kg LLMM 03 hinzu. Der relativ geringe Effekt geht auf zwei Faktoren zurück: Die Ausgangsfeuchte im erdfeuchten Zustand beträgt maximal 18 M.-%, die Endfeuchte ca. 5 M.-%. Nur diese Differenz ist zu trocknen. Der Trommeltrockner ist im Innern durch spezielle Schaufelanordnung zur Materialführung optimiert.

Transporte zum Werk berücksichtigen neben anderen Rohstofflieferungen auch den Weg des Sekundärlehmaushubs von der Kiesgewinnung ins Herstellerwerk. Die LKW-Transporte (EURO 5) mit 34–40 t zulässigem Gesamtgewicht und 27 t Nutzlast bei 85

3.5 Sach- und Ökobilanzierung

% Auslastung verursachen je nach Rezeptur und Verpackungsart zwischen 2,44E-03 kg $CO_{2equiv.}$/kg LMM 01 und 4,60E-03 kg $CO_{2equiv.}$/kg LLMM 02/LLMM 03.

Die Absackung der LMM 01 und LLMM 02 in offene Großgebinde aus PP (Big Bags) mit 1 t Fassungsvermögen trägt mit 3,74E-03 kg $CO_{2equiv.}$/kg LMM zum Treibhauseffekt bei. Wie beim PEI (Tab. 3.8) stellen diese Gebinde mit 47 % der Treibhausgasemissionen den größten Emissionsfaktor für LMM 01 dar. Die Größenordnung der positiven GWP-Gesamtemissionen für LMM 01 mit einem Faktor E-03 begünstigt diesen relativ hohen Anteil der Großgebinde. Eine Gutschrift für stoffliche oder energetische Verwertung der Großgebinde ist in der Umweltbilanz nicht enthalten.

Kraftpapiersäcke für LLMM 03 getrocknet enthalten eine CO_2-Gutschrift, die den Gesamtwert für das Treibhausgaspotenzial der LLMM 03 auf −3,45E-03 kg $CO_{2equiv.}$/ kg LLMM 03 mindert. Ohne diese Gutschrift würde sich die CO_2-Gesamtbilanz (IM

Tab. 3.8 Umweltwirkungsfaktoren LMM

Funktionale Einheit kg		Parameter	GWP total	GWP-biogenic	GWP-luluc	GWP-fossil	ODP	POCP	AP	EP-terrestrial	EP-freshwater	EP-marine	WDP	ADPE	ADPF
LMM 01: Lehmmauermörtel nach DIN 18946 - Erdfeuchtverfahren															
		IM/Einheit	kg CO2 eq.	kg CO2 eq.	kg CO2 eq.	kg CO2 eq.	kg CFC-11 eq.	kg NMVOC eq.	Mole of H+ eq.	Mole of N eq.	kg P eq.	kg N eq.	m³ world eq.	kg Sb eq.	MJ Hu eq.
Produktstadium	Ausgangsstoffe	A1	1,50E-03	-1,61E-06	5,75E-06	1,49E-03	2,64E-06	1,05E-08	1,77E-02	2,76E-05	5,01E-06	2,51E-06	3,91E-06	1,49E-05	2,05E-02
	Transport	A2	2,44E-03	-8,00E-06	1,44E-05	2,43E-03	3,02E-13	1,01E-06	8,17E-06	4,28E-05	5,67E-06	3,82E-06	1,26E-05	1,73E-07	3,27E-02
	Herstellung	A3	4,05E-03	-3,81E-06	2,45E-06	4,08E-03	1,09E-11	9,34E-06	9,06E-06	2,75E-05	4,56E-07	2,27E-06	4,87E-06	2,04E-07	3,21E-02
Summe (cradle to gate)		A1-A3	7,98E-03	-4,77E-05	2,26E-05	8,01E-03	2,64E-06	1,04E-05	1,78E-02	9,79E-05	1,11E-05	8,60E-06	1,00E-04	5,26E-07	8,53E-02
LMM 02: Lehmmauermörtel leicht nach DIN 18946 - Erdfeuchtverfahren															
		IM/Einheit	kg CO2 eq.	kg CO2 eq.	kg CO2 eq.	kg CO2 eq.	kg CFC-11 eq.	kg NMVOC eq.	Mole of H+ eq.	Mole of N eq.	kg P eq.	kg N eq.	m³ world eq.	kg Sb eq.	MJ Hu eq.
Produkt-stadium	Ausgangsstoffe	A1	-6,89E-02	-7,55E-02	2,03E-06	6,61E-03	9,33E-07	1,58E-06	6,26E-05	9,73E-05	3,57E-06	8,84E-07	1,38E-05	5,25E-08	7,23E-03
	Transport	A2	4,60E-03	-1,51E-05	2,72E-06	4,59E-03	5,70E-13	1,90E-06	1,54E-05	8,08E-05	1,07E-05	7,20E-06	2,39E-05	3,27E-07	6,18E-02
	Herstellung	A3	4,05E-03	-3,81E-06	2,45E-06	4,08E-03	1,09E-11	9,34E-06	9,06E-06	2,75E-05	4,56E-07	2,27E-06	4,87E-06	2,04E-07	3,21E-02
Summe (cradle to gate)		A1-A3	-6,02E-02	-7,55E-02	3,17E-05	1,53E-02	9,33E-07	1,28E-05	6,29E-05	1,18E-04	1,47E-05	1,04E-05	8,64E-05	5,84E-07	1,01E-01
LMM 03: Lehmmauermörtel leicht nach DIN 18946 - Nachtrocknungsverfahren															
		IM/Einheit	kg CO2 eq.	kg CO2 eq.	kg CO2 eq.	kg CO2 eq.	kg CFC-11 eq.	kg NMVOC eq.	Mole of H+ eq.	Mole of N eq.	kg P eq.	kg N eq.	m³ world eq.	kg Sb eq.	MJ Hu eq.
Produktstadium	Ausgangsstoffe	A1	-6,89E-02	-7,55E-02	2,03E-06	6,61E-03	9,33E-07	1,58E-06	6,26E-05	9,73E-05	3,57E-06	8,84E-07	1,38E-05	5,25E-08	7,23E-03
	Transport	A2	4,60E-03	-1,51E-05	2,72E-06	4,59E-03	5,70E-13	1,90E-06	1,54E-05	8,08E-05	1,07E-05	7,20E-06	2,39E-05	3,27E-07	6,18E-02
	Herstellung	A3	7,34E-03	-4,93E-03	6,86E-06	1,23E-02	1,71E-11	3,19E-05	3,67E-05	4,10E-05	5,26E-07	8,60E-06	4,62E-06	7,24E-07	7,44E-01
Summe (cradle to gate)		A1-A3	-5,69E-02	-8,04E-02	3,61E-05	2,35E-02	9,33E-07	3,53E-05	6,32E-03	1,32E-04	1,48E-05	1,67E-05	5,00E-04	1,10E-06	8,13E-01

GWP total Globales Erwärmungspotenzial
GWP-biogenic Globales Erwärmungspotenzial - biogen
GWP-luluc Globales Erwärmungspotenzial - land use and land use change
GWP-fossil Globales Erwärmungspotenzial - fossil
ODP Abbaupotenzial der stratosphärischen Ozonschicht
POCP Bildungspotenzial für troposphärisches Ozon
AP Versauerungspotenzial, kumulierte Überschreitung
EP-terrestrial Eutrophierungspotenzial - Land
EP-freshwater Eutrophierungspotenzial - Süßwasser
EP-marine Eutrophierungspotenzial - Salzwasser
WDP Wasser-Entzugspotenzial (Benutzer)
ADPE Potenzial für den abiotischen Abbau nicht fossiler Ressourcen
ADPF Potenzial für den abiotischen Abbau fossiler Brennstoffe

A1 – A3) für LLMM 03 auf −5,53E-02 kg $CO_{2equiv.}$/kg LLMM 03 geringfügig vermindern. Eine Gutschrift für eine stoffliche oder energetische Verwertung der Papiersäcke ist in dieser Umweltbilanz nicht enthalten.

Die Rezeptur für getrocknete LLMM 03 ist identisch mit der Rezeptur für LLMM 02. Das Herstellungsverfahren ist ebenfalls gleich. Hinzu kommt nur der Treibhausgaseffekt für die Trocknung mit Flüssiggas. Die Rezeptur enthält 7,1 M.-% Holzspäne. Der Kohlenstoffgehalt im Holz wird für alle Holzarten mit 50 % der absolut trockenen Holzmasse angenommen. Somit entspricht 1 kg absolut trockene Holzmasse etwa 1,832 kg CO_2. Da die Holzspäne nicht absolut trocken sind, reduziert sich das hier berechnete gebundene CO_2 von 1,83 kg CO_2 auf angenommene 1,06E + 00 kg CO_2/kg fasergesättigte Holzspäne (worst case Ansatz). Bezogen auf den Anteil der Holzspäne in der Rezeptur (7,1 M.-%) und unter Einberechnung des Aufwandes zur Herstellung von Holzspänen ergibt das eine Gutschrift in Höhe von 6,94E-02 kg $CO_{2equiv.}$/kg LLMM 03.

Die größeren Unterschiede bei den Umweltwirkungsfaktoren AP und WDP zwischen LMM 01 und LLMM 02/LLMM 03 ergeben sich durch die Rezeptur für LMM 01 mit Gesteinskörnungen als mineralischer Zusatzstoff.

Outputfaktoren LMM

Die Outputfaktoren (Tab. 3.9) quantifizieren die direkten Abfälle in den IM A1 – A3. Die Unterschiede zwischen den drei LMM, insbesondere bei Ausgangsstoffen, gehen zurück auf den Anteil der Gesteinskörnung in der Rezeptur von LMM 01, die bei LLMM 02 und LLMM 03 entfallen.

3.5.2.2 Lehmsteine LS

Häufig produzieren Ziegeleien auch LS als Nebenprodukt zu gebrannten Ziegeln. Die Abwärme aus dem Brennprozess oder andere Verfahren zur Allokation von Wärmeströmen in den Ziegeleien dienen auch der technischen Trocknung der LS. Eine genaue Aufschlüsselung der Energieströme bedarf spezifischer Herstellerdaten. Mangels solcher Angaben stützt sich die Ökobilanzierung der LS auf generische Daten und theoretische Berechnungen in der Muster-UPD LS [3].

Abschneidekriterium LS

Entsprechend DIN 18945 bzw. MUPD LS [3] werden alle Stoffflüsse berücksichtigt, die in das Produktionssystem fließen (Inputs) und mehr als 1 % der Gesamtmasse der Stoffflüsse oder > 1 % des PEI betragen.

Abweichend davon werden auch alle Stoffflüsse erfasst, die das System verlassen (Outputs) und deren Umweltauswirkungen > 1 % der gesamten Auswirkungen einer in der Bilanz berücksichtigten Wirkungskategorie darstellen. Das trifft insbesondere auf Holzspäne in der Rezeptur für LLS zu.

Die Stoffflüsse zur Herstellung der benötigten Maschinen, Anlagen und Infrastruktur wurden nicht einbezogen.

3.5 Sach- und Ökobilanzierung

Tab. 3.9 Outputfaktoren LMM

Funktionale Einheit kg	Parameter	HWD	NHWD	RWD	CRU	MFR	MER	EEE	EET
LMM 01: Lehmmauermörtel schwer nach DIN 18946 - Erdfeuchtverfahren									
	IM/Einheit	kg	kg	kg	kg	kg	kg	MJ	MJ
Produkt-stadium — Ausgangsstoffe	A1	6,58E-08	1,44E-02	8,07E-07	0,00E+00	0,00E+00	0,00E+00	0,00E+00	0,00E+00
Produkt-stadium — Transport	A2	1,84E-09	1,64E-04	1,44E-06	0,00E+00	0,00E+00	0,00E+00	0,00E+00	0,00E+00
Produkt-stadium — Herstellung	A3	8,58E-07	1,67E-04	5,52E-06	0,00E+00	0,00E+00	0,00E+00	0,00E+00	0,00E+00
Summe (cradle to gate)	A1-A3	9,25E-07	1,47E-02	7,76E-06	0,00E+00	0,00E+00	0,00E+00	0,00E+00	0,00E+00
LMM 02: Lehmmauermörtel leicht nach DIN 18946 - Erdfeuchtverfahren									
	IM/Einheit	kg	kg	kg	kg	kg	kg	MJ	MJ
Produkt-stadium — Ausgangsstoffe	A1	2,32E-08	5,07E-03	2,85E-07	0,00E+00	0,00E+00	0,00E+00	0,00E+00	0,00E+00
Produkt-stadium — Transport	A2	1,04E-10	9,27E-06	8,15E-08	0,00E+00	0,00E+00	0,00E+00	0,00E+00	0,00E+00
Produkt-stadium — Herstellung	A3	8,89E-09	6,29E-05	5,13E-06	0,00E+00	0,00E+00	0,00E+00	0,00E+00	0,00E+00
Summe (cradle to gate)	A1-A3	3,22E-08	5,14E-03	5,49E-06	0,00E+00	0,00E+00	0,00E+00	0,00E+00	0,00E+00
LMM 03: Lehmmauermörtel leicht nach DIN 18946 - Nachtrocknungsverfahren									
	IM/Einheit	kg	kg	kg	kg	kg	kg	MJ	MJ
Produkt-stadium — Ausgangsstoffe	A1	2,32E-08	5,07E-03	2,85E-07	0,00E+00	0,00E+00	0,00E+00	0,00E+00	0,00E+00
Produkt-stadium — Transport	A2	1,04E-10	9,27E-06	8,15E-08	0,00E+00	0,00E+00	0,00E+00	0,00E+00	0,00E+00
Produkt-stadium — Herstellung	A3	8,84E-09	6,00E-05	5,10E-06	0,00E+00	0,00E+00	0,00E+00	0,00E+00	0,00E+00
Summe (cradle to gate)	A1-A3	3,21E-08	5,14E-03	5,47E-06	0,00E+00	0,00E+00	0,00E+00	0,00E+00	0,00E+00

HWD Gefährlicher Abfall zur Deponie
NHWD Entsorgter nicht gefährlicher Abfall
RWD Entsorgter radioaktiver Abfall
CRU Komponenten für die Wiederverwendung
MFR Stoffe zum Recycling
MER Stoffe für die Energierückgewinnung
EEE Exportierte Energie elektrisch
EET Exportierte Energie thermisch

Annahmen und Abschätzungen LS

Neben den erwähnten Grundannahmen für alle UPD wurden für LS mangels erhobener Herstellerangaben zwei theoretische Annahmen zur Trocknung getroffen.

Für die *Freilufttrocknung* ist kein Energieinput erforderlich.

Technische Trocknung von LS erfolgt mit Wärme, die mit unterschiedlichen Energieträgern erzeugt wird. Der Wärmebedarf wird rechnerisch ermittelt *(Abs. 3.4.3)*. Als worst case-Szenario wird die zur Verdunstung des Anmachwassers bei der Formgebung aufgewendete Wärmeenergie zugrunde gelegt und Erdgas als Energieträger angenommen. Die Verfahrenstechniken zur Wärmeführung sind herstellerspezifisch und werden in diese Muster-UPD nicht einbezogen.

Für die Formgebung der LS ist ein bildsamer Zustand der Lehmmasse erforderlich (DIN EN ISO 17892-12). Das entspricht der Konsistenzform I_c „weich-steif" mit einem Wassergehalt von 15–25 M.-% in der Mischung. Für die weitere Berechnung des Wärmebedarfs wird ein Wassergehalt von 20 M.-% angenommen. Die nach Trocknung verbleibende absolute Restfeuchte der LS bildet die zweite Variable zur Bestimmung der nötigen Trocknungsenergie. Ausschlaggebend ist dabei das Wasserbindevermögen der Tonmineralien des verwendeten Lehmaushubs. Die Schwankungsbreite des Wasserbindevermögens reicht von ca. 2 M.-% bei Zweischicht-Tonmineralien (z. B. Kaolin) bis 6 M.-% bei Dreischicht-Tonmineralien (z. B. Montmorillonit). Für die Berechnung des Wärmebedarfs wird ein Mittelwert von 5 M.-% festgelegt.

Diese Grundannahmen sind die Variablen für eine vereinfachte Berechnung der Verdampfungsenthalpie (Abs. 3.4.3 [25]). Die Verdunstung des Wassers erfordert einen Energieinput von 2308 kJ/kg Wasser bei > 60 °C und Normaldruck (1013 bar).

Datenqualität LS
Die Berechnungsgrundlagen für die Ausgangsstoffe von LS und LLS basieren auf Herstellerangaben. Die Prozessschritte zur Herstellung (Dosieren/Mischen/Formen/Trocknen) sind typisch für marktübliche LS in Deutschland. Die Daten zum Strombedarf sind aus Ist-Angaben zu vergleichbaren Prozessen bei anderen Lehmbaustoffen abgeleitet. Die Annahmen zum Energieinput bei technischer Trocknung wurden in *Abs. 3.5.2.2.2* erläutert.

Zur Modellierung der Umweltwirkungen wurden Hintergrunddatensätze, Studien und weitere Fachliteratur herangezogen: GaBi Datenbank [27], Ecoinvent [31], UBA-proBas [28], Studien [30] und weitere Fachliteratur [29].

Berechnungsergebnisse LS
Im folgenden Abschnitt werden die Berechnungsergebnisse der Faktoren Input (Tab. 3.10), Umweltwirkung (Tab. 3.11) und Output (Tab. 3.12) für die untersuchten LS in der Herstellungsphase (IM A1–A3) (Abb. 1.2) im Format von Informationstransfermatrizen ITM nach DIN EN 15942 dargestellt.

Inputfaktoren LS
Der gesamte Primärenergieinput für die Herstellung von LLS, AK Ia mit Freilufttrocknung beträgt einschließlich der Vorkette zur Bereitstellung des Lehmaushubs und der elektrischen Energie 0,41 MJ/kg LLS (Tab. 3.10). Der größte Anteil entfällt mit 0,377 MJ/kg LLS oder 92 % auf die beiden Ausgangsstoffe Primärlehmaushub (90 M.-%) und Holzspäne (10 M.-%). Dabei trägt der Betrieb einer Lehmgrube zur Bereitstellung des Primärlehmaushubs für die LS mit 0,042 MJ/kg LLS oder 11 % zum Energieeintrag bei. Der Hauptanteil (89 %) ergibt sich aus der Bewertung der Holzspäne nach massebezogener Allokation aus der Schnittholzproduktion. Der Gewichtsanteil des Kuppelproduktes „Holzspäne" wird auf den Gesamtenergieinput der Schnittholzproduktion bezogen [29]. Der Energiebedarf für die Prozessschritte zur mechanisierten Herstellung beträgt mit 3,3E-02 MJ/kg LLS, AK Ia ca. 8 % des gesamten Primärenergieinput. Die Transporte ins Werk

3.5 Sach- und Ökobilanzierung

(1,38E-04 MJ/kg LLS, AK Ia) entstehen durch die Bereitstellung von Holzspänen aus Sägewerken im angenommenen Umkreis von 50 km.

Tab. 3.10 zeigt die Verteilung des gesamten Primärenergieeinsatzes in Höhe von 0,945 MJ /kg LS für technisch getrocknete LS der AK Ib. Die LS bestehen zu 100 % aus Primärlehmaushub. Dieser stammt aus Gruben der unmittelbaren Umgebung der Ziegeleien, die LS als weiteres Produkt herstellen. Damit entfallen Transporte von Ausgangsstoffen ins Werk (IM A2).

Die Berechnung des Wärmeenergiebedarfs zur technischen Trocknung erfolgt nach dem vereinfachten Ansatz in *Abs. 3.4.3*. Danach wird im Vergleich zur Freilufttrocknung nahezu der doppelte Energieinput (92 %) mit 8,7 MJ (0,22 kWh)/kg LS erforderlich. Im Vergleich dazu wird die Trocknungsenergie für Ziegelsteine vor dem Brennen auf 0,3 kWh/kg Ziegel geschätzt und auf die Berechnung der Ökobilanz von Lehm-Plansteinen übertragen [20].

Als worst case-Szenario geht die Primärenergie zur Bereitstellung des Energieträgers „Erdgas" mit 4 MJ/kWh Erdgas in die Berechnung des PEI in IM A3 ein und ergibt somit ein PENRT von 8,7E-01 MJ/kg LLS. Dementsprechend überwiegt der Anteil nichtregenerativer Primärenergie (PENRT) mit 96 %. Regenerative Primärenergie (PERT), z. B. Strom aus Wasserkraft, hat nur einen Anteil von 4 %. Mögliche Energieeinsparpotenziale durch Optimierung der Trocknungsverfahren (z. B. Strömungsführung, Abluftnutzung) bleiben herstellerspezifischen UPD vorbehalten.

Dosierung, Mischung und Formgebung der Lehmmasse benötigen 3,3E-02 MJ/kg LS elektrische Energie, überwiegend für Transportbänder und Mischer. Der Anteil am gesamten PEI beträgt 3,45 %.

Umweltwirkungsfaktoren LS

In Tab. 3.11 werden die Treibhausgaspotenziale GWP für die LLS AK Ia und LS AK Ib zusammenfassend dargestellt. Die unbehandelten Holzspäne (10 M.-%) in der LLS-Rezeptur mit Freilufttrocknung enthalten gebundenes CO_2, das in die Berechnung einbezogen wurde.

Für LLS, AK Ia ergibt sich ein negatives Gesamt-Treibhausgaspotenzial GWP (Klimaentlastungspotenzial) von $-1,10$E-01 kg $CO_{2equiv.}$/kg LS. Ursächlich dafür ist der in den Holzspänen gespeicherte Kohlenstoff mit 0,12 kg/kg Holzspäne. Dagegen stehen die Treibhausgasemissionen aus dem Betrieb der Lehmgrube mit 2,93E-03 kg $CO_{2equiv.}$/kg Primärlehmaushub und die Bereitstellung der Holzspäne selbst mit 8,55E-03 kg $CO_{2equiv.}$/ kg Holzspäne. Der LKW (EURO 5)-Transport der Holzspäne (geschätzt 50 km mit 34–40 t zulässigem Gesamtgewicht u. 27 t Nutzlast, Speditionsverkehr bei 85 % Auslastung) verursacht 6,4E-06 kg $CO_{2equiv.}$/ kg Holzspäne. Der Herstellungsprozess mit 0,037 MJ/ kg LLS (8,5 kW/t Strom aus Wasserkraft (PERT)) ergibt ein Treibhausgaspotential von 3,67E-05 kg $CO_{2equiv.}$/ kg LLS, AK Ia in IM A Ohne die CO_2-Gutschrift für Holzspäne würde das Treibhausgaspotenzial auf 1,12E-02 kg $CO_{2equiv.}$/ kg LLS, AK Ia, Freilufttrocknung ansteigen.

Die technische Trocknung von LS der AK Ib mit Erdgas als Energieträger (worst case-Annahme) ergibt einen GWP-Wert von 5,52E-02 kg $CO_{2equiv.}$/kg LS, AK Ib. Die

Tab. 3.10 Inputfaktoren LS

Funktionale Einheit kg		LLS AK Ia nach DIN 18945, Freilufttrocknung							
	Parameter	PERE	PERM	PERT	PENRE	PENRM	PENRT	SM	FW
	IM/Einheit	MJ H$_u$	MJ H$_u$	MJ H$_u$	MJ H$_u$	MJ H$_u$	MJ H$_u$	kg	m^3
Produktstadium Ausgangsstoffe	A1	4,86E-03	0,00E+00	4,86E-03	3,72E-01	0,00E+00	3,72E-01	0,00E+00	6,56E-06
Transport	A2	4,65E-06	0,00E+00	4,65E-06	6,92E-05	0,00E+00	6,92E-05	0,00E+00	5,37E-09
Herstellung	A3	3,22E-02	7,64E-11	3,22E-02	4,03E-04	0,00E+00	4,03E-04	0,00E+00	5,47E-07
Summe (cradle-to-gate)	A1-A3	3,71E-02	7,64E-11	3,71E-02	3,73E-01	0,00E+00	3,73E-01	0,00E+00	7,12E-06

Funktionale Einheit kg		LS AK Ib nach DIN 18945, technische Trocknung,							
	Parameter	PERE	PERM	PERT	PENRE	PENRM	PENRT	SM	FW
	IM/Einheit	MJ H$_u$	MJ H$_u$	MJ H$_u$	MJ H$_u$	MJ H$_u$	MJ H$_u$	kg	m^3
Produktstadium Ausgangsstoffe	A1	2,50E-04	0,00E+00	2,50E-04	4,16E-02	0,00E+00	4,16E-02	0,00E+00	7,29E-06
Transport	A2	0,00E+00	0,00E+00	0,00E+00	0,00E+00	0,00E+00	0,00E+00	0,00E+00	0,00E+00
Herstellung	A3	3,39E-02	0,00E+00	3,39E-02	8,70E-01	0,00E+00	8,70E-01	0,00E+00	3,07E-06
Summe (cradle-to-gate)	A1-A3	3,41E-02	0,00E+00	3,41E-02	9,11E-01	0,00E+00	9,11E-01	0,00E+00	1,04E-05

PERE Nutzung erneuerbarer Primärenergie ausgenommen erneuerbare Primärenergieressourcen, die als Rohstoffe verwendet werden
PERM Nutzung erneuerbarer Primärenergieressourcen, die als Rohstoffe verwendet werden
PERT Gesamtnutzung erneuerbarer Primärenergieressourcen (Primärenergie u. Primärenergieressourcen, die als Rohstoffe verwendet werden)
PENRE Nutzung nicht erneuerbarer Primärenergieressourcen außer nicht erneuerbare Energieressourcen, die als Rohstoffe verwendet werden
PENRM Nutzung nicht erneuerbarer Primärenergieressourcen, die als Rohstoffe verwendet werden
PENRT Gesamtnutzung nicht erneuerb. Primärenergieressourcen (Primärenergie u. Primärenergieressourcen, die als Rohstoffe verwendet werden)
SM   Nutzung von Sekundärstoffen
FW   Nutzung von Frischwasser

Rezeptur enthält 100 M.-% Primärlehmaushub vom Werksgelände. Transporte von Ausgangsstoffen ins Werk (IM A2) entfallen. Der Betrieb der Lehmgrube trägt mit 2,93E-03 kg $CO_{2equiv.}$/ kg LS (ca. 5 %) zum GWP bei. Anders als bei LLS, AK Ia entstehen keine CO_2-Gutschriften aus der Beimengung von Holzspänen. Etwa 95 % der Treibhausgaspotenziale entfallen auf den Trocknungsprozess. Die Aufbereitungs- und Formgebungsprozesse tragen marginal mit 0,07 % zu den Treibhausgasemissionen bei.

Der Einsatz von Biogas als Energieträger anstelle von Erdgas erzeugt eine CO_2- Gutschrift von −4.36E-01 kg $CO_{2equiv.}$/kg LS, AK Ib [3]. Selbst ohne die CO_2-Gutschrift mit Biogas vermindert sich das Treibhausgaspotenzial gegenüber einer Erdgas-Trocknung auf insgesamt 1,29E-02 kg $CO_{2equiv.}$/kg LS, AK Ib oder um 76 %. Dieses Alternativszenario verdeutlicht, dass der Einsatz anderer, nicht fossiler Energieträger zu einer signifikanten Reduktion von Treibhausgasemissionen bei der technischen Trocknung von LS der AK Ib mit und ohne CO_2-Gutschrift führen kann.

Outputfaktoren LS

Die Outputfaktoren quantifizieren die direkten Abfälle der IM A1–A3 (Tab. 3.12). Die Abfälle der Prozesskette zur Bereitstellung von Ausgangsstoffen verursachen den Hauptteil der Outputfaktoren für LLS AK Ia. Für LS AK Ib entstehen die meisten Abfälle aus der Bereitstellung der Trocknungsenergie (hier Erdgas) in der Herstellung (IM A3).

3.5 Sach- und Ökobilanzierung

Tab. 3.11 Umweltwirkungsfaktoren LS

Funktionale Einheit kg		Parameter	GWP (total)	GWP (biogen)	GWP (LuLuc)	GWP (fossil)	ODP	POCP	AP	EP (terr.)	EP (freshwater)	EP (marine)	WDP	ADPE	ADPF
LLS AK Ia nach DIN 18945, Freilufttrocknung															
		IM/Einheit	kg CO_2 äquiv	kg CO_2 äquiv	kg CO_2 äquiv	kg CO_2 äquiv	kg CFC-11 äquiv	kg C_2H_4 äquiv	kg SO_2 äquiv	Mole of N äquiv.	kg P äquiv.	kg N äquiv.	m³ world äquiv.	kg Sb äquiv	MJ H_u äquiv
Produktstadium	Ausgangsstoffe	A1	-1,10E-01	-1,21E-01	1,20E-04	1,11E-02	8,55E-03	3,47E-06	6,58E-06	2,28E-05	2,25E-05	2,53E-06	2,07E-06	9,04E-10	3,80E-02
	Transport zum We	A2	6,40E-06	0,00E+00	0,00E+00	6,40E-06	6,40E-06	1,01E-15	3,36E-09	1,17E-08	1,43E-07	2,73E-09	1,27E-06	4,21E-08	5,43E-10
	Herstellung	A3	3,67E-05	0,00E+00	0,00E+00	3,67E-05	2,88E-11	1,56E-07	6,28E-08	6,28E-08	1,53E-07	2,52E-08	1,39E-08	1,76E-10	3,81E-04
Summe (cradle to gate)		A1 - A3	-1,10E-01	-1,21E-01	1,20E-04	1,11E-02	8,56E-03	3,63E-06	6,65E-06	2,28E-05	2,28E-05	2,56E-06	2,10E-06	4,32E-08	3,84E-02
LS AK Ib nach DIN 18945, technische Trocknung															
Funktionale Einheit kg		Parameter	GWP (total)	GWP (biogen)	GWP (LuLuc)	GWP (fossil)	ODP	POCP Prozess	AP	EP (terrestris	EP (freshwat	EP (marine)	WDP	ADPE	ADPF
		IM/Einheit	kg CO_2 äquiv	kg CO_2 äquiv	kg CO2 äquiv	kg CO2 äquiv	kg CFC-11 äquiv	kg C_2H_4 äquiv	kg SO_2 äquiv.	Mole of N äquiv.	kg P äquiv.	kg N äquiv.	m³ world äquiv.	kg Sb äquiv	MJ H_u äquiv
Produktstadium	Ausgangsstoffe	A1	2,93E-03	0,00E+00	2,64E-03	2,93E-04	5,38E-10	3,85E-06	4,85E-06	0,00E+00	0,00E+00	0,00E+00	0,00E+00	1,00E-09	4,22E-02
	Transport zum We	A2	0,00E+00	0,00E+00	0,00E+00	0,00E+00	0,00E+00	0,00E+00	0,00E+00	0,00E+00	0,00E+00	0,00E+00	0,00E+00	0,00E+00	0,00E+00
	Herstellung	A3	5,07E-05	0,00E+00	0,00E+00	5,23E-02	2,88E-12	1,56E-07	6,28E-08	1,53E-07	2,52E-08	1,39E-08	5,27E-05	1,76E-10	3,81E-04
Summe (cradle to gate)		A1 - A3	2,98E-03	0,00E+00	2,64E-03	5,26E-02	5,41E-10	4,01E-06	4,91E-06	1,53E-07	2,52E-08	1,39E-08	5,27E-05	1,18E-09	4,26E-02

GWP total Globales Erwärmungspotenzial
GWP-biogenic Globales Erwärmungspotenzial - biogen
GWP-luluc Globales Erwärmungspotenzial - land use and land use change
GWP-fossil Globales Erwärmungspotenzial - fossil
ODP Abbaupotenzial der stratosphärischen Ozonschicht
POCP Bildungspotenzial für troposphärisches Ozon
AP Versauerungspotenzial, kumulierte Überschreitung
EP-terrestrial Eutrophierungspotenzial - Land
EP-freshwater Eutrophierungspotenzial - Süßwasser
EP-marine Eutrophierungspotenzial - Salzwasser
WDP Wasser-Entzugspotenzial (Benutzer)
ADPE Potenzial für den abiotischen Abbau nicht fossiler Ressourcen
ADPF Potenzial für den abiotischen Abbau fossiler Brennstoffe

In *Abs. 7* werden die Rückgewinnungspotenziale (IM D1–D3) nach Ende des Lebenszyklus aufgezeigt. In der Phase des Lebenszyklus wandelt sich das zurückgewonnene Abbruchmaterial (IM C1–C3) in Komponenten zum Recycling (CRU). Bei der unmittelbaren Produktion in IM A1–A3 fallen keine messbaren wiederverwendbaren/ wiederverwertbaren Komponenten an. Die routinemäßige Rückführung von Abfällen in den laufenden Prozess lässt sich nicht sinnvoll quantifizieren.

3.5.2.3 Lehmputzmörtel LPM

Die Daten beziehen sich auf vier unterschiedliche Verfahren zur Herstellung von LPM nach *Abs. 3.3.2*:

- *Erdfeuchtverfahren* ohne technische Trocknung der Ausgangsstoffe und des Endproduktes (LPM 01)
- *Nachtrocknungsverfahren* mit technischer Trocknung des Endproduktes (LPM 02)
- *Trockendosierverfahren* zur Dosierung und Mischung vorgetrockneter Ausgangsstoffe (LPM 03)

Tab. 3.12 Outputfaktoren LS

Funktionale Einheit kg		Parameter	LLS AK Ia nach DIN 18945, Freilufttrocknung							
			HWD	NHWD	RWD	CRU	MFR	MER	EEE	EET
		IM/Einheit	kg	kg	kg	kg	kg	kg	MJ	MJ
Produktstadium	Ausgangsstoffe	A1	2,40E-05	1,87E-05	2,74E-07	0,00E+00	0,00E+00	0,00E+00	0,00E+00	0,00E+00
	Transport	A2	4,34E-09	5,31E-09	1,05E-10	0,00E+00	0,00E+00	0,00E+00	0,00E+00	0,00E+00
	Herstellung	A3	3,56E-06	7,07E-05	1,64E-09	0,00E+00	0,00E+00	0,00E+00	0,00E+00	0,00E+00
Summe (cradle to gate)		A1-A3	2,76E-05	8,93E-05	2,75E-07	0,00E+00	0,00E+00	0,00E+00	0,00E+00	0,00E+00
			LS AK Ib nach DIN 18945, technische Trocknung							
Funktionale Einheit kg		Parameter	HWD	NHWD	RWD	CRU	MFR	MER	EEE	EET
		IM/Einheit	kg	kg	kg	kg	kg	kg	MJ	MJ
Produktstadium	Ausgangsstoffe	A1	2,67E-05	2,07E-05	3,04E-07	0,00E+00	0,00E+00	0,00E+00	0,00E+00	0,00E+00
	Transport	A2	0,00E+00	0,00E+00	0,00E+00	0,00E+00	0,00E+00	0,00E+00	0,00E+00	0,00E+00
	Herstellung	A3	3,92E-06	2,81E-04	2,81E-04	0,00E+00	0,00E+00	0,00E+00	0,00E+00	0,00E+00
Summe (cradle to gate)		A1-A3	3,06E-05	3,02E-04	2,82E-04	0,00E+00	0,00E+00	0,00E+00	0,00E+00	0,00E+00

HWD Gefährlicher Abfall zur Deponie
NHWD Entsorgter nicht gefährlicher Abfall
RWD Entsorgter radioaktiver Abfall
CRU Komponenten für die Wiederverwendung
MFR Stoffe zum Recycling
MER Stoffe für die Energierückgewinnung
EEE Exportierte Energie elektrisch
EET Exportierte Energie thermisch

- *Passives Solartrocknungsverfahren* zur technischen Trocknung der erdfeuchten mineralischen Ausgangsstoffe (LPM 04).

Abschneidekriterium LPM

Entsprechend DIN 18947, A.3 werden alle Stoffflüsse berücksichtigt, die in das Produktionssystem fließen (Inputs) und mehr als 1 % der Gesamtmasse der Stoffflüsse oder mehr als 1 % des Primärenergieverbrauchs betragen.

Abweichend davon werden auch alle Stoffflüsse erfasst, deren Umweltauswirkungen > 1 % der gesamten Auswirkungen einer in der Bilanz berücksichtigten Wirkungskategorie darstellen. Das trifft insbesondere auf natürliche Pflanzenfasern (z. B. Stroh, Miscanthus) zu. Die Stoffflüsse zur Herstellung der benötigten Maschinen, Anlagen und Infrastruktur wurden nicht einbezogen.

Annahmen und Abschätzungen LPM

Annahmen und Abschätzungen betreffen Lehmaushub als Primär- bzw. Sekundärrohstoff, Verpackungen sowie Pflanzenanteile.

Die Vorprodukte für *LPM 03* sind Trockenlehm, Trockensand oder andere getrocknete Zusätze. Die im Trockenlehm/Trockensand enthaltene „graue" Energie wird in IM A1 dem LPM 03 zugerechnet.

3.5 Sach- und Ökobilanzierung

LPM 04 verwendet Primärlehmaushub aus einer Lehmgrube auf dem Werksgelände. Der durch Gewinnungstechnik verursachte Aufwand wird IM A1 zugerechnet („Verursacherprinzip").

LPM 03 und *LPM 04* enthalten jeweils 1 M.-% Pflanzenfasern (Stroh [32], Miscanthus). Die darin enthaltenen Rückgewinnungspotenziale blieben unberücksichtigt, nicht jedoch das gebundene CO_2.

Verpackungen: erdfeucht produzierte und transportierte LPM werden in offene *Großgebinde (Big Bags)* mit einer Kapazität von 1,0–1,2 t abgesackt. Die Bilanzierung erfolgte durch generische Daten für PP-Gewebe nach ÖKOBAUDAT, Z. 6.6.04 [27] als annähernd vergleichbares Produkt. Gutschriften durch die stoffliche/thermische Verwertung der Big Bags über ein Entsorgungssystem werden nicht berücksichtigt.

Ungebleichte Kraftpapiersäcke ohne Kunststoffeinlage dienen der Verpackung und dem Feuchteschutz für getrocknete LLMM. Die Verpackungseinheit für getrocknete LPM ist 25 kg. Ein Kraftpapiersack wiegt 90 g. Gutschriften durch die stoffliche oder thermische Verwertung der Kraftpapiersäcke über ein Entsorgungssystem werden nicht berücksichtigt.

PE-Folie schützt die palettierten, in Kraftpapiersäcke abgefüllten, getrockneten LPM. Die 150 cm breite Folie umschließt eine Palette mit 48 Sack LPM und einem Gesamtgewicht von 1,2 t. Für PE-Folie findet das Abschneidekriterium nach *Abs. 3.5.2.1.1* Anwendung.

Datenqualität LPM

Die Berechnungsgrundlagen für die Ausgangsstoffe von LPM basieren auf Herstellerangaben in zwei vom DVL verifizierten betrieblichen UPD mit Prozessdaten aus dem Jahr 2022.

Zur Modellierung der Umweltwirkungen wurden Hintergrunddatensätze auf Basis der GaBi Datenbank [27] und UBA-proBas [28] und andere UPD für Komponenten [23] herangezogen.

Allokation LPM

Der Hauptanteil der Belastungen wird entsprechend der nach DIN EN ISO 14044, Abs. 4.3.2 zugrunde liegenden physikalischen Allokation der Kiesgewinnung als Hauptprodukt zugewiesen.

Der gemessene Energieinput wird nach der auf derselben Produktionsanlage hergestellten Masse aller Lehmbaustoffe proportional auf die Masseanteile der untersuchten Produkte aufgeteilt (massebezogene Allokation).

Berechnungsergebnisse LPM

Im folgenden Abschnitt werden die Berechnungsergebnisse LPM der Faktoren Input (Tab. 3.13), Umweltwirkung (Tab. 3.14) und Output (Tab. 3.15) als Durchschnittswerte aus insgesamt 14 deklarierten LPM dargestellt. Die einzelnen LPM werden entsprechend der PKR LPM den vier Herstellungsverfahren zugeordnet.

Tab. 3.13 Inputfaktoren LPM (Durchschnittswerte)

LPM 01 nach DIN 18947 - Erdfeuchtverfahren (Durchschnittswerte)									
Funktionale Einheit kg	Parameter		PERE	PERM	PERT	PENRE	PENRM	PENRT	SM	FW
	IM/Einheit		MJ H_u	MJ H_u	MJ H_u	MJ H_u	MJ H_u	MJ H_u	kg	m^3
Produktstadium	Ausgangsstoffe	A1	9,45E-03	0,00E+00	9,45E-03	3,62E-01	3,12E-04	3,63E-01	4,02E-01	6,44E-05
	Transport	A2	3,93E-03	0,00E+00	3,93E-03	5,87E-02	0,00E+00	5,87E-02	0,00E+00	3,63E-06
	Herstellung	A3	3,81E-02	0,00E+00	3,81E-02	8,63E-02	3,88E-02	1,25E-01	0,00E+00	6,50E-05
Summe (cradle to gate)		A1-A3	5,15E-02	0,00E+00	5,15E-02	5,07E-01	3,91E-02	5,46E-01	4,02E-01	1,33E-04

LPM 02 nach DIN 18947 - Nachtrocknungsverfahren (Durchschnittswerte)									
Funktionale Einheit kg	Parameter		PERE	PERM	PERT	PENRE	PENRM	PENRT	SM	FW
	IM/Einheit		MJ H_u	MJ H_u	MJ H_u	MJ H_u	MJ H_u	MJ H_u	kg	m^3
Produktstadium	Ausgangsstoffe	A1	9,35E-03	0,00E+00	9,35E-03	3,14E-01	3,21E-04	3,15E-01	4,20E-01	4,06E-05
	Transport	A2	2,17E-03	0,00E+00	2,17E-03	3,24E-02	0,00E+00	3,24E-02	0,00E+00	3,23E-06
	Herstellung	A3	3,64E-02	0,00E+00	3,64E-02	7,21E-01	0,00E+00	7,21E-01	0,00E+00	6,91E-05
Summe (cradle to gate)		A1-A3	4,79E-02	0,00E+00	4,79E-02	1,07E+00	3,21E-04	1,07E+00	4,20E-01	1,13E-04

LPM 03 nach DIN 18947 - Trockendosierverfahren (Durchschnittswerte)									
Funktionale Einheit kg	Parameter		PERE	PERM	PERT	PENRE	PENRM	PENRT	SM	FW
	IM/Einheit		MJ H_u	MJ H_u	MJ H_u	MJ H_u	MJ H_u	MJ H_u	kg	m^3
Produktstadium	Ausgangsstoffe	A1	1,81E-02	0,00E+00	1,81E-02	8,33E-01	1,29E-04	8,34E-01	2,24E-01	6,41E-05
	Transport	A2	9,56E-03	0,00E+00	9,56E-03	1,43E-01	0,00E+00	1,43E-01	0,00E+00	8,50E-06
	Herstellung	A3	5,55E-02	0,00E+00	5,55E-02	3,13E-04	0,00E+00	3,13E-04	0,00E+00	5,73E-05
Summe (cradle to gate)		A1-A3	8,31E-02	0,00E+00	8,31E-02	9,77E-01	1,29E-04	9,77E-01	2,24E-01	1,30E-04

LPM 04 nach DIN 18947 - Solartrocknungsverfahren (Durchschnittswerte)									
Funktionale Einheit kg	Parameter		PERE	PERM	PERT	PENRE	PENRM	PENRT	SM	FW
	IM/Einheit		MJ H_u	MJ H_u	MJ H_u	MJ H_u	MJ H_u	MJ H_u	kg	m^3
Produktstadium	Ausgangsstoffe	A1	3,92E-02	3,65E-02	7,56E-02	1,23E-01	5,17E-05	1,23E-01	0,00E+00	3,17E-04
	Transport	A2	3,48E-03	0,00E+00	3,47E-03	5,19E-02	0,00E+00	5,19E-02	0,00E+00	3,09E-06
	Herstellung	A3	7,51E-02	0,00E+00	7,51E-02	2,62E-02	0,00E+00	2,62E-02	0,00E+00	1,82E-05
Summe (cradle to gate)		A1-A3	1,18E-01	3,65E-02	1,54E-01	2,01E-01	5,17E-05	2,01E-01	0,00E+00	3,39E-04

PERE Nutzung erneuerbarer Primärenergie ausgenommen erneuerbare Primärenergieressourcen, die als Rohstoffe verwendet werden
PERM Nutzung erneuerbarer Primärenergieressourcen, die als Rohstoffe verwendet werden
PERT Gesamtnutzung erneuerbarer Primärenergieressourcen (Primärenergie und Primärenergieressourcen, die als Rohstoffe verwendet werden)
PENRE Nutzung nicht erneuerbarer Primärenergieressourcen außer nicht erneuerbare Energieressourcen, die als Rohstoffe verwendet werden
PENRM Nutzung nicht erneuerbarer Primärenergieressourcen, die als Rohstoffe verwendet werden
PENRT Gesamtnutzung nicht erneuerb. Primärenergieressourcen (Primärenergie u. Primärenergieressourcen, die als Rohstoffe verwendet werden)
SM Nutzung von Sekundärstoffen
FW Nutzung von Frischwasser

Inputfaktoren LPM

Tab. 3.13 zeigt den durchschnittlichen Primärenergieeinsatz PEI = PERT + PENRT für LPM 01–LPM 04, basierend auf den erhobenen Angaben zu Energiemengen und -trägern aus den beteiligten Herstellerwerken im Jahr 2021.

Die Durchschnittswerte zum PEI basieren auf Energiedaten der Hersteller, die Berechnungsgrundlagen für Vorprodukte und Verpackung auf generischen Daten. Die Berechnung der Energieeinträge für die Bereitstellung von Trockenlehm greift auf geprüfte Energiebilanzdaten eines Herstellers für dieses Vorprodukt zurück [33]. Darin enthalten sind auch die Dieselverbräuche für Baufahrzeuge/-maschinen in den betrachteten Werken. Das Werk zur Trockendosierung von LPM 03 hat die Fahrzeuge auf Elektroantrieb umgestellt, die Stromverbräuche sind erfasst worden.

3.5 Sach- und Ökobilanzierung

Die Energieeinträge durch LKW-Transporte der Ausgangsstoffe und Verpackungen in die betrachteten Werke bewegen sich zwischen 0,002–0,01 MJ/kg LPM oder durchschnittlich 9 % des gesamten Energiebedarfs (A1–A3). Das verweist auf werksnahe Rohstoffvorkommen, insbesondere Baulehm.

Der Baulehm für LPM 01–LPM 03 fällt bei der Kiesgewinnung als Abfall an und wird als Sekundärlehmaushub ohne weitere Aufbereitung zur Herstellung von LPM weiterverwertet (Tab. 3.13, Sp. SM/Sekundärstoffe). LPM 04 verwendet Primärgrubenlehm aus einem werksnahen Lehmvorkommen.

Erdfeucht hergestellte *LPM 01* verbrauchen für Ausgangsstoffe, Transporte ins Werk, Bereitstellung des Stroms Wasserkraft und Verpackung in Großgebinden durchschnittlich 0,6 MJ/kg LPM 01.

Die *nachgetrocknetenLPM 02* benötigen zusätzlich zu den PEI des Erdfeuchtverfahrens Flüssiggas für die Nachtrocknung in einem Trommeltrockner. Das erhöht den nichtregenerativen Primärenergieanteil auf durchschnittlich 1,07 MJ/kg LPM 02. Die LPM 02 werden in Kraftpapiersäcke ohne Kunststoffinlet verpackt.

Der Hauptenergieeintrag (95 %) für die im *Trockendosierverfahren* hergestellten *LPM 03* entsteht durch die vorgetrockneten mineralischen Ausgangsstoffe. Die Mischung, Dosierung und Absackung in Kraftpapiersäcke hat mit 0,021 MJ/kg LPM 03 nur einen geringen Anteil am gesamten PEI in Höhe von durchschnittlich 1,06 MJ/kg LPM 03 (Tab. 3.13).

Die *passive Solartrocknung* für *LPM 04* ist ein Trocknungsverfahren, bei dem erdfeuchter Primärlehmaushub und Lehmmischungen mit Sand in einem belüfteten Gewächshaus aufgeschüttet und mithilfe eines Wenderoboters gleichmäßig durchlüftet werden (Abb. 3.34). Bei der passiven Solartrocknung der Ausgangsstoffe verbleibt eine Restfeuchte von ca. 5–10 M.-% in der kapillaren Struktur der Tonmineralien. Das solare Trocknungsverfahren für LPM 04 reduziert den gesamten Energieeinsatz PEI für die Herstellung auf durchschnittlich 0,35 MJ/kg LPM 04 (Tab. 3.13).

Umweltwirkungsfaktoren LPM

Die durchschnittlichen Umweltwirkungsfaktoren für die Herstellung der LPM 01–LPM 04 werden nach dem jeweiligen Herstellungsverfahren in Tab. 3.14 dargestellt.

Die Rezepturen der bilanzierten *LPM 01–LPM 04* enthalten pflanzliche Fasern als natürliche, nachwachsende Rohstoffzusätze (z. B. Stroh, Hanf). Das darin gebundene CO_2 findet sich wieder als negatives $GWP_{biogenic}$ in IM A1 (Tab. 3.14) mit durchschnittlich − 4,01E-03 kg $CO_{2equiv.}$/ kg LPM 04 bis 1,14E-02 kg $CO_{2equiv.}$/ kg LPM 02. Die negativen Werte für $GWP_{biogenic}$ in den IM A2 und A3 entstehen durch Vorprodukte und Energieträger (z. B. Biodiesel).

Die nach dem Erdfeuchtverfahren hergestellten *LPM 01* verursachen ein Treibhausgaspotential GWP_{total} von durchschnittlich 1,35E-03 kg $CO_{2equiv.}$/ kg LPM 01. Je nach Massenanteil der enthaltenen Pflanzenzusätze ergeben sich teilweise negative Werte für das gesamte Treibhausgaspotenzial IM A1–A Die Bandbreite des GWP_{total} reicht von − 3,51E-03 kg $CO_{2equiv.}$/ kg LPM 01 bis + 1,27E-02 kg $CO_{2equiv.}$/ kg LPM 01.

Tab. 3.14 Umweltwirkungsfaktoren LPM

Funktionale Einheit kg		Parameter	GWP (total)	GWP (biogen)	GWP (luluc)	GWP (fossil)	ODP	POCP	AP	EP (terr.)	EP (freshwater)	EP (marine)	WDP	ADPE	ADPF
\multicolumn{16}{l}{LPM 01 nach DIN 18947 - Erdfeuchtverfahren (Durchschnittswerte)}
		IM/Einheit	kg CO₂ äquiv	kg CO₂ äquiv	kg CO₂ äquiv	kg CO₂ äquiv	kg CFC-11 äquiv	kg C₂H₄ äquiv	kg SO₂ äquiv	Mole of N äquiv.	kg P äquiv..	kg N äquiv.	m³ world äquiv.	kg Sb äquiv	MJ H_u äquiv
Produktstadium	Ausgangsstoffe	A1	-7,06E-03	-1,11E-02	1,04E-05	4,00E-03	7,08E-05	8,62E-06	1,92E-02	5,58E-05	1,02E-05	5,44E-06	3,00E-04	2,53E-07	2,90E-02
	Transport zum Werk	A2	4,36E-03	-1,43E-05	2,58E-05	4,35E-03	5,40E-12	1,80E-06	1,46E-05	7,65E-05	1,01E-05	6,83E-06	2,26E-05	3,10E-07	5,85E-02
	Herstellung	A3	4,05E-03	-3,81E-05	2,45E-06	4,08E-03	2,00E-12	2,01E-06	2,05E-06	5,56E-06	4,37E-07	4,72E-07	4,73E-05	1,99E-07	2,78E-02
Summe (cradle to gate)		A1-A3	1,35E-03	-1,11E-02	3,86E-05	1,24E-02	7,08E-05	1,24E-05	1,92E-02	1,38E-04	2,08E-05	1,27E-05	3,70E-04	7,63E-07	1,15E-01
\multicolumn{16}{l}{LPM 02 nach DIN 18947 - Nachtrocknungsverfahren (Durchschnittswerte)}
		IM/Einheit	kg CO₂ äquiv	kg CO₂ äquiv	kg CO₂ äquiv	kg CO₂ äquiv	kg CFC-11 äquiv	kg C₂H₄ äquiv	kg SO₂ äquiv	Mole of N äquiv.	kg P äquiv..	kg N äquiv.	m³ world äquiv.	kg Sb äquiv	MJ H_u äquiv
Produktstadium	Ausgangsstoffe	A1	-9,31E-03	-1,14E-02	5,75E-06	2,10E-03	1,14E-05	1,17E-08	2,27E-02	2,76E-05	5,00E-06	3,26E-06	3,91E-05	1,49E-07	2,05E-02
	Transport zum Werk	A2	2,40E-03	-7,89E-06	1,42E-05	2,40E-03	2,98E-13	9,95E-07	8,06E-06	4,22E-05	5,60E-06	3,76E-06	1,25E-05	1,71E-07	3,23E-02
	Herstellung	A3	1,37E-03	8,48E-05	1,17E-06	1,36E-02	1,02E-11	3,84E-05	3,99E-05	3,65E-06	4,56E-07	4,69E-06	1,25E-04	1,99E-07	7,21E-02
Summe (cradle to gate)		A1-A3	6,79E-03	-1,13E-02	2,11E-05	1,81E-02	1,14E-05	3,94E-05	2,28E-02	7,34E-05	1,11E-05	1,17E-05	1,77E-04	5,19E-07	7,74E-01
\multicolumn{16}{l}{LPM 03 nach DIN 18947 - Trockendosierverfahren (Durchschnittswerte)}
		IM/Einheit	kg CO₂ äquiv	kg CO₂ äquiv	kg CO₂ äquiv	kg CO₂ äquiv	kg CFC-11 äquiv	kg C₂H₄ äquiv	kg SO₂ äquiv	Mole of N äquiv.	kg P äquiv..	kg N äquiv.	m³ world äquiv.	kg Sb äquiv	MJ H_u äquiv
Produktstadium	Ausgangsstoffe	A1	3,64E-02	-1,06E-02	8,03E-06	4,71E-02	8,24E-06	4,08E-05	4,72E-03	1,66E-04	1,07E-05	1,50E-05	2,35E-04	6,54E-07	7,76E-01
	Transport zum Werk	A2	1,07E-02	-3,50E-05	6,31E-05	1,06E-02	1,32E-12	4,42E-06	3,58E-05	1,87E-04	2,49E-05	1,67E-05	5,54E-05	7,60E-07	1,43E-01
	Herstellung	A3	2,98E-03	1,17E-07	3,70E-08	2,98E-03	1,44E-13	1,71E-05	1,23E-05	2,33E-07	5,14E-08	2,13E-08	8,04E-05	3,16E-07	3,12E-04
Summe (cradle to gate)		A1-A3	5,01E-02	-1,07E-02	7,12E-05	6,07E-02	8,24E-06	6,23E-05	4,77E-03	3,54E-04	3,56E-05	3,17E-05	3,71E-04	1,73E-06	9,19E-01
\multicolumn{16}{l}{LPM 04 nach DIN 18947 - Solartrocknungsverfahren (Durchschnittswerte)}
		IM/Einheit	kg CO₂ äquiv	kg CO2 äquiv	kg CO2 äquiv	kg CO₂ äquiv	kg CFC-11 äquiv	kg C₂H₄ äquiv	kg SO₂ äquiv	Mole of N äquiv.	kg P äquiv..	kg N äquiv.	m³ world äquiv.	kg Sb äquiv	MJ H_u äquiv
Produktstadium	Ausgangsstoffe	A1	2,72E-03	-4,01E-03	1,21E-03	1,75E-03	7,14E-05	9,70E-06	8,16E-04	4,11E-05	4,34E-06	3,88E-06	1,95E-04	5,50E-07	4,02E-02
	Transport zum Werk	A2	3,78E-03	-1,24E-05	2,23E-05	3,77E-03	4,68E-13	1,56E-06	1,27E-05	6,63E-05	8,80E-06	5,92E-06	1,96E-05	2,69E-07	5,08E-02
	Herstellung	A3	3,63E-04	-2,31E-06	9,85E-08	3,61E-04	4,14E-10	9,15E-07	1,20E-06	2,47E-06	5,84E-07	2,29E-07	4,78E-05	5,98E-07	2,62E-06
Summe (cradle to gate)		A1-A3	6,86E-03	-4,02E-03	1,23E-03	5,88E-03	7,14E-05	1,22E-05	8,30E-04	1,10E-04	1,37E-05	1,00E-05	2,62E-04	1,42E-06	1,17E-01

GWP total Globales Erwärmungspotenzial
GWP-biogenic Globales Erwärmungspotenzial - biogen
GWP-luluc Globales Erwärmungspotenzial - land use and land use change
GWP-fossil Globales Erwärmungspotenzial - fossil
ODP Abbaupotenzial der stratosphärischen Ozonschicht
POCP Bildungspotenzial für troposphärisches Ozon
AP Versauerungspotenzial, kumulierte Überschreitung
EP-terrestrial Eutrophierungspotenzial - Land
EP-freshwater Eutrophierungspotenzial - Süßwasser
EP-marine Eutrophierungspotenzial - Salzwasser
WDP Wasser-Entzugspotenzial (Benutzer)
ADPE Potenzial für den abiotischen Abbau nicht fossiler Ressourcen
ADPF Potenzial für den abiotischen Abbau fossiler Brennstoffe

Durch die anschließende *Nachtrocknung* erdfeucht hergestellter LPM 01 zu *LPM 02* erhöht sich das Treibhausgaspotenzial auf durchschnittlich 6,79E-03 kg $CO_{2equiv.}$/kg LPM 02.

Die vorgetrockneten Ausgangsstoffe für das *Trockendosierverfahren* zur Herstellung von *LPM 03* tragen wesentlich (99 % GWP_{total}) dazu bei, dass dieses Verfahren mit durchschnittlich 5,02E-02 kg $CO_{2equiv.}$/kg LPM 03 mit marginalen Abweichungen zwischen

3.5 Sach- und Ökobilanzierung

einzelnen LPM den höchsten Wert des GWP_{total} der untersuchten Herstellungsverfahren aufweist.

Die mit *passiver Solartrocknung* hergestellten *LPM 04* kommen im Durchschnitt mit einem GWP_{total} von 6,86E-03 kg $CO_{2equiv.}$/kg LPM 04 auf ein höheres Treibhausgaspotenzial als fossil getrocknete LPM 02. Das liegt zum einen an den signifikant höheren Pflanzenanteil in LPM 02 mit einem negativen $GWP_{biogenic}$ in IM A1 von $-1,14E-02$ kg $CO_{2equiv.}$/kg LPM 02 gegenüber -4,01E-03 kg $CO_{2equiv.}$/kg LPM 04. Zum anderen trägt der Abbau von Primärlehmaushub zu dem um mehrere Faktoren höheren GWP_{luluc} von 1,21E-03 kg $CO_{2equiv.}$/kg LPM 04 bei. Das GWP_{total} der einzelnen nach dem Solartrocknungsverfahren hergestellten LPM bewegt sich, je nach Rezeptur, in einer Bandbreite von 1,63E-04 kg $CO_{2equiv.}$/kg LPM 04 bis 1,43E-02 kg $CO_{2equiv.}$/kg LPM 04.

Die nicht regenerativen, mineralischen Ausgangsstoffe der LPM 01–LPM 04 sind Baulehm und Sand in unterschiedlicher Zusammensetzung (Tab. 3.5). Die Verwendung von Sekundärgrubenlehm (48 M.-%) verursacht Treibhausgasemissionen beim Abbaggern, die jedoch außerhalb der Systemgrenze entstehen und hier der Kiesgewinnung zuzurechnen sind. Die homogenen Zusammensetzungen der LPM 01–04 aus Lehm und Sand tragen beim Wirkungsfaktor ADPE zu den niedrigen Faktorwerten der Ausgangsstoffe in IM A1 um E-07 bei. Das unterstreicht die ressourcenschonende Umweltwirkung der LPM.

Die LPM-Rezepturen enthalten <1 M.-% Pflanzentfasern aus Stroh/Miscanthus oder Hanf. Das darin gebundene CO_2 fließt als $GWP_{biogenic}$ der Ausgangsstoffe in IM A1 mit einem negativen Wert in die Berechnung des GWP_{total} ein.

Dabei greift das massenbezogene Abschneidekriterium *(Abs. 3.5.2.3.1)* nicht, weil das in der Wachstumsphase der Pflanzen gebundene CO_2 signifikante Auswirkungen (> 3 %) auf die Treibhausgaspotenziale hat. Das führt bei einzelnen LPM dazu, dass sich bei einem erdfeucht hergestellten LPM insgesamt ein Klimaentlastungseffekt mit einem negativen Wert von $-3,51E-03$ kg $CO_{2equiv.}$/ kg LPM 01 errechnet (Abb. 3.35).

Transporte zum Werk berücksichtigen neben anderen Rohstofflieferungen auch den Weg des Sekundärgrubenlehms von der Kiesgewinnung zur Produktionsstätte. Die LKW EURO 5-Transporte mit 34–40 t zulässigem Gesamtgewicht und 27 t Nutzlast bei 85 % Auslastung verursachen durchschnittlich zwischen 1,07E-02/kg LPM 03 und 2,40E-03 kg $CO_{2equiv.}$/kg LPM 0 Die durchschnittliche Transportentfernung beträgt 45 km.

Der Dosier- und Mischprozess für LPM 01, LPM 02 und LPM 03 erfolgt mit 100 % Wasserkraft aus Flusskraftwerken. Dieser regenerative Energieträger und der sparsame Verbrauch in Höhe von im Durchschnitt 7,5 kWh/t (27 MJ/t) LPM tragen mit 2,98E-03 kg $CO_{2equiv.}$/ kg LPM 03 bis 1,37E-02 kg $CO_{2equiv.}$/kg LPM 02 zu den Treibhausgasemissionen bei. Durch Nutzung passiver Solartrocknung und eigener PV-Anlage reduziert sich das GWP_{total} des Herstellprozesses (IM A3) für LPM 04 auf 3,63E-04 kg $CO_{2equiv.}$/ kg LPM 04.

Für die Absackung des LPM 01 und LPM 04 werden PP-Big Bags mit bis zu 1 t LPM Fassungsvermögen genutzt und nach einem vergleichbaren Produkt bilanziert. Diese

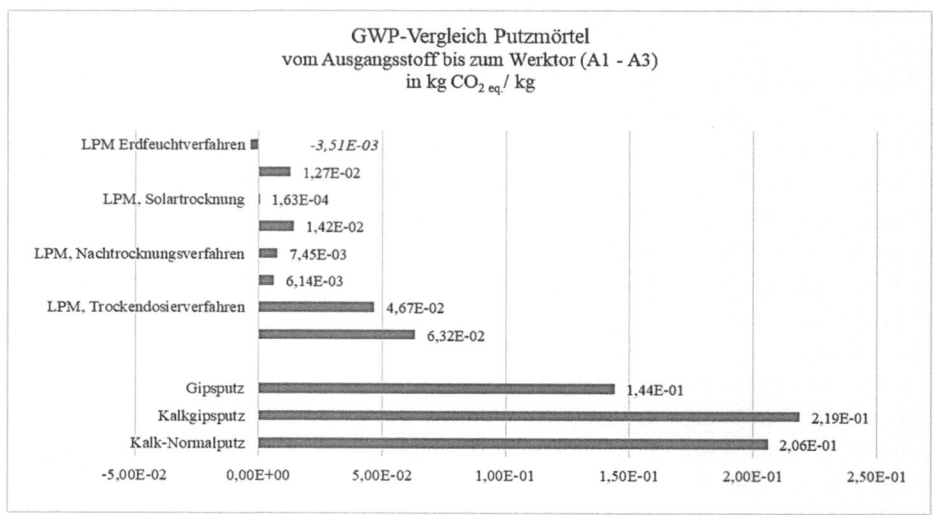

Abb. 3.35 Vergleich GWP für LPM/andere Putzmörtel (mit Bandbreite einzelner LPM derselben Verfahrensart)

Großgebinde stellen mit durchschnittlich 3,74E-03 kg $CO_{2equiv.}$/kg LPM einen signifikanten Emissionsfaktor dar. Sie sind jedoch mehrwegfähig. Einige Hersteller haben ein eigenes Pfandsystem eingerichtet. Die meisten Hersteller schließen sich einem Entsorgungssystem nach KrW-/AbfG [34] an. Verpackungen der Hersteller von erdfeuchten LPM werden entsprechend der gesetzlichen Regelungen für Transportverpackungen stofflich oder energetisch verwertet. Kraftpapiersäcke für LPM 02, LPM 03 und LPM 04 tragen mit durchschnittlich 2,90E-03 kg $CO_{2equiv.}$/kg LPM zum GWP von getrockneten LPM bei. Gutschriften für stoffliche oder energetische Verwertung der Großgebinde und der Papiersäcke sind in den hier zugrunde liegenden UPD nicht enthalten.

Der nicht-fossile Ressourcenverbrauch (ADPE) in Tab. 3.14 zeigt insgesamt mit Faktoreinheiten von E-07/kg LPM einen niedrigen Ressourcenverbrauch an.

Outputfaktoren LPM
Tab. 3.15 zeigt die durchschnittlichen Outputfaktoren für die Herstellung der LPM 01–04.

Der Produktionsprozess verläuft abfallfrei mit direkter Rückführung von wiederverwendbaren/wiederverwertbaren Abfallstoffen. Mit den Vorketten zur Bereitstellung von Ausgangsstoffen (IM A1), den Transporten ins Werk (IM A2) und der Energieinput für die Herstellung einschließlich der Bereitstellung der Verpackungen verbleiben Abfälle aus den Herstellungsverfahren LPM 01, LPM 02 und LPM 04 in Höhe von 2,88E-04 kg $CO_{2äquiv.}$/kg LPM 02 bis 3,60E-04 kg $CO_{2äquiv.}$/kg LPM 04. Das Trockendosierverfahren für LPM 03 hinterlässt mit insgesamt 1,71E-02 kg$CO_{2äquiv.}$/kg LPM 03 mehr Abfälle als andere LPM. Das liegt an den Ausgangsstoffen, insbesondere an den Abfällen aus Bereitstellung

3.5 Sach- und Ökobilanzierung

von getrocknetem Sand (> 90 %). Die dabei entstandenen nichtgefährlichen Abfälle sind die ausgewaschenen Lehm- und Tonanteile, die wiederum als Sekundärlehmaushub in den Lehmbaustoff-Kreislauf Eingang finden.

Tab. 3.15 Outputfaktoren LPM

LPM 01 nach DIN 18947 - Erdfeuchtverfahren (Durchschnittswerte)									
Funktionale Einheit kg		Parameter	HWD	NHWD	RWD	CRU	MFR	MER	EEE	EET
		IM/Einheit	kg	kg	kg	kg	kg	kg	MJ	MJ
Produktstadium	Ausgangsstoffe	A1	6,72E-08	1,17E-02	2,09E-06	0,00E+00	7,60E-05	0,00E+00	0,00E+00	0,00E+00
	Transport	A2	5,65E-11	5,02E-06	4,41E-08	0,00E+00	0,00E+00	0,00E+00	0,00E+00	0,00E+00
	Herstellung	A3	8,84E-09	6,00E-05	5,10E-06	0,00E+00	0,00E+00	0,00E+00	0,00E+00	0,00E+00
Summe (cradle to gate)		A1-A3	7,61E-08	1,18E-02	7,23E-06	0,00E+00	7,60E-05	0,00E+00	0,00E+00	0,00E+00

LPM 02 nach DIN 18947 - Nachtrocknungsverfahren (Durchschnittswerte)									
Funktionale Einheit kg		Parameter	HWD	NHWD	RWD	CRU	MFR	MER	EEE	EET
		IM/Einheit	kg	kg	kg	kg	kg	kg	MJ	MJ
Produktstadium	Ausgangsstoffe	A1	7,21E-08	1,45E-02	7,84E-07	0,00E+00	3,87E-04	0,00E+00	0,00E+00	0,00E+00
	Transport	A2	5,45E-11	4,84E-06	4,26E-08	0,00E+00	0,00E+00	0,00E+00	0,00E+00	0,00E+00
	Herstellung	A3	4,16E-09	8,70E-05	5,09E-06	0,00E+00	3,06E-04	0,00E+00	0,00E+00	0,00E+00
Summe (cradle to gate)		A1-A3	7,64E-08	1,46E-02	5,92E-06	0,00E+00	6,93E-04	0,00E+00	0,00E+00	0,00E+00

LPM 03 nach DIN 18947 - Trockendosierverfahren (Durchschnittswerte)									
Funktionale Einheit kg		Parameter	HWD	NHWD	RWD	CRU	MFR	MER	EEE	EET
		IM/Einheit	kg	kg	kg	kg	kg	kg	MJ	MJ
Produktstadium	Ausgangsstoffe	A1	7,91E-08	1,49E-02	1,99E-06	0,00E+00	4,75E-05	0,00E+00	0,00E+00	0,00E+00
	Transport	A2	2,41E-10	2,14E-05	1,88E-07	0,00E+00	0,00E+00	0,00E+00	0,00E+00	0,00E+00
	Herstellung	A3	4,60E-12	1,28E-05	7,81E-06	0,00E+00	0,00E+00	0,00E+00	0,00E+00	0,00E+00
Summe (cradle to gate)		A1-A3	7,94E-08	1,49E-02	9,98E-06	0,00E+00	4,75E-05	0,00E+00	0,00E+00	0,00E+00

LPM 04 nach DIN 18947 - Solartrocknungsverfahren (Durchschnittswerte)									
Funktionale Einheit kg		Parameter	HWD	NHWD	RWD	CRU	MFR	MER	EEE	EET
		IM/Einheit	kg	kg	kg	kg	kg	kg	MJ	MJ
Produktstadium	Ausgangsstoffe	A1	9,28E-06	1,59E-02	1,36E-06	0,00E+00	0,00E+00	0,00E+00	0,00E+00	0,00E+00
	Transport	A2	1,27E-10	1,13E-05	9,93E-08	0,00E+00	0,00E+00	0,00E+00	0,00E+00	0,00E+00
	Herstellung	A3	5,95E-11	2,64E-05	2,42E-06	0,00E+00	0,00E+00	0,00E+00	1,92E-02	0,00E+00
Summe (cradle to gate)		A1-A3	9,28E-06	1,59E-02	3,87E-06	0,00E+00	0,00E+00	0,00E+00	1,92E-02	0,00E+00

HWD Gefährlicher Abfall zur Deponie
NHWD Entsorgter nicht gefährlicher Abfall
RWD Entsorgter radioaktiver Abfall
CRU Komponenten für die Wiederverwendung
MFR Stoffe zum Recycling
MER Stoffe für die Energierückgewinnung
EEE Exportierte Energie elektrisch
EET Exportierte Energie thermisch

3.5.2.4 Lehmplatten LP

Die Daten zur Ökobilanz für LP basieren auf den Angaben aus zwei Hersteller-UPD, aus denen Durchschnittswerte gebildet wurden. Beide Hersteller trocknen die formgepressten bzw. formgestrichenen LP nach dem Prinzip der Kraft-Wärme-Kopplung *(Abs. 3.4.4.1)* mit Gasturbinen bzw. Blockheizkraftanlagen. Insofern waren die Daten vergleichbar. Zwei andere Trocknungsverfahren mit einem Holzscheitofen zur Wärmeerzeugung in Trockenkammern und einem passiven Solartrocknungsverfahren konnten inzwischen ebenfalls bilanziert werden *(Abs. 3.4.4.2)* [21, 22]. Diese beiden Trocknungsverfahren werden in *Abs. 3.5.2.4.5* im Vergleich zur fossilen Kraft-Wärme-Kopplung bewertet.

Abschneidekriterium LP

Entsprechend DIN 18948, A.3 werden alle Stoffflüsse berücksichtigt, die in das Produktionssystem fließen (Inputs) und mehr als 1 % der Gesamtmasse der Stoffflüsse oder mehr als 1 % des Primärenergieverbrauchs betragen. Das trifft auf die Holzpaletten und Schutzfolien für die Abpackung der LP zu.

Abweichend davon werden auch alle Stoffflüsse erfasst, die das System verlassen (Emissionen) und deren Umweltauswirkungen > 1 % der gesamten Auswirkungen einer in der Bilanz berücksichtigten Wirkungskategorie darstellen. Das trifft insbesondere auf Pflanzenanteile in LP zu.

Die zur Herstellung benötigten Maschinen, Anlagen und Infrastruktur wurden nicht bilanziert.

Annahmen und Abschätzungen LP

Die Annahmen und Abschätzungen betreffen Lehmaushub als Primär- bzw. Sekundärrohstoff, Verpackungen sowie Holz- bzw. Pflanzenanteile.

Für den Abbau von Primärlehmaushub wurden folgende Annahmen getroffen: erdfeucht, mittelbindig, steife Konsistenz, Gewinnungsklasse GK 3–4 nach DIN 18300:2012-09, Feuchtrohdichte $\rho = 2000$ kg/m.

Pflanzenteile: Für *Hanf-, Miscanthus-* und *Strohfasern* fand die UPD Baustroh [32] Anwendung. Die darin enthaltenen energetischen Rückgewinnungspotenziale blieben unberücksichtigt, nicht jedoch das gebundene CO_2 in Höhe von 1,27 kg/ kg Stroh.

Holzfasern: Annahmen sind identisch mit denen für LMM *(Abs. 3.5.2.1.2)*.

Datenqualität LP

Die Berechnungsgrundlagen basieren auf Herstellerangaben in zwei vom DVL verifizierten betrieblichen UPD mit Prozessdaten aus dem Jahr 2022.

Zur Modellierung der Umweltwirkungen wurden Hintergrunddatensätze auf Basis der GaBi Datenbank [27], ecoinvent [31], UBA-proBas [28], andere UPD für Komponenten [15] und Studien [30, 29] herangezogen.

3.5 Sach- und Ökobilanzierung

Allokation LP

Bei Kraft-Wärme-Kopplung (KWK) entstehen Wärme und Strom gleichzeitig am selben Produktionsstandort. Der Stromüberschuss nach Eigenverbrauch für die Herstellung von LP wird in anderen Prozessen am Produktionsstandort eingespeist. Die Sachbilanz weist die überschüssige Strommenge als exportierte elektrische Energie in MJ/m^3 LP aus (EEE, Tab. 3.18). Die Allokation von Wärme und Strom aus gekoppelten Prozessen lässt sich nach verschiedenen Methoden berechnet [35]. Hier wurde das worst case-Szenario zugrunde gelegt.

Berechnungsergebnisse LP

Im nachfolgenden Abschnitt werden die durchschnittlichen Berechnungsergebnisse LP der Faktoren Input (Tab. 3.16), Umweltwirkung (Tab. 3.17) und Output (Tab. 3.18) aus zwei 2023/24 deklarierten Hersteller-UPD für LP dargestellt und interpretiert. Die deklarierten LP sind *formgestrichen* bzw. *formgepresst*, andere Verfahrensarten konnten mangels ausreichender Herstellerdaten bisher nicht bilanziert werden. Nach Veröffentlichung der Muster-UPD für LP [15] wurden neue Daten mit optimierter Energienutzung für formgepresste LP bekannt.

Erstmals konnte ein innovatives Verfahren zur vollständigen solaren Trocknung von *formgestrichenen* LP in den Pilotbetrieb gehen. Auf diese Entwicklungen wird in der Interpretation der Tab. 3.16–3.18 und in *Abs. 6* näher eingegangen.

Inputfaktoren LP

Die Werte für den Primärenergieeinsatz in Tab. 3.16 basieren auf durchschnittlichen Verbrauchsangaben der befragten Hersteller. Nach vorgelagerten Aufbereitungs-, Dosier- und Mischprozessen folgen die Formgebung der feuchten Arbeitsmasse durch Einfüllen in maßhaltige Formbleche und Nachpressen zur Erzielung einer gleichmäßigen Plattendicke (*Abs. 3.3.4.2*, Abb. 3.24). Die feuchten „Rohlinge" werden nach Pressung in auf Stellagen in Trockenkammern gefahren. Die anschließende Trocknung nutzt die Kraft-Wärme-Kopplung (KWK) aus zwei Gasturbinen mit 200 bzw. 50 kW elektr. Leistung. Der Trocknungsprozess stellt die entscheidende Einflussgröße für den PEI dar. Die Verteilung der Wärme-/Stromenergie wurde anhand der Leistungsdaten der in Betrieb befindlichen Gasturbine überprüft und berechnet. Aus dem Energieeinsatz entstehen zu 33 % Strom und zu 52 % Wärme, der Rest sind Transformationsverluste.

Erdgas (Typ H; unterer Heizwert 10,5 kWh/m^3) ist der Energieträger für die Gasturbinen. Die Vorketten bis zur Bereitstellung des Erdgases gehen in die Berechnung des Gesamtenergieeinsatzes PEI zur Herstellung (IM A3) mit durchschnittlich 2870 MJ/m^3 LP ein. Die durch KWK erzeugte, exportierte elektrische Energie (EEE) steht nach Abzug des Eigenverbrauchs mit 593 MJ/m^3 LP dagegen (Tab. 3.18). Dieselverbräuche auf dem Werksgelände summieren sich auf ca. 200 MJ/m^3 LP und sind im Wert für die Herstellung enthalten.

Tab. 3.16 Inputfaktoren LP (Durchschnittswerte)

Funktionale Einheit m³	Parameter	Lehmplatte Typ A/B nach DIN 18948 - Produkt-UPD							
		PERE	PERM	PERT	PENRE	PENRM	PENRT	SM	FW
1.500 kg/m³	IM/Einheit	MJ H$_u$	MJ H$_u$	MJ H$_u$	MJ H$_u$	MJ H$_u$	MJ H$_u$	kg	m³
Produktstadium	Ausgangsstoffe A1	1,40E+02	1,07E+03	1,21E+03	1,21E+03	1,22E+02	1,33E+03	4,75E+02	4,47E-01
	Transport A2	2,35E+00	0,00E+00	2,35E+00	3,71E+01	0,00E+00	3,71E+01	0,00E+00	2,08E-03
	Herstellung A3	1,62E+02	0,00E+00	1,62E+02	2,87E+03	0,00E+00	2,87E+03	0,00E+00	2,13E-01
Summe (cradle to gate)	A1-A3	3,04E+02	1,07E+03	1,37E+03	4,12E+03	1,22E+02	4,25E+03	4,75E+02	6,62E-01

PERE Nutzung erneuerbarer Primärenergie ausgenommen erneuerbare Primärenergieressourcen, die als Rohstoffe verwendet werden
PERM Nutzung erneuerbarer Primärenergieressourcen, die als Rohstoffe verwendet werden
PERT Gesamtnutzung erneuerbarer Primärenergieressourcen (Primärenergie und Primärenergieressourcen, die als Rohstoffe verwendet werden)
PENRE Nutzung nicht erneuerbarer Primärenergieressourcen außer nicht erneuerbare Energieressourcen, die als Rohstoffe verwendet werden
PENRM Nutzung nicht erneuerbarer Primärenergieressourcen, die als Rohstoffe verwendet werden
PENRT Gesamtnutzung nicht erneuerb. Primärenergieressourcen (Primärenergie u. Primärenergieressourcen, die als Rohstoffe verwendet werden)
SM Nutzung von Sekundärstoffen
FW Nutzung von Frischwasser

Bezogen auf die Summe „cradle to gate" entfallen von den 5620 MJ/m³ LP (Tab. 3.16: PEI = PERT + PENRT) durchschnittlich 2540 MJ/m³ LP oder ca. 45 % auf die Ausgangsstoffe. Die Bereitstellung der Holzfasern trägt mit 551 MJ/m³ den größten Anteil bei. Der Lehmgrubenbetrieb, pflanzliche Stärke und Armierungsgewebe addieren sich zu insgesamt durchschnittlich 2000 MJ/m³ LP. Die Transporte zum Werk benötigen durchschnittlich 39,4 MJ/m³ LP oder <1 %. (Absatz einfügen) Nach Veröffentlichung der Muster-UPD für LP [15] im September 2022 [30] verbesserten einige Hersteller die Energieeffizienz ihrer Produktionsverfahren. Die Optimierung der Rezepturen und Skaleneffekte reduzierten die Trocknungsenergie mit KWK-Gasturbinen von vorher 4.873 MJ/m³ LP auf 2.820 MJ/m³ LP [22]. Ein anderer Ansatz zur Trocknung nutzt Holzscheite zur Wärmeerzeugung in Kombination mit Wärmerückgewinnungssystemen bei reduziertem Wassergehalt der zu trocknenden LP und kommt mit ca. 500 MJ/m³ LP aus.

Umweltwirkungsfaktoren LP
Die für LP verwendeten pflanzlichen Rohstoffe (z. B. Holzfasern, Stroh) enthalten gebundenes CO_2, das in die Berechnung als GWP_{biogen} mit durchschnittlich $-8,08E+01$ kg $CO_{2equiv.}$/ m³ LP einbezogen wurde (Tab. 3.17). Demnach ergibt sich ein durchschnittliches Treibhausgaspotenzial GWP_{total} für die IM A1–A3 in Höhe von 122 kg $CO_{2equiv.}$/ m³ LP. Die Bandbreite reicht je nach Zusammensetzung der LP zwischen 51 und 193 kg $CO_{2equiv.}$/ m³ LP.

Hauptenergieträger des Herstellungsprozesses für beide deklarierten LP ist Erdgas zum Betrieb der Kraft-Wärme-Kopplung (KWK) mittels Gasturbinen. Je nach Berechnungsansatz [35] zur Allokation der Energieströme aus der KWK entfallen 163–168 kg $CO_{2equiv.}$/ m³ LP auf die Wärmeerzeugung. Der Wert basiert auf einer worst case-Berechnung der Allokation von Strom und Wärme aus mit Erdgas betriebenen Gasturbinen bei den befragten Herstellern in IM A Als Kuppelprodukt entsteht Strom für den Eigenbedarf und Überschussstrom zur Einspeisung zwischen 265 und 920 MJ/m³ LP.

Die Prozessschritte in der Fertigung (dosieren/mischen/pressen) speisen ihren Strombedarf überwiegend aus der KWK der Gasturbine. Der zusätzliche Strom und die

3.5 Sach- und Ökobilanzierung

Tab. 3.17 Umweltwirkungsfaktoren LP (Durchschnittswerte)

Lehmplatte Typ A/B nach DIN 18948 - Produkt-UPD													
Funktionale Einheit m³	Para-meter	GWP (total)	GWP (biogen)	GWP (LuLuc)	GWP (fossil)	ODP	POCP	AP	EP (terr.)	EP (fresh-water)	EP (marine)	WDP	ADPE	ADPF
1.500 kg/m³	IM/Einheiten	kg CO₂ äquiv	kg CO2 äquiv	kg CO2 äquiv	kg CO2 äquiv	kg CFC-11 äquiv	kg C₂H₄ äquiv	kg SO₂ äquiv	Mole of N äquiv.	kg P äquiv.	kg N äquiv.	m³ world äquiv.	kg Sb äquiv	MJ H₀ äquiv
Produktstadium Ausgangsstoffe	A1	-4,61E+01	-8,09E+01	1,76E-02	3,48E+01	1,30E-02	5,48E-02	1,94E+01	5,86E-01	2,04E-02	5,25E-03	7,56E-02	1,02E-03	9,95E+02
Transport zum Werk	A2	2,79E+00	-3,77E-03	1,71E-02	2,78E+00	3,85E-10	1,29E-03	7,12E-03	5,46E-02	3,80E-03	4,87E-03	1,61E-02	2,14E-04	3,70E+01
Herstellung	A3	1,65E+02	1,85E-01	3,16E-02	1,65E+02	6,84E-05	6,86E-02	9,11E-02	4,85E-01	1,37E-02	4,39E-02	3,51E-01	6,56E-05	2,87E+03
Summe (cradle to gate)	A1 - A3	1,22E+02	-8,08E+01	3,78E-02	2,03E+02	1,30E-02	1,25E-01	1,95E+01	5,98E-01	3,79E-02	5,40E-02	4,42E-01	7,79E-03	3,90E+03

GWP total Globales Erwärmungspotenzial
GWP-biogenic Globales Erwärmungspotenzial - biogen
GWP-luluc Globales Erwärmungspotenzial - land use and land use change
GWP-fossil Globales Erwärmungspotenzial - fossil
ODP Abbaupotenzial der stratosphärischen Ozonschicht
POCP Bildungspotenzial für troposphärisches Ozon
AP Versauerungspotenzial, kumulierte Überschreitung
EP-terrestrial Eutrophierungspotenzial - Land
EP-freshwater Eutrophierungspotenzial - Süßwasser
EP-marine Eutrophierungspotenzial - Salzwasser
WDP Wasser-Entzugspotenzial (Benutzer)
ADPE Potenzial für den abiotischen Abbau nicht fossiler Ressourcen
ADPF Potenzial für den abiotischen Abbau fossiler Brennstoffe

Dieselverbräuche im Werk summieren sich auf durchschnittlich 8 kg $CO_{2equiv.}/m^3$ LP für diese mechanischen Fertigungsschritte.

Transporte zum Werk tragen mit durchschnittlich 2,79 kg $CO_{2equiv.}/m^3$ LP zu den Treibhausgaspotenzialen bei. Die Hersteller verfügen teilweise über Lehmgruben im Werk oder haben Zulieferer in einem Umkreis unter 20 km.

Im Mix der Ausgangsstoffe trägt Primärlehmaushub mit 3 kg $CO_{2equiv.}/m^3$ LP kaum zum GWP_{total} bei. Pflanzliche Komponenten wie Stroh, Hanf, Miscanthus oder Holzspäne sind in einem Bereich von 4–8 M.-%/m³ LP enthalten. Die Umrechnung der in Holzspänen enthaltenen Kohlenstoffmenge unter der worst case-Annahme einer Holz-Restfeuchte von >30 % erfolgt nach *Abs. 3.5.2.1.2*.

Zur Bewertung des gebundenen CO_2 in Pflanzenteilen wurde die Umweltbilanz von Baustroh herangezogen [32]. Darin wird die Speichermasse mit 1,27 kg CO_2/kg Stroh ausgewiesen. Im Vergleich zu allen anderen Ausgangsstoffen der LP, einschließlich Glasfasergewebe, ist der in den pflanzlichen Rohstoffen gebundene CO_2-Gehalt am größten. Am Ende des Lebenszyklus werden LP stofflich verwertet *(Abs. 7)*. Deshalb verbleibt das gebundene CO_2 auch danach im Stoffkreislauf.

Bei fast allen anderen Umweltwirkungsfaktoren dominiert der Anteil aus der Bereitstellung und Verbrennung von Erdgas. Bei den Versauerungspotenzialen (AP) beträgt der Anteil des Primärlehmaushubs 10 %, bei den Eutrophierungspotenzialen (EP) bis zu 15 %, der Rest entfällt auf die Pflanzenanteile und Erdgas. Beim troposphärischen Ozonbildungspotenzial (POCP) geht die Hälfte zulasten der Bereitstellung von pflanzlicher Stärke. Nur 1,02E-06 kg $Sb_{äquiv.}/m^3$ LP von insgesamt 1,72E-02 kg $Sb_{äquiv.}/m^3$ LP des Potenzials für den abiotischen Abbau nicht fossiler Ressourcen (ADPE) lassen sich auf die Ausgangsstoffe der LP zurückführen. Der Hauptanteil ist eine Folgewirkung der Erdgasbereitstellung.

Tab. 3.18 Outputfaktoren LP

Funktionale Einheit m³		Lehmplatte Typ A/B nach DIN 18948 - Produkt-UPD							
	Parameter	HWD	NHWD	RWD	CRU	MFR	MER	EEE	EET
1.500 kg/m³	MI/ Einheiten	kg	kg	kg	kg	kg	kg	MJ	MJ
Produktstadium Ausgangsstoffe	A1	1,43E-02	1,17E+01	1,28E-02	0,00E+00	5,83E+02	0,00E+00	0,00E+00	0,00E+00
Transport	A2	8,13E-07	5,91E-03	4,71E-05	0,00E+00	0,00E+00	0,00E+00	0,00E+00	0,00E+00
Herstellung	A3	-1,37E-02	8,80E-01	2,21E-02	0,00E+00	0,00E+00	0,00E+00	5,93E+02	0,00E+00
Summe (cradle to gate)	A1-A3	6,00E-04	1,26E+01	3,50E-02	0,00E+00	5,83E+02	0,00E+00	5,93E+02	0,00E+00

HWD Gefährlicher Abfall zur Deponie
NHWD Entsorgter nicht gefährlicher Abfall
RWD Entsorgter radioaktiver Abfall
CRU Komponenten für die Wiederverwendung
MFR Stoffe zum Recycling
MER Stoffe für die Energierückgewinnung
EEE Exportierte Energie elektrisch
EET Exportierte Energie thermisch

Die untersuchten LP haben eine Dicke von 22 mm und wiegen ca. 32–37 kg/m². Andere Trockenbauplatten, z. B. aus Gips, sind mit 12,5 mm dünner und haben ein Gewicht von ca. 10 kg/m². Zur besseren Vergleichbarkeit empfiehlt sich eine Umrechnung des GWP_{total} von LP auf CO_2/kg. Bei einer Rohdichte der LP von im Mittel 1500 kg/m³ ergibt das ein massenbezogenes GWP_{total} von durchschnittlich 0,081 kg $CO_{2equiv.}$/kg LP.

Outputfaktoren LP

Tab. 3.18 zeigt die Outputfaktoren für die deklarierte LP.

Die insgesamt 12,6 kg Abfälle stammen aus den Vorketten zur Bereitstellung der Ausgangsstoffe, dem Energieträger Erdgas und teilweise Diesel. Die exportierte elektrische Energie (EEE) ergibt sich aus der KWK und dem Wärmebedarf für die Trocknung der LP. Bei der Erzeugung der Wärmeenergie nach dem KWK-Prinzip mit dem unterstellten Wirkungsgrad von 33 % verbleibt nach Abzug des Eigenverbrauchs für die Plattenproduktion ein EEE in Höhe von durchschnittlich 593 MJ/m³ LP.

3.6 Zusammenfassende Bewertung der UPD-Ergebnisse

Alle Berechnungsergebnisse aus den UPD für die deklarierten Lehmbauprodukte LS, LMM, LPM und LS beschreiben die Herstellungsphase IM A1–A3 *(Baustoffebene)*, ebenso wie im Projekt DVL „Lehm 1.2" [1]. Die dort definierte Systemgrenze trennt die Baustoffebene von der *Gebäudeebene* (Errichtungs- und Nutzungsphase IM A5, B1–B7), in der i. d. R. keine spezifischen Energieverbräuche und Emissionen aus der Verwendung von Lehmbaustoffen entstehen. Diese Parameter werden erst wieder in der Entsorgungsphase (IM C1–C4) ermittelt und bilden zusammen mit den Berechnungsergebnissen aus der Baustoffebene eine vollständige Lebenszyklusanalyse (LCA) für ein Gebäude mit Lehmbaustoffen.

3.6 Zusammenfassende Bewertung der UPD-Ergebnisse

Tab. 3.19 Homogene Zusammensetzung von LSM

Nr	Beispielhafte Rezepturen [M.-%]	Homogene Zusammensetzung LSM			
		LSM tragend		LSM nicht tragend	
		LMM „schwer"	LS AK II	LLMM	LS AK Ia
1	Baulehm	43	100	72	70
2	Gesteinskörnung	57		20	20
3	Pflanzliche Zusätze	–	–	–	–
4	Holzspäne	–	–	8	10

3.6.1 Lehmsteinmauerwerk LSM – kreislaufgerechtes Bauen mit LS und LMM

Mit der Entwicklung der DIN 18940 „Lehmsteinmauerwerk" (LSM) wird für die Anwendung von Lehmbaustoffen bei Ökobilanzierungen von Gebäuden ein Übergang von der Baustoff- zur Gebäudeebene geschaffen.

Die in Tab. 3.19 beispielhaft aufgezeigte homogene Zusammensetzung (Sachbilanz LS/LMM, Tab. 3.5) von tragendem und nicht tragendem LSM (z. B. Ausfachungen) begünstigt die produktkategoriebezogene sortenreine Trennung nach Rückbau/Abriss und erleichtert die Wiederverwendung der LS oder die Wiederverwertung der Inhaltsstoffe, insbesondere Baulehm.

LSM ist ein sortenreiner, wasserlöslicher Verbund von Baulehm mit wenigen Zusätzen nach DIN 18945 (LS) und 18946 (LMM). LSM-Rezyklat *(Abs. 7)* kann primäre Ausgangsstoffe (Tab. 3.19) für die Herstellung „neuer" Lehmbaustoffe LS, LMM, LPM oder LP nach DIN 18945–18948 aufgrund seiner Replastifizierbarkeit ersetzen. Diese Eigenschaft ist ein Alleinstellungsmerkmal von Lehmbaustoffen.

Um bzgl. Ausführungszeiten und Baukosten konkurrenzfähig zu bleiben, wird LSM zukünftig auch als Verbund von großformatigen LS (Lehmplansteine) mit Lehmdünnbett-/Lehmklebemörtel anstelle von LMM nach DIN 18946 ausgeführt [20, 36].

3.6.2 LPM – Ressourcen- und klimaschonende Produktion und Anwendung

LPM nach DIN 18947 dienen der Beschichtung von LSM oder anderen Bauteiloberflächen aus mineralischen Baustoffen.

LPM ermöglichen eine ressourcen- und klimaschonende Produktion und Anwendung aufgrund ihrer spezifischen Eigenschaften:

- Sekundärlehmaushub kann unter Verlust seiner Abfalleigenschaft zur Herstellung von „neuem" LPM wiederverwertet werden.

- die Replastifizierbarkeit ermöglicht die Herstellung, den Transport und die Lagerung des LPM im (erd)feuchten Zustand,
- ressourcen- und klimaschonende LPM substituieren energetisch aufwändigere und dementsprechend klimabelastendere Putzmörtel im Innenausbau.

LPM 01 und LPM 02 basieren zu 43 M.-% auf Sekundärlehmaushub. Hersteller von LPM 03 verwenden Sekundärlehmaushub mit unterschiedlichen Masseanteilen für das Trockendosierverfahren *(Abs. 3.3.2.2.2)*.

Die Treibhausgaspotenziale GWP bei der Herstellung von LPM sind i. w. von der Verfahrensart abhängig (Abb. 3.35). Alle Hersteller von LPM haben ihre industrielle Produktion mit dem Erdfeuchtverfahren begonnen. Nach diesem Verfahren werden die meisten LPM hergestellt. Eine Trocknung der LPM ist aufgrund ihrer Replastifizierbarkeit nicht erforderlich. Dennoch verlangt der Markt gewohnheitsmäßig Trockenware im 25 kg-Sack. Darüber hinaus können viele Putzmaschinen erdfeuchte Massen nur unzureichend verarbeiten.

Insbesondere die erdfeucht hergestellten, solar getrockneten LPM (Abb. 3.35) bieten eine ressourcen- und klimaschonende Alternative zu anderen Putzmörteln auf Basis von Kalk, Kalkzement oder Gips, die Treibhausgasemissionen zwischen 1,44 E-01 kg $CO_{2equiv.}$/kg bis 2,19E-01 kg $CO_{2equiv.}$/kg Putzmörtel [37, 38] verursachen. Selbst einzelne nach dem Trockendosierverfahren hergestellte LPM (4,67E-02-6,32E-02 kg $CO_{2equiv.}$/kg LPM 03) liegen um einen Faktor unter den GWP-Werten der ebenfalls nach DIN EN 15804 bilanzierten anderen Putzmörtel.

3.6.3 Lehmplatten LP – alternative/innovative Trocknungsverfahren

Nach Vorstellung der Daten aus der ersten Muster-UPD des DVL im September 2022 [30] begannen Hersteller mit verschiedenen technischen Ansätzen, die Ökobilanzen der LP zu verbessern *(Abs. 3.4.4.3)*. Abb. 3.36 zeigt am Beispiel der in den Hersteller-UPD ermittelten Treibhausgaspotenziale nach Prozessoptimierung bzw. Umstellung auf solare Trocknung, welche Größenordnung die Innovationen annehmen können.

Alle UPD enthalten Gutschriften für gebundenes biogenes CO_2 durch Holzfasern und Pflanzenteile zwischen 68 kg $CO_{2äquiv.}$/m^3 LP *(Hersteller 2)* und 281 kg $CO_{2äquiv.}$/m^3 LP *(Hersteller 3)*. Da auch in der Muster-UPD eine Gutschrift in Höhe von 176 kg $CO_{2äquiv.}$/m^3 LP enthalten ist, sind alle Werte miteinander vergleichbar.

Hersteller 1 hat die Effizienz der Trocknung der mit Gas betriebenen Kraft-Wärme-Kopplung KWK verbessert. Die Ausgangsfeuchte der Mischung wurde durch den Zusatz von Schiefermehl, einem Abfallprodukt aus der Schieferproduktion, reduziert und die Auslastung der Anlage erhöht. Das führte zu einer signifikanten Minderung der Treibhausgaspotenziale um mehr als 50 %.

3.6 Zusammenfassende Bewertung der UPD-Ergebnisse

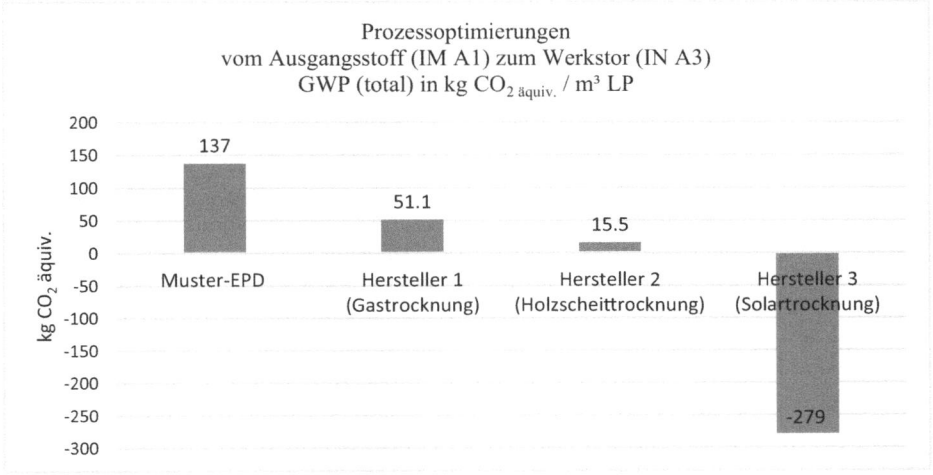

Abb. 3.36 Auswirkung von Prozessoptimierungen zur Herstellung und Trocknung von LP im Vergleich zu Durchschnittswerten der Muster-UPD

Hersteller 2 mindert die Ausgangsfeuchte ebenfalls durch Zusatz von Ziegelmehl, einem Abfallprodukt aus einer benachbarten Ziegelei. Die Luft in den Trockenkammern wird über einen Holzscheitkessel erwärmt und die erwärmte Umluft in den Kammern zurückgewonnen. Das reduziert den Bedarf an Wärmeenergie deutlich und trägt zu einem gegenüber der Muster-UPD LP [15] um ca. 90 % niedrigeren GWP bei.

Die LP des *Herstellers 3* sind formgestrichen, während die LP der Muster-UPD [15] und die LP der *Hersteller 1 und 2* formgepresst sind. Das Herstellungsverfahren 3 erfordert einen höheren Wasseranteil in der Mischung. Der Vorteil ist, dass höhere Pflanzenanteile zur inneren Armierung der LP möglich sind. Das erhöht die CO_2-Gutschrift durch entsprechende Anteile an Miscanthusfasern auf 281 kg $CO_{2äquiv.}$/m³ LP. Die Trocknung der feuchten LP erfolgt vollständig durch passivem Solarenergieeintrag in die Glashallen und entsprechende Strömungsführung der Warmluft durch spezielle Trockentunnel. Der Pilotbetrieb konnte noch nicht abschließend nach DIN EN 15804 bilanziert werden, alle Zahlenangaben sind vorläufig nach Stand des Pilotbetriebes im August 2023. Das gesamte GWP (IM A1–A3) ist ohne diese Gutschrift nach vorläufiger Schätzung mit 2,3 kg $CO_{2äquiv.}$/m³ LP so gering, dass ein negativer GWP-Wert (Klimaentlastungseffekt) in Höhe von -279 kg $CO_{2äquiv.}$/m³ LP für das GWP verbleibt.

Diese Beispiele zeigen, dass die Erstellung von Ökobilanzen nicht nur Marketingzwecke verfolgt, sondern technische Entwicklungen und Innovation über die Prozesskette von der Mischung bis zur Trocknung anstoßen kann. Diese Entwicklung wird auch belegt durch die in diesem Abs. dargestellten Zertifizierungen von betrieblichen UPD für LP und Lehmmörtel (LMM und LPM) durch den DVL als UPD-Programmbetreiber, die teilweise auf der Webseite des DVL und in der ÖKOBAUDAT veröffentlicht sind [27, 39].

Literatur

1. Dachverband Lehm e. V.: *Entwicklung von Rahmenbedingungen zur Erstellung von Muster-UPD für Lehmbaustoffe (2016–18); Erarbeitung von Datengrundlagen und Muster-Umweltproduktdeklarationen für Lehmmauermörtel, Lehmsteine und Lehmplatten unter besonderer Berücksichtigung der Möglichkeiten des Recyclings (2020–22)*. Projekte gefördert von der Deutschen Bundesstiftung Umwelt (DBU): Wei-mar, Dachverband Lehm e. V.: 2022. Dachverband Lehm e. V:
2. Hersteller-UPD für: LMM UPD_LMM_CLAY2023006_PKRÜ5-DE, 12/2023. LPM UPD_LPM_CLAY2023006_PKRÜ5-DE, 12/2023. LPM UPD_LPM_EGG2024002_PKRÜ5-DE, 4/2024. LP UPD_LP_LEMIX 2023005_PKRÜ5-DE, 05/2023. LP UPD_LP_WEM2024003_PKRÜ5-DE, 09/2024
3. Dachverband Lehm e. V. (Hrsg.): *Nachhaltigkeit von Bauwerken – Umweltproduktdeklarationen für Lehmbaustoffe – Muster-UPD für die Baustoffkategorie Lehmsteine (UPD LS) nach DIN EN 15804*. Weimar: 2023–01
4. Schroeder, H.: *Lehmbau – Mit Lehm ökologisch planen und bauen*. Springer Vieweg: Wiesbaden 2019, 3. Aufl.
5. Mukerji, K.; Wörner, H. (CRATerre) *Soil preparation equipment – Product information*. Eschborn: German Appropriate Technology Exchange gate/BASIN, 1991
6. Müller, A.: *Baustoffrecycling. Entstehung – Aufbereitung – Verwertung*. Springer Vieweg: Wiesbaden 2018
7. https://www.wirtgen-group.com/ocs/de-de/kleemann/mobile-backenbrecher-80-c/
8. Krause, E.; Berger, I.; Plaul, T.; Schulle, W.: *Technologie der Keramik, Bd. 2: Mechanische Prozesse*. Berlin: VEB Verlag f. Bauwesen, 1983
9. Kärlicher Ton- u. Schamottewerke Mannheim Co. KG. *KTS – einen Ton besser*. Mülheim-Kärlicher, Firmenprospekt 2003
10. Dachverband Lehm e. V. (Hrsg.): *Fachkraft Lehmbau – Kurslehrbuch*. Weimar: 2024, 3. Ausgabe
11. Tulaganov, B. A.; Schroeder, H.; Schwarz, J.: *Lehmbau in Usbekistan*. In: *Zukunft Lehmbau 2002 – 10 Jahre Dachverband Lehm e. V.*; S. 91 – 101, Weimar: Dachverband Lehm e. V./ Bauhaus-Universität Weimar, 2002
12. 12 Pollack, E.; Richter, E.: *Technik des Lehmbaus*. Berlin: Verlag Technik, 1952
13. Schrader, M.: *Mauerziegel als historisches Baumaterial – Ein Materialleitfaden und Ratgeber*. Suderburg: Edition anderweit, 1997
14. 14 Houben, H.; Guillaud, H.: *Earth construction – A comprehensive guide*. London: Intermediate Technology Publications, 1994
15. Dachverband Lehm e. V. (Hrsg.): *Nachhaltigkeit von Bauwerken – Umweltproduktdeklarationen für Lehmbaustoffe – Muster-UPD für die Baustoffkategorie Lehmplatten (UPD LP) nach DIN EN 15804*. Weimar: 2023–01
16. Kapfinger, O.; Rauch, M.: *Rammed earth – Lehm und Architektur – Terra cruda*. Basel: Birkhäuser, 2001
17. Dachverband Lehm e. V. (Hrsg.): *Nachhaltigkeit von Bauwerken – Umweltproduktdeklarationen für Lehmbaustoffe – Muster-UPD für die Baustoffkategorie Lehmmauermörtel (UPD LMM) nach DIN EN 15804*. Weimar: 2023–01
18. CSIRO Australia, Division of Building, Construction and Engineering, Bull. 5. *Earth Wall Construction*. North Ryde, NSW, Australia: 4th edition 1995
19. Rigassi, V.: *Compressed earth blocks Vol. 1: Manual of production*. Gate/CRATerre-EAG, Braunschweig: Vieweg Verlag, 1995

20. Jäger, W.; Hartmann, R.: *Lehmmauerwerk: Entwurfs- und Konstruktionsgrundsätze für eine Breitenanwendung im Wohnbau unter Berücksichtigung klimatischer Bedingungen gemäßigter Zonen am Beispielstandort Deutschland.* Abschlussbericht Forschungsarbeit Bundesinstitut f. Bau-, Stadt- u. Raumforschung (BBSR) im Rahmen der Forschungsinitiative „Zukunft Bau". Fraunhofer IRB Verlag, Stuttgart: 2019
21. Deutsche Bundesstiftung Umwelt (DBU) (Hrsg.): *Entwicklung und Erstellung einer Experimentalanlage zur industriellen Herstellung von Universalbauplatten aus Lehm und nachwachsenden Rohstoffen.* Projektkennblatt DBU Az 05468. Osnabrück 1995
22. Deutsche Bundesstiftung Umwelt (DBU) (Hrsg.): *Entwicklung eines Verfahrens zur Herstellung und solaren Trocknung einer Lehmplatte aus Lehm-Faser-Mischungen.* Abschlussbericht zum Vorhaben unter Az.: 35520; Osnabrück, 31.08.2022
23. Dachverband Lehm e. V. (Hrsg.): *Nachhaltigkeit von Bauwerken – Umweltproduktdeklarationen für Lehmbaustoffe – Muster-UPD für die Baustoffkategorie Lehmputzmörtel (UPD LPM) nach DIN EN 15804.* Weimar: 2023–01
24. Deutsche Bundesstiftung Umwelt (DBU): *Lehmplatten aus dem Gewächshaus – DBU fördert energiesparende Produktion.* Pressemitteilung DBU. Osnabrück 27.03.2023
25. https://de.wikipedia.org/wiki/Verdampfungsenthalpie
26. Zauke, C.; Tretau, A.: *Effiziente Lehmstein-Herstellung – Reduzierung des Primärenergiebedarfs im Trocknungsprozess von der Manufaktur bis zur Industrie.* LEHM 2024. 9. Internat. Fachtagung f. Lehmbau DVL. Beitrag USB-Stick, Weimar 2024
27. www.oekobaudat.de
28. https://www.probas.umweltbundesamt.de//Umweltbundesamt: ProBas – Prozessorientierte Basisdaten für Umweltmanagementsysteme, 2023
29. Forschungszentrum Karlsruhe Institut für Technikfolgenabschätzung u. Systemanalyse (Hrsg.); Bundesforschungsanstalt für Forst- u. Holzwirtschaft (BFH): *Grundsätze für Holz u. Holzwerkstoffe im Netzwerk Lebenszyklusdaten.* Projektbericht im Rahmen des Forschungsvorhabens FKZ 01 RN 0401 im Auftrag des BM f. bildung u. Forschung. Karlsruhe 2007
30. Zohlen, F.; Pistol. K. (Hrsg.): *Baustoffrecycling & Lehmbaustoffe. Perspektiven für eine Kreislaufwirtschaft im Bauwesen.* Springer Vieweg, Wiesbaden 12/2024
31. www.ecoinvent.de
32. Fachverband Strohballenbau Deutschland e. V. (FASBA) (Hrsg.) *Umweltproduktdeklaration für Baustroh nach DIN EN ISO 14025 u. DIN EN 15804.* Wien 2014
33. EMAS D-146–00004: 2. aktualisierte Umwelterklärung der Fa. Stephan Schmidt KG, 2008
34. Gesetz zur Förderung und Sicherung der umweltverträglichen Bewirtschaftung von Abfällen (Kreislaufwirtschaftsgesetz – KrWG) (letzte Neufassung 24.02.2012, letzte Änderung 29.10.2020)
35. Mauch, M.; Corradini, R.; Wiesemeyer, K.; Schwentzek, M.: *Allokationsmethoden für spezifische CO_2-Emissionen von Strom und Wärme aus KWK-Anlagen.* In: Energiewirtschaftliche Tagesfragen, 35(2010), Heft 9
36. Fröhlich, S.; Liebrich, C.; Kimm-Freudenberg, S.: *Industrielle Fertigung von großformatigen Lehmsteinen für nachhaltige und wirtschaftliche Gebäude – Produktion und Qualitätssicherung.* LEHM 2024. 9. Internat. Fachtagung f. Lehmbau DVL. Beitrag USB-Stick, Weimar 2024
37. Verband f. Dämmsysteme, Putz u. Mörtel e. V. (VDPM): Mineralische Werkmörtel: Putzmörtel – Normalputz/Edelputz EPDIWM20190153IBG1DE; gültig bis 11/2024
38. Bundesverband der Gipsindustrie e.V.: Gipsputz EPD-BVG-20210317-IBE1-DE; 04/2022
39. www.dachverband-lehm.de/wissen/upd-lehmbaustoffe

Errichtung von Baukonstruktionen 4

Mit der Verarbeitung der Lehmbaustoffe zu Baukonstruktionen (IM A4 – A5) wechselt die Bilanzierungsebene von der Bauprodukt- zur Gebäudeebene.

Die Einbauphase der Lehmbauprodukte umfasst die Transporte zur Baustelle sowie ihre Verarbeitung zu Baukonstruktionen. Transportaufwendungen für die Lehmbauprodukte (IM A4) vom Hersteller zur Baustelle werden der Gebäudeebene zugerechnet.

Angaben zu verarbeiteten Lehmbaustoffen sowie Einbautechniken (IM A5) haben bei einer Ökobilanzierung auf Bauproduktenebene [1] Bedeutung für die Nutzungsphase (IM B1 – B5) sowie bei der Planung von Sanierungs- oder Umbaukonzepten (Wasserempfindlichkeit). In den Informationstransfermatrizen (ITM) nach DIN EN 15942 werden die entsprechenden Module mit „MB" (Modul verbal beschrieben) bezeichnet und in den dafür vorgesehenen Kapiteln dargestellt.

Informationen zu verarbeiteten Lehmbaustoffen sowie deren Einbauverfahren haben ebenso Bedeutung in der Entsorgungsphase (IM C1 – C4) für die Planung von Abbrucharbeiten, Recycling- oder ggf. Entsorgungsmaßnahmen.

Ziel dieses Kapitels ist deshalb, einen Überblick über Verarbeitungstechniken von Lehmbauprodukten zu geben und damit entsprechende Informationen für die Planung/ Durchführung der nachfolgenden Phasen „Nutzung B" und „Entsorgung C" bereit zu stellen. Dabei ist es wichtig, z. B. in einem Gebäudepass zu dokumentieren, wann welche Lehmbaustoffe in welchen Bauteilen des Gebäudes nach welchen Techniken verarbeitet wurden.

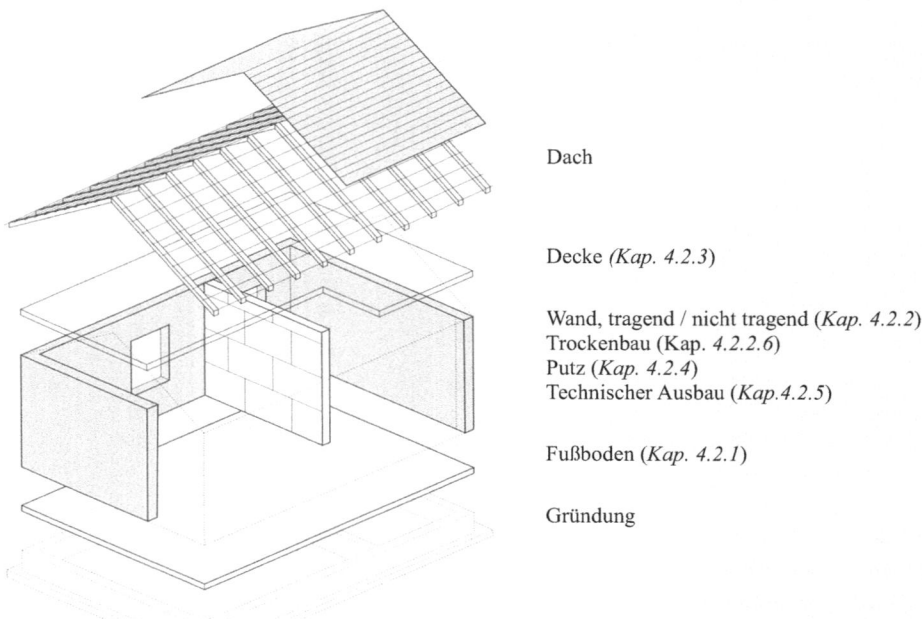

Abb. 4.1 Hauptbauteile eines Gebäudes, Anwendung von Lehmbaustoffen [2]

Dach

Decke *(Kap. 4.2.3)*

Wand, tragend / nicht tragend *(Kap. 4.2.2)*
Trockenbau (Kap. *4.2.2.6)*
Putz *(Kap. 4.2.4)*
Technischer Ausbau *(Kap.4.2.5)*

Fußboden *(Kap. 4.2.1)*

Gründung

4.1 Einbauphase

Lehmbaustoffe können prinzipiell in allen Bereichen des Hochbaus zur Anwendung kommen, insbesondere im Wohnungs- und Landwirtschaftsbau, für öffentliche und soziale Bauten oder für Gewerbebauten.

In den verschiedenen Bauteilen wird Lehm in unterschiedlichen Anteilen und Bautechniken verarbeitet (IM A5). Abb. 4.1 zeigt die wichtigsten Bauteile eines Gebäudes [2]. Wegen der Wasserempfindlichkeit von Lehmbaustoffen sind diese während der Nutzungsphase vor stehendem und fließendem Wasser zu schützen.

4.2 Bauteile und Bautechniken

Tab. 4.1 zeigt die prinzipiellen Verwendungsmöglichkeiten der verschiedenen Lehmbauprodukte in den unterschiedlichen Bauteilen eines Gebäudes [3]. Lehmplatten LP nach DIN 18948 sind nicht tragend und müssen an der Wandkonstruktion befestigt werden.

4.2 Bauteile und Bautechniken

Tab. 4.1 Verwendung von Lehmbauprodukten in den Bauteilen eines Gebäudes, Übersicht

Nr.	Baustoff / Bauteil	Ungeformt							geformt	
		Stampf-lehm STL	Weller-lehm WL	Stroh-lehm SL	Leicht-lehm LL	Lehm-schüttung LT	Lehmmauermörtel LMM	Lehmputzmörtel LPM	Lehm-steine LS	Lehm-platten LP
1	Fußboden	■				■				
2	Wand, tragend	■	■				■	■	■	■
3	Wand, nicht tragend	■	■	■	■		■	■	■	■
4	Decken und Dach			■	■	■			■	■
5	Trockenbau								■	■
6	Putz			■	■			■		

4.2.1 Fußböden

Fußböden aus gestampftem Lehm waren auch in Deutschland im Bereich des traditionellen/ländlichen Bauens weit verbreitet. Sie bildeten den unteren Raumabschluss in der „guten Stube", vor allem aber in den Wirtschaftsbereichen des Hauses, z. B. als Tennen. Kellerfußböden aus STL erwiesen sich raumklimatisch als vorteilhaft für die Lagerung von Obst und Gemüse. Wegen ihrer speziellen ästhetischen Qualität werden STL-Fußböden heute auch wieder im modernen Lehmbau hergestellt, z. B. im kirchlichen (Abb. 4.2) [3] oder künstlerischen Bereich.

Bei traditioneller Herstellung eines Stampflehmfußbodens wird zunächst auf ein ebenes Planum eine ca. 10 cm dicke Sperrschicht aus fettem Lehm aufgebracht und verdichtet. Darauf folgt eine kapillarbrechende Schicht aus Grob- bis Feinkies in einer Dicke von 20–25 cm. Der anschließende Einbau des STL erfolgt mit einer Einbaukonsistenz halbfest – steif in Lagen zu 6–7 cm bis zu einer Gesamtdicke von ca. 20 cm. Jede Lage wird intensiv verdichtet und muss austrocknen. Entstandene Risse werden von den nachfolgenden Schichten überdeckt. Die Verdichtung wird im traditionellen Lehmbau manuell, im modernen Lehmbau mechanisiert ausgeführt (Tab. 3.2, Stampf-/Vibrationsverdichtung). Abb. 4.2 zeigt den schematischen Aufbau eines STL-Fußbodens [3].

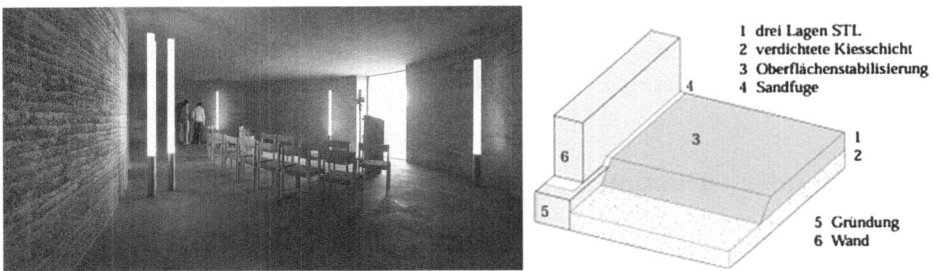

Abb. 4.2 Fußboden STL, Kapelle Klinikum Suhl, prinzipieller Aufbau (Worschech, 2006)

1 drei Lagen STL
2 verdichtete Kiesschicht
3 Oberflächenstabilisierung
4 Sandfuge
5 Gründung
6 Wand

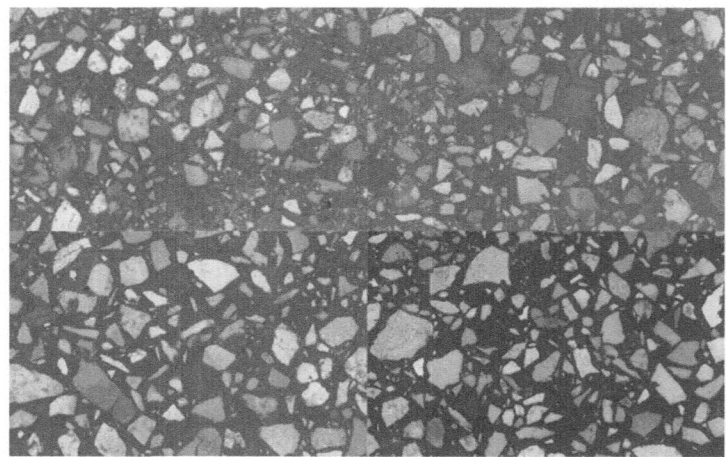

Abb. 4.3 Farbige Lehm-Terrazzo-Fußböden (Qu.: Claytec)

Farbige Lehm-Terrazzoböden im Innenbereich von Wohngebäuden werden heute als Estrich für Fußbodenheizungen eingebaut. Diese Böden bestehen aus zwei Lagen, der Grund- und der Deckschicht. Der Einbau der Grundschicht erfolgt als Schüttung in einer Dicke von ca. 6 cm bis ca. 2 cm unterhalb der späteren Fußbodenfläche. In die nasse Oberfläche der Grundschicht wird ein Glasgittergewebe eingelegt. Durch den pressdruckfreien Einbau der Masse können Leitungen von Fußbodenheizungen problemlos umhüllt werden. Die rasche Trocknung der Grundschicht mithilfe der Fußbodenheizung ist möglich und empfehlenswert, auch mit hohen Vorlauftemperaturen.

Der Einbau der Deckschicht in einer Dicke von ca. 2 cm erfolgt 2–3 mm dicker als Bodenschienen und Anschlüsse der fertigen Fußbodenfläche vorgeben. Die Terrazzostruktur wird mittels Trockenschleifmaschine mit Diamant-Pads erzielt. Schwind- und Schliffrisse werden mit gleichfarbigen Lehmspachtel geschlossen und ggf. genauer an den Terrazzo-Farbton angepasst. Die Endbehandlung mit Tiefengrund bzw. Festiger und Polieren mit Fußbodenöl ergibt strapazierfähige Lehm-Terrazzoböden. Die geölte, 2 cm dicke Deckschicht kann nicht replastifiziert werden (Kap. 7). Abb. 4.3 zeigt die Oberfläche eines polierten/geölten Lehm-Terrazzo-Fußbodens.

4.2.2 Wandkonstruktionen

Wandkonstruktionen aus Lehmbaustoffen werden entsprechend ihrer statischen Funktion im Gebäude in tragende und nicht tragende Wände unterteilt (Tab. 4.1). *Tragende* Wände müssen Eigen- und Verkehrslasten aus der Nutzung des Gebäudes sowie äußere Einwirkungen aufnehmen können. Geeignete Lehmbaustoffe sind STL, WL und Lehmsteinmauerwerk LSM (DIN 18940).

Nicht tragende Wände haben im Gebäude eine raumumschließende Funktion. Sie müssen insbesondere Anforderungen des Schall- und Brandschutzes erfüllen. Die Palette der geeigneten Lehmbaustoffe kann um Strohlehm SL und Leichtlehm LL erweitert werden (Tab. 4.2).

Die Kategorie der nicht tragenden Wände umfasst auch Lehm-Ausfachungen mit separatem Tragskelett aus einem biegefesteren Baustoff (Fachwerk). Im traditionellen Bauen bildet die Kombination von Holz (Tragskelett) und Lehm (Ausfachung) über Jahrhunderte einen idealen Verbundbaustoff, vergleichbar mit Stahlbeton seit dem 20. Jahrhundert. Der Gebäudebestand in Deutschland vor 1900 umfasst in Klein- und Mittelstädten sowie in ländlichen Gebieten noch einen großen Anteil an Fachwerkkonstruktionen mit Ausfachungen aus Lehmbaustoffen in regional sehr unterschiedlichen Techniken. Bei absehbarer Verschärfung der Rohstoffknappheit für das Bauwesen bestehen beim Rückbau nicht mehr zu erhaltender Altbausubstanz Möglichkeiten für das Recycling von Lehmbaustoffen (Kap. 6 und 7).

Tab. 4.2 zeigt eine Übersicht der Verwendung von Lehmbaustoffen in Wandkonstruktionen entsprechend ihrer Funktion [3].

4.2.2.1 Stampflehm

Die Stampflehmbauweise ist eine traditionelle monolithische Bauweise ähnlich dem Ortbeton mit Wanddicken ≥ 40 cm. Die erdfeucht, rieselfähig-krümelig aufbereitete Masse wird lagenweise umlaufend in eine ausreichend stabile Schalung eingebracht und verdichtet. Das Schalungssystem, bestehend aus Schalungstafeln, vertikal angebrachten Steifen und horizontal eingesetzten Abstandhaltern, gewährleistet eine maßhaltige Ausführung der Wandkonstruktion. Die horizontalen Abstandhalter aus Baustahl mit Gewinden an beiden Enden ermöglichen eine Nachjustierung des Abstandes der Schalungstafeln (Abb. 4.4) [2, 3].

Vorgefertigte Stampflehm-Wandelemente sind eine Weiterentwicklung der traditionellen STL-Bauweise. Sie können exakt nach individuellen gestalterischen Vorgaben werkseitig hergestellt werden und erlauben die genaue Planung der Kosten, Bauzeiten und Bauabläufe. Bauzeitverzögerungen durch Trockenzeiten entfallen, ebenso Lärm- und Stampfdruckbelastungen auf der Baustelle. Für die Farbgebung der Bauteile steht eine Palette von natürlichen Stampflehmfarben zur Auswahl.

Eine typische Wandscheibendicke beträgt 25 oder 30 cm, auch andere Dicken sind möglich. Wandscheiben bis zu 5 t Gewicht können bei normal zugängigen Baustellen i. d. R. gut gehandhabt werden. Dies entspricht z. B. einer Wandscheibenabmessung von 3,5 m × 2,5 m, Dicke ca. 25 cm. Der Versatz der Wandelemente erfolgt mit Lehmklebe-/Armierungsmörtel oder Lehmputzmörtel LPM. Lehmklebe-/ Armierungsmörtel können ≤ 2 M.-% stabilisierende Zusatzmittel enthalten, sie sind durch Wasserzugabe replastifizierbar. Die Ansichtsfugen zwischen den Wandscheiben werden vor Ort mit STL-Mischung geschlossen. Abb. 4.5 zeigt den Transport eines vorgefertigten STL-Elementes zur Baustelle [4].

Tab. 4.2 Verwendung von Lehmbaustoffen in Wandkonstruktionen, Übersicht

Nr.	Wandkonstruktion System	Stampflehm STL	Wellerlehm WL	Strohlehm SL	Leichtlehm LL	Lehmputzmörtel LPM	Lehmmauermörtel LMM	Lehmsteine LS	Lehmplatten LP
1	*Tragend*	■	■					■	
2	*Nicht tragend*								
2.1	• Trennwände, innen	■		■			■	■	■
2.2	• Historische Gefache		■	■	■	■	■	■	■
2.3	• Wärmedämmschichten			■	■	■		■	■
2.4	• Neubau Holzständer, Ausfachung				■	■	■		■

4.2 Bauteile und Bautechniken

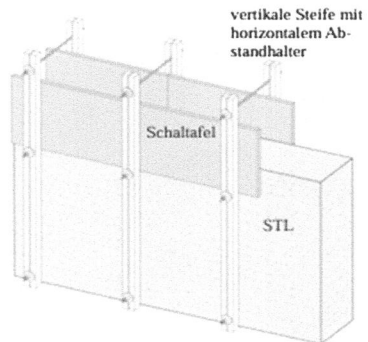

Tragende STL-Wand mit erkennbaren horizontalen Einbaulagen (Kapelle d. Versöhnung, Berlin, 2000)

Abb. 4.4 Stampflehmwand mit Schalungssystem, prinzipielle Ausführung [2, 3]

Abb. 4.5 Transport und Montage eines vorgefertigten Stampflehmelementes

4.2.2.2 Wellerlehm

Wandkonstruktionen aus (tragendem) Wellerlehm WL sind in der Herstellung sehr arbeitsaufwändig und werden deshalb in Deutschland heute überwiegend in der Sanierung, vor allem im Bereich des historischen Lehmbaus/Denkmalpflege, insbesondere in ländlichen Gebieten (Mitteldeutschlands) angewendet. Lokale Varianten des traditionellen WL sind u. a. auch in Frankreich, England und Italien nachweisbar.

Im Gegensatz zu STL ist WL nicht schalungsgebunden, sondern er wird manuell zu Schichten von ca. 60 cm Höhe aufgesetzt und nach Antrocknen der Wellermasse mit einem angespitzten Spaten lotrecht abgestochen. WL enthält einen höheren Faserstoffanteil als STL. Dementsprechend erreichen die Wanddicken ≥ 60 cm. Lokale WL-Varianten verwenden auch Schalungen.

Abb. 4.6 Schulbau in WL-Bauweise, Meti school Bangla Desh, 2005

Abb. 4.6 zeigt einen 2005 in WL ausgeführten Schulbau in Bangla Desh (Meti school [5]). In dieser Region besteht ein großer Überschuss an billiger Arbeitskraft, sodass die Ausführung des Schulbaus als von der lokalen Bevölkerung willkommene „AB-Maßnahme" angesehen wurde.

4.2.2.3 Lehmsteinmauerwerk

Lehmsteinmauerwerk LSM wurde/wird für tragende und nicht tragende Wandkonstruktionen ausgeführt. Tragendes LSM kann nach DIN 18940 für Gebäude bis max. 13 m Höhe mit Lehmsteinen LS nach DIN 18945 und Lehmmauermörtel LMM nach DIN 18946 ausgeführt werden. Für nicht tragendes LSM sind die Lehmbau Regeln LR [6] anwendbar.

LS werden gemäß DIN 18945 in Anwendungsklassen AK eingeteilt (Tab. 4.3). Übliche LS-Formate sind in Tab. 3.4 angegeben. Die Ausführung von LSM erfolgt nach den Regeln des Mauerwerksbaus. Abb. 4.7 zeigt in schematischen Darstellungen übliches LSM (für eine tragende Wand) und als Gefachmauerwerk in einer Fachwerkkonstruktion [2].

4.2.2.4 Traditionelle Ausfachungen

Bei Sanierungs- oder Abbrucharbeiten an/von historischer Lehmbausubstanz trifft man auf zahlreiche, regional unterschiedliche Ausfachungstechniken mit Lehmbaustoffen. In Mitteldeutschland ist die traditionelle Bautechnik „Stakung mit/ohne Geflecht" weit verbreitet. Die Holzstaken bilden im Gefach eine ebene, rostartige Tragstruktur zur Aufnahme der bildsamen Lehmbaustoffe (Strohlehm SL). Abb. 4.8 zeigt verschiedene Varianten traditioneller Ausfachungstechniken mit Holzstaken und Lehmbaustoffen [7].

4.2 Bauteile und Bautechniken

Tab. 4.3 Anwendungsklassen von LS nach DIN 18945

Nr.	Anwendungsbereich	AK
1	verputztes, der Witterung ausgesetztes Außenmauerwerk von Sichtfachwerkwänden	Ia
2	durchgängig verputztes, der Witterung ausgesetztes Außenmauerwerk	Ib
3	verkleidetes oder anderweitig konstruktiv witterungsgeschütztes Außenmauerwerk, Innenmauerwerk	II
4	trockene Anwendungen (Deckenfüllungen, Stapelwände)	III

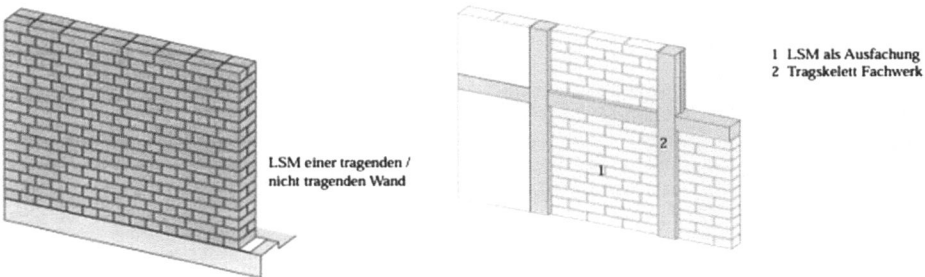

Abb. 4.7 LSM als tragende/nicht tragende Wandkonstruktion und als Ausfachung

Lehmwickel, senkrecht

Strohlehm auf Weidenrutengeflecht, Holzstaken mit Lehmwülsten umwickelt

Abb. 4.8 Traditionelle Ausfachungen mit Lehmbaustoffen und Holzstaken/Geflecht

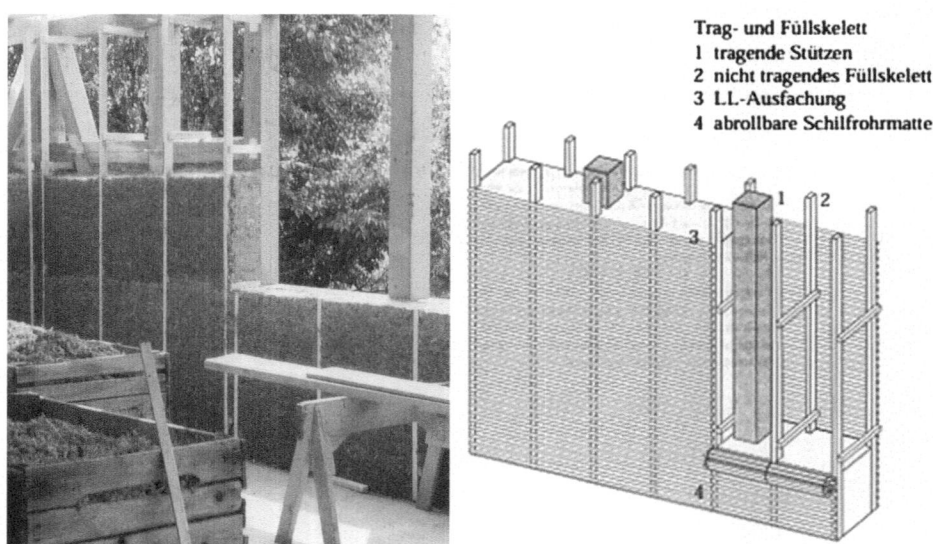

Abb. 4.9 Holzständerbauweise mit LL-Ausfachung, Wohnungsneubau

4.2.2.5 Ausfachungen von Holzskelett-Konstruktionen im Neubau

Aus der traditionellen Fachwerkbauweise sind moderne Holzskelett-Bausysteme hervorgegangen, die einen hohen Vorfertigungsgrad zulassen und damit Bauzeiten erheblich verkürzen. Wie im traditionellen Fachwerkbau werden bei den modernen Holzskelettbauweisen die durch die tragenden skelettbildenden Hölzer (1) und das nicht tragende Holzskelett aus Latten (2) erzeugten Zwischenräume mit Lehmbaustoffen (Strohleichtlehm SLL) (3) raumumschließend ausgefüllt. Die Ausfachungen sind nicht tragend und werden als „nicht aussteifend" berücksichtigt. Die seitlichen Wandbegrenzungen können durch Schaltafeln oder abrollbare, im Wandaufbau verbleibende Schilfrohrmatten (4) gebildet werden.

Abb. 4.9 zeigt einen Wohnhaus-Neubau in Holzständerbauweise mit LL-Ausfachung im Bau [3, 7].

4.2.2.6 Trockenbau

Der moderne Lehmbau hat mit den Bauprodukten LS und LP vielfältige, konkurrenzfähige Anwendungsfelder mit Schwerpunkten bei nicht tragenden Trennwänden und Deckenkonstruktionen erschlossen (Tab. 4.1). Im Trockenbau werden LS und LP trocken und ohne Mörtel in den Aufbau von Wand- und Deckenkonstruktionen eingebunden.

Abb. 4.10 zeigt eine Vorsatzschicht aus LP mit integrierter LS-Schicht als raumklimatische/schallschutztechnische Ertüchtigung einer bestehenden Fachwerkwand (1) [2]. „Schwere" LS (Grünlinge) werden als „Stapelwand" (2) mit horizontalen Trägerlatten im

4.2 Bauteile und Bautechniken

Abstand von ca. 0,5 m trocken vor die bestehende Wand gestapelt. An den Trägerlatten der Stapelwand werden LP (3) befestigt.

Abb. 4.11 zeigt eine nicht tragende Trennwand (1) mit Wärmeisolation. Auf ein Tragskelett aus Holzlatten werden beidseitig LP befestigt (2) (Alternative zu Gipskarton). Der entstandene Hohlraum wird mit Wärmedämmung (3) gefüllt (hier: Schafwolle). Die Stoßfugen der LP werden mit Fugenbändern (4) überdeckt und anschließend mit Lehmdünnlagenbeschichtung LDB (5) beschichtet [2].

In Kombination mit Lehmklebe- und Armiermörtel lassen sich mit Mineral- oder Holzfaserplatten kondensationstolerante und diffusionsoffene Innendämmungen herstellen [8]. Neben der mechanischen Funktion hat die vollflächige Klebung der Dämmplatten mit Lehmklebemörtel (4) die wichtige Aufgabe, eine Hinterströmung der Platten mit feuchtwarmer Raumluft zu verhindern. Die nachfolgende Befestigung mit Schrauben oder Dübeln (5) dient der Gewährleistung des flächigen Verbundes. Durch die Befestigung werden die Platten fest in den Lehmklebe- und Armiermörtel nach DIN 18947 gepresst. Der

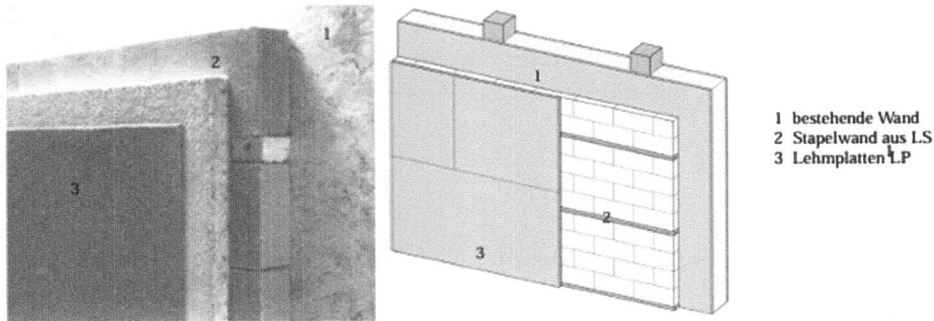

Abb. 4.10 Stapelwand aus LS mit vorgesetzten LP

1 bestehende Wand
2 Stapelwand aus LS
3 Lehmplatten LP

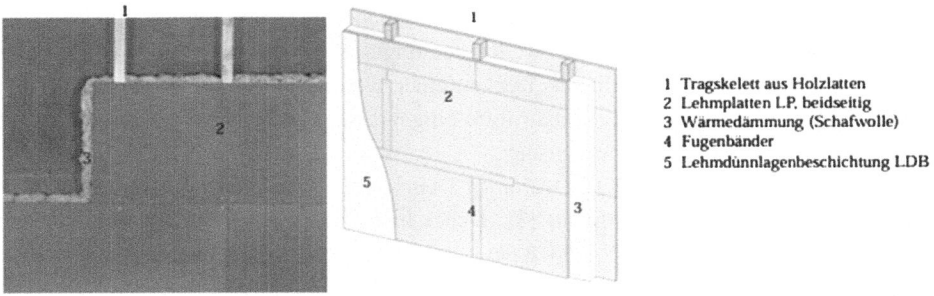

Abb. 4.11 Nicht tragende Trennwand aus Lehmplatten mit Wärmeisolation aus Schafwolle

1 Tragskelett aus Holzlatten
2 Lehmplatten LP, beidseitig
3 Wärmedämmung (Schafwolle)
4 Fugenbänder
5 Lehmdünnlagenbeschichtung LDB

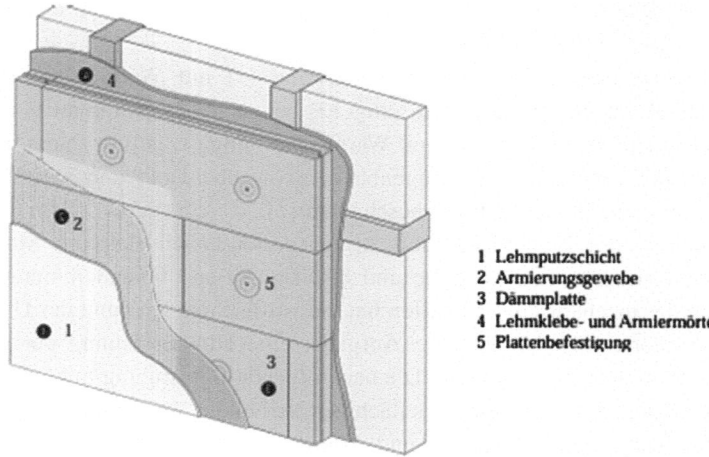

Abb. 4.12 Nicht tragende Trennwand aus Innendämmplatten mit Lehmklebe- und Armiermörtel

raumseitige Putzaufbau erfolgt vollflächig über die Dämmplatten mit Lehmputzmörtel (1). Die Flächen dürfen nur mit diffusionsoffenen Anstrichen versehen werden (Abb. 4.12).

4.2.3 Decken

Die Abb. 4.13 und 4.14 zeigen Beispiele für die Integration von trocken verlegten Lehmbaustoffen in Deckenkonstruktionen [3]. In Abb. 4.13 ist eine aufgelegte LS-Decke dargestellt. Auf die Tragstruktur aus Deckenbalken und Brettschalung mit ausgelegtem Rieselschutzpapier werden LS im Verband (1) aufgelegt. Darauf wird geglühter Sand ausgebreitet und in die Fugen eingefegt. Auf die LS-Lage wird der abschließende Fußbodenaufbau aufgebracht (Holzdielen).

Bei einer eingeschobenen Balkendecke wird die Deckenschalung horizontal zwischen die Deckenbalken eingeschoben, entweder auf angeschraubte Trägerlatten (Abb. 4.14) oder in eingestemmte Nuten. In die Deckenfelder werden auf zuvor ausgelegtem Rieselschutzpapier die trockenen Lehmbaustoffe eingebracht. Dies können Lehmschüttungen LT (2) oder im Verband verlegte LS sein.

Lehmwickeldecken (Abb. 4.15) waren in Deutschland über Jahrhunderte die übliche Bauweise für Deckenkonstruktionen [3]. Dabei handelte es sich i. d. R. um Holzbalkendecken mit „Lehmwickeln", die feucht in die Deckenfelder eingeschoben wurden (eingestemmte Nuten oder Trägerlatten). Die Feldunterseiten wurden meist mit Lehm verputzt. Die Oberseiten blieben je nach Raumfunktion offen (aufgelegte Laufbohlen) oder erhielten einen abschließenden Fußbodenaufbau.

4.2 Bauteile und Bautechniken

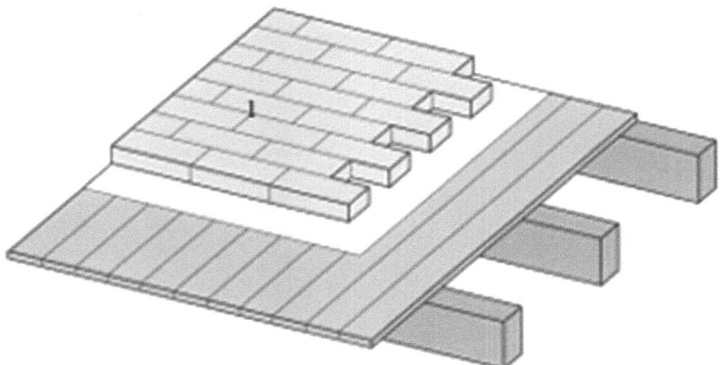

Abb. 4.13 Aufgelegte Holzbalkendecke mit LS

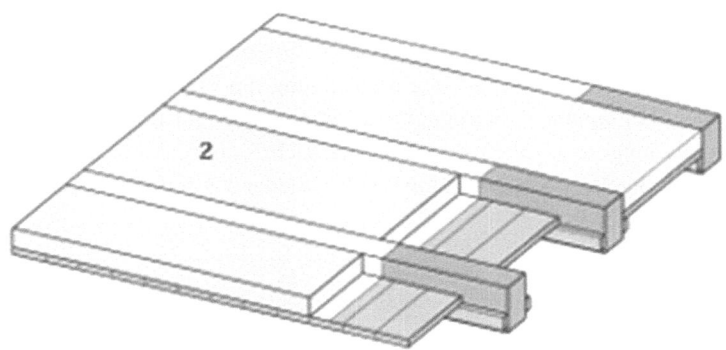

Abb. 4.14 Eingeschobene Holzbalkendecke mit LS/LT

Abb. 4.15 Lehmwickeldecken: in Deckenfelder eingeschoben und Herstellung von Lehmwickeln für Sanierung

Abb. 4.16 Vorgefertigte LP zur Sanierung von Deckenkonstruktionen

Für die Herstellung der Lehmwickel wurden Staken von 4–6 cm Dicke mit Langstroh umwickelt und mit breiig aufbereitetem Lehm glatt überstrichen. Vorher wurde das Stroh zu einem „Zopf" gedreht und in Lehmschlämme getaucht. Die noch feuchten Lehmwickel wurden in die Deckenfelder dicht aneinander eingeschoben (analog zu senkrechten Wandwickeln, Abb. 4.8).

Abb. 4.16 zeigt eine „moderne" Alternative zu arbeitsaufwändigen, traditionellen Lehmwickeldecken: Strohlehm wird in eine Schalung mit drei Holzstaken (Tragstruktur) eingebaut und zu Lehmplatten verarbeitet. Die angetrockneten LP werden anschließend in die Deckenfelder eingeschoben/aufgelegt und je nach Raumfunktion unterseitig verputzt und oberseitig offengelassen oder mit einem abschließenden Fußboden versehen.

4.2.4 Lehmputz

Lehmputze sind ebene, auf Bauteiloberflächen dünn und flächig aufgetragene Beschichtungen aus LPM nach DIN 18947. Sie schützen die beschichteten Bauteile vor Beanspruchungen, die für Innen- und Außenoberflächen unterschiedlich sind. Ihre endgültigen Eigenschaften erhalten sie nach Erhärtung am Bauteil.

Die allgemeinen Anforderungen an Putze sind in DIN EN 998-1 in Verbindung mit DIN 18550-2, an Lehmputz als Bauteil im TM 01 DVL [9] definiert. Lehmputz aus LPM nach DIN 18947 ist nicht witterungsstabil und deshalb vor allem als Innenputz oder für nicht durch Schlagregen betroffene Bereiche geeignet.

LPM nach DIN 18947 können manuell oder als Spritzputz aufgetragen werden (Abb. 4.17) [7]. In den noch frischen Lehmputz werden vollflächig (zumindest aber über Fugen von Materialwechseln) Bewehrungsgewebe aus Jutefasern gegen Schwindrisse eingearbeitet (Abb. 4.18) [7].

4.2 Bauteile und Bautechniken

Abb. 4.17 Auftrag des LPM als Spritzputz [7]

Abb. 4.18 Oberflächenbewehrung des frischen Lehmputzes mit Jutefasergewebe

4.2.5 Technischer Ausbau

Im *traditionellen Lehmbau* umfasste der technische Ausbau mit Lehmbaustoffen vor allem Anlagen zur Wärmeerzeugung (Öfen) mit Holz und zur Rauchgasableitung. Wegen

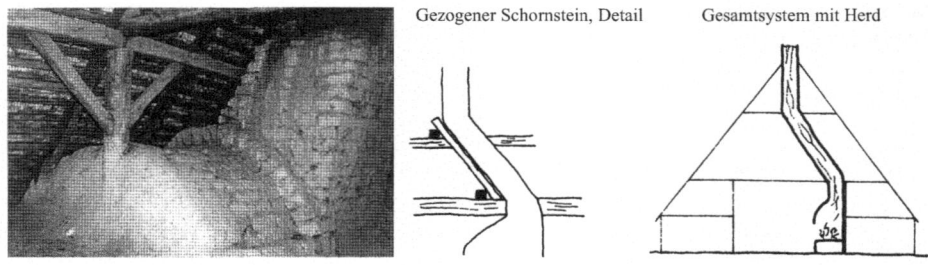

Abb. 4.19 Traditionelle Feuerstätten, mit LS gezogene Schornsteine

ihres hohen Wärmespeichervermögens wurden Lehmbaustoffe häufig für Ofenkonstruktionen zum Heizen und Backen angewendet. Heizöfen in Wohnbereichen wurden oft mit Ofenkacheln verkleidet, der Feuerraum mit Schamottesteinen ausgekleidet. Die Rauchgase mussten meist aus verschiedenen Räumen durch mit LS gemauerten Züge im (oft ungenutzten) Dachgeschoss zusammengeführt (gezogen) und nach außen abgeleitet werden. Für den Schornsteinkopf über der Dachdeckung wurden stabilere (Klinker)ziegel verwendet.

Abb. 4.19 zeigt die in den Dachraum reichende Oberseite eines traditionellen Schwibbogenherdes mit zum Schornstein gezogenen Zügen aus LS zur Rauchgasabführung nach außen [10].

Lehmsteine, die über einen längeren Nutzungszeitraum mit Rauchgasen in Berührung kamen, waren oft mit Ruß „durchgesottet". Diese Schornsteine mussten neu aufgeführt und die rußbelasteten Lehmsteine entsorgt werden.

Im *modernen Lehmbau* werden im Bereich des Technischen Ausbaus vor allem Temperierungsanlagen in verschiedenen Anwendungen eingesetzt.

Abb. 4.20 zeigt in den Lehmputz eingebettete Rohrschlangen, die mit dem Temperierungsmedium (Wasser) gefüllt sind. Durch eine vom Hersteller mitgelieferte Vorrichtung kann die Lage der Rohrschlangen im Putz identifiziert werden (Havariesituation) [2].

In Abb. 4.21 ist eine Lehmplatte mit Sonderfunktion zur Temperierung dargestellt (in DIN 18948 als „LP S" deklariert). Dabei handelt es sich um LP, in die während des Herstellungsprozesses Rohrschlangen zur Aufnahme des Temperierungsmediums eingebettet werden. Es werden auch „Leerplatten" mit einer Rillenstruktur angeboten, die vor Ort mit Rohrschlangen vervollständigt und überputzt werden können [2].

Eine weitere Möglichkeit, mit LP Innenräume zu temperieren, sind Fußleistenheizungen in Verbindung mit Lehmhohlkammerplatten (Abb. 4.22). Das System besteht aus Lehmhohlkammerelementen, die als Bekleidung von Wandkonstruktionen verwendet und oben mit einer U-Schale abgedeckt werden. Die Elemente können nach DIN 18948 als Sonderprodukte zur Temperierung „LP S" deklariert werden, wenn die Plattenbreite nicht mehr als 1/5 der Plattenlänge beträgt.

4.2 Bauteile und Bautechniken

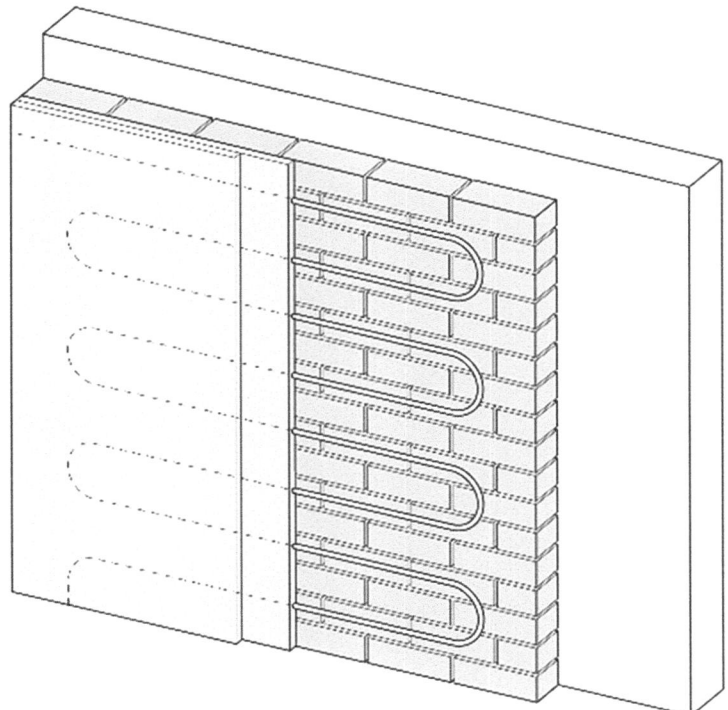

Abb. 4.20 In Lehmputz eingebettete – Rohrschlangen zur Temperierung [2]

Die Fußleistenheizung erwärmt die Luft, die in den Hohlkammern zirkuliert und dabei die Wand nach dem Prinzip der Hypokaustenheizung erwärmt. Die erwärmte Wand strahlt die Wärme flächig an den Innenraum ab [2].

Darüber hinaus sind auch im modernen Lehmbau Holzheizöfen mit schweren Lehmbaustoffen (Wärmespeicherung, angenehme Strahlungswärme) und Backöfen gefragte Lehmbauprodukte im Bereich des Technischen Ausbaus.

Abb. 4.21 LP mit integrierten Rohrschlangen

Abb. 4.22 „Heizwand" aus Lehm- hohlkammerplatten (Hypokausten)

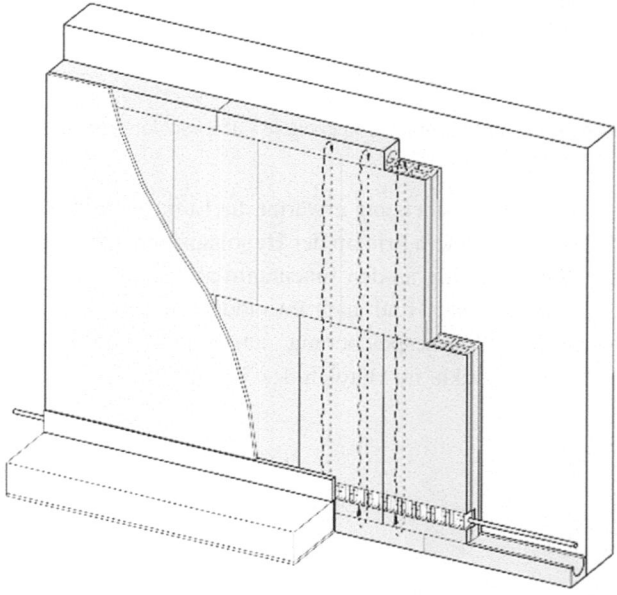

Literatur

1. Dachverband Lehm e. V.: *Entwicklung von Rahmenbedingungen zur Erstellung von Muster-UPD für Lehmbaustoffe (2016–18); Erarbeitung von Datengrundlagen und Muster-Umweltproduktdeklarationen für Lehmmauermörtel, Lehmsteine und Lehmplatten unter besonderer Berücksichtigung der Möglichkeiten des Recyclings (2020–22)*. Projekte gefördert von der Deutschen Bundesstiftung Umwelt (DBU): Weimar, Dachverband Lehm e. V.: 2022.
2. Dachverband Lehm e. V. (Hrsg.): *Lehmbau Verbraucherinformation*. Dachverband Lehm e. V. Weimar 2014, 2. Aufl.
3. Schroeder, H.: *Lehmbau – Mit Lehm ökologisch planen und bauen*. Springer Vieweg: Wiesbaden 2019, 3. Aufl.
4. Kapfinger, O.; Rauch, M.: *Rammed earth– Lehm und Architektur – Terra cruda*. Basel: Birkhäuser, 2001.
5. Röhlen, U.; Ziegert, C.: *Lehmbau-Praxis – Planung und Ausführung*. Bauwerk Verlag, Berlin 2010, 1. Aufl.
6. Dachverband Lehm e.V. (Hrsg.): *Lehmbau Regeln - Begriffe, Baustoffe, Bauteile*. Wiesbaden: Vieweg + Teubner | GWV Fachverlage, 3., überarbeitete Aufl., 2009.
7. Dachverband Lehm e. V. (Hrsg.): *Fachkraft Lehmbau - Kurslehrbuch*. Weimar: 2024, 3. Ausgabe.
8. WTA (Hrsg.): *Innendämmung nach WTA I: Planungsleitfaden, Merkblatt 6–4*, Ausgabe: 10.2016/D.
9. Dachverband Lehm e. V. (Hrsg.): *Anforderungen an Lehmputz als Bauteil*. Technische Merkblätter Lehmbau, TM 01. Weimar:2014–06, 2. Aufl.
10. Goer, M.: *Ungarndeutsche Bauernhäuser in der Baranya*. In: Denkmalpflege in Baden-Württemberg, 4(1996), S. 9 – 21.

Nutzungsphase 5

Im Bilanzierungsschema für eine Ökobilanz nach DIN EN 15804 (Abb. 5.1) beschreiben die IM B1 – B7 die Nutzungsphase des Gebäudes, IM B1 die Nutzung. Im Projekt „UPD „Lehm.1/2" [1] wurde nur die Produktebene analysiert.

Während der Nutzungsphase des Gebäudes emittieren die verarbeiteten Lehmbaustoffe keine umwelt- oder gesundheitsgefährdenden Stoffe, vor allem keine flüchtigen organischen Verbindungen (VOC, TVOC, Nachweis nach DIN EN ISO 16000-9).

Die dynamische Luftfeuchtesorption von Lehmbaustoffen in der Nutzungsphase hat Auswirkungen auf das Raumklima und trägt damit zur energetischen Optimierung notwendiger Luftwechselraten bei. Entsprechende Nachweise werden dokumentiert.

Die Lebensdauer von verarbeiteten Lehmbaustoffen ist abhängig von der jeweiligen Konstruktion, der Nutzungssituation, dem Nutzer selbst, Unterhaltung und Wartung. Deshalb ist die Nutzungsphase nur in Form von Szenarien zu beschreiben. Baukonstruktionen aus Lehmbaustoffen sind während der gesamten Nutzungsphase insbesondere vor stehendem und fließendem Wasser zu schützen.

5.1 Umnutzung

Die Gebäude sind für ihre Erstnutzung nach funktionellen Vorgaben des Auftraggebers geplant und ausgeführt. Nicht selten folgen wenige Jahre nach Inbetriebnahme Umstrukturierungen und Besitzerwechsel, und die ursprünglich geplanten Funktionen sind überholt. Kreislaufgerecht (zirkulär) geplant ist ein Gebäude dann, wenn eine hochwertige Anschlussnutzung mit nur geringem Aufwand für Umbauten und Anpassungen mit reparaturfreundlichen Baustoffen wie Lehmbaustoffen vorgenommen werden kann.

Ricola-Kräuterzentrum, Laufen (CH) 2014 (16,1 %)   Druckerei Gugler, Pielach (AU) 2000 (10 %)   Alnatura-Arbeitswelt, Darmstadt (D) 2019 (5,9 %)

Abb. 5.1 Gewerbebauten aus Stampflehm STL

DIN SPEC 91484:2023-09 bietet eine Methode für die Erfassung des Anschlussnutzungspotenzials von Bauprodukten/Gebäuden für alle Beteiligten in der Wertschöpfungskette. Unter hochwertiger Anschlussnutzung versteht man, dass die ursprüngliche Gestalt des Bauprodukts/Gebäudes i. w. erhalten bleibt bzw. die Gestalt aufgelöst wird und das Recyclingmaterial zu einem Bauprodukt/Gebäude auf der gleichen Qualitätsstufe und vergleichbarer Funktion wie das ursprüngliche Bauprodukt verarbeitet wird.

Abb. 5.1 [2] zeigt drei Gewerbebauten aus Stampflehm STL, die für verschiedene Nutzungen geplant und ausgeführt wurden (Bürogebäude, Lagerhalle). Die Tragstruktur besteht aus STL-Wänden mit einem einfachen Rechteckgrundriss, der bei Nutzer-/Produktwechsel beibehalten werden kann. Einbauten/Umbauten können ohne großen Aufwand mit reparaturfreundlichen Lehmbaustoffen vorgenommen werden. Der Anteil der Lehmbaustoffe der in Abb. 5.1 gezeigten STL-Gebäude liegt zwischen 6 und 16 %

5.2 Instandhaltung

Nach DIN EN 13306 bzw. DIN 31051 bezeichnet *Instandhaltung* die Kombination aller technischen und administrativen Maßnahmen, sowie die Maßnahmen des Managements während des Lebenszyklus eines Gebäudes, die dem Erhalt oder der Wiederherstellung seines funktionsfähigen Zustandes dienen, sodass es die geforderten Funktionen erfüllen kann.

Abb. 5.2 zeigt den Pueblo de Taos, NM/USA, ein traditionelles mehrgeschossiges Gebäude aus LSM. Jährlich werden Sanierungsarbeiten am Außenputz des Gebäudes von der Dorfgemeinschaft ausgeführt. Der Pueblo de Taos gehört zum UNESCO-Weltkulturerbe [3].

5.2 Instandhaltung

Abb. 5.2 Pueblo de Taos, NM/USA, alljährliche Sanierungsarbeiten am Lehm-Außenputz

Mit Lehmbaustoffen lassen sich ursprüngliche Bauweisen erhalten, den Charme historischer Gebäude bewahren und ökologisch verantwortungsvoll sanieren.

Im Rahmen der Gebäudesanierung wird häufig großer Wert auf den Verzicht von bauchemischen Produkten gelegt, wie z. B. den Einsatz von Klebstoffen oder chemischen Zusätzen. Für die Sanierung von privaten, öffentlichen und gewerblichen Gebäuden bieten Lehmbaustoffe mit der ursprünglichen Bausubstanz kompatible, für das Raumklima optimale, zirkuläre und schadstofffreie Alternativen. Für die Innenraumgestaltung ergeben sich dabei gestalterische Möglichkeiten für eine besondere Raumästhetik oder Funktionalität.

Die Abb. 5.3 und 5.4 [4] zeigen Sanierungsbeispiele mit Lehmbaustoffen aus den letzten Jahren.

Lehmbaustoffe erweitern die Möglichkeiten zum Bauen im Bestand mit einer Vielfalt von Produkten zum Trockenbau, zum Wand-, Decken- und Fußbodenaufbau bis hin zur farblichen Beschichtung. Die Bestandsgebäude erhalten einen höheren Nutzwert und optimieren den Eintrag „grauer Energie" durch Verwendung der mit minimalem Energieverbrauch klimaschonend hergestellten Lehmbauprodukte *(Abs. 4)*.

Bauen im Bestand vermeidet Flächen- und Ressourcenverbrauch. Lehmbaustoffe leisten einen wichtigen Beitrag zum Bauen im Bestand, der aber in den IM B2 (Instandhaltung) bzw. B5 (Erneuerung) der Umweltbilanzen nicht entsprechend quantifiziert

Abb. 5.3 Sanierung Familienhotel Weimar: Wandaufbau mit Lehmunterputz und Beschichtung mit Lehmfarbputzen

Abb. 5.4 Sanierung UN-Campus Bonn: Büroeinheiten mit Lehmanstelle von Gipsplatten

werden kann. Die qualitativen Eigenschaften der Lehmbaustoffe für Instandhaltung/Erneuerung lassen sich jedoch beschreiben und sind als „Modul beschrieben (MB)" in den Tabellenanhängen bezeichnet.

5.3 Reparatur

Die Reparaturfreundlichkeit von Lehmbaustoffen trägt zur Langlebigkeit der Gebäude in der Nutzungsphase bei. Lehm erhärtet durch Lufttrocknung. Diese einzigartige Eigenschaft des Lehms ermöglicht es, die Oberflächen von Lehmbaustoffen während der Nutzungsphase jederzeit mit Wasser zu replastifizieren sowie erneut durch natürliche Lufttrocknung erhärten zu lassen. Auf diese Weise lassen sich kleine Oberflächenbeschädigungen durch Löcher oder Risse einfach durch Anfeuchten wieder schließen und glätten. Deshalb finden Beschichtungen aus Lehm auch bei stark frequentierter Gebäudenutzung Anwendung, z. B. Hotels, Gewerbebauten, Museen.

Eine Anekdote berichtet über einen prämierten Museumsneubau in Köln, der im gesamten Innenbereich mit Lehmfarbputz beschichtet wurde. Wechselnde Bilderausstellungen hinterlassen auf den sakral wirkenden Wänden kleine Löcher. Das Museum verfügt über eine Restaurierungsabteilung für Gemälde und andere historisch wertvolle Ausstellungsstücke. Daher bestand Zuversicht, solche ausstellungsbedingten Löcher mit entsprechendem Füllmaterial durch erfahrene Restauratoren selbst reparieren zu können. Nach ersten Versuchen stellte sich schnell heraus, dass keine Fachkraft zur Reparatur benötigt wurde, sondern das Gebäudemanagement solche Schäden ohne großen Aufwand mit Schwamm und Wasser reparieren konnte.

Die besondere Reparaturfreundlichkeit der Lehmbaustoffe basiert auf der unbeschränkten Reversibilität des Erhärtungsprozesses des Bindemittels Lehm. Diese qualitative Eigenschaft wird in den Ökobilanzen als „MB (Modul beschrieben)" deklariert.

Literatur

1. Dachverband Lehm e. V.: *Entwicklung von Rahmenbedingungen zur Erstellung von Muster-UPD für Lehmbaustoffe (2016–18); Erarbeitung von Datengrundlagen und Muster-Umweltproduktdeklarationen für Lehmmauermörtel, Lehmsteine und Lehmplatten unter besonderer Berücksichtigung der Möglichkeiten des Recyclings (2020–22).* Projekte gefördert von der Deutschen Bundesstiftung Umwelt (DBU): Weimar, Dachverband Lehm e. V.: 2022
2. Djahanschah, S./DBU (Hrsg.): *Gewerbebauten in Lehm und Holz – Mehrwert durch Material.* Deutsche Bundesstiftung Umwelt (DBU), Bauband 3, Edition Detail, München 2020
3. Schroeder, H.: *Lehmbau – Mit Lehm ökologisch planen und bauen.* Springer Vieweg: Wiesbaden 2019, 3. Aufl.
4. www.dachverband-lehm.de/bauwerke

Gebäudeabbruch 6

Das Kreislaufwirtschafts- und Abfallgesetz (KrWG) [1] beschreibt den grundsätzlich einzuhaltenden Weg für den Abbruch von Gebäuden sowie für das Recycling und ggf. die Entsorgung von Abfallstoffen. Dabei erhält die Vermeidung von Abfällen Vorrang gegenüber dem Recycling. Bei der Planung von Gebäuden muss bereits deren Entsorgungsphase in Bezug auf Möglichkeiten des Recyclings (IM D) bzw. der Vermeidung von Abfällen mit bedacht werden.

Allgemein versteht man unter dem Abbruch von Gebäuden die Beseitigung der konstruktiven Elemente und/oder der technischen/baulichen Anlagen oder deren Teile mit Zerstörung der Funktionalität, teilweise oder vollständig, konventionell oder selektiv (DIN 18007).

Im LCA-Bilanzierungsschema nach DIN EN 15804 wird der Gebäudeabbruch als IM C1 der Entsorgungsphase zugeordnet (Abb. 1.2). Gebäudeabbruch IM C1 und Abfallaufbereitung IM C3 sind eng miteinander verknüpft. Die Ermittlung und Darstellung der entsprechenden energetischen und umweltrelevanten Parameter für IM C1 und IM C3 im Rahmen einer Ökobilanz wird deshalb zusammen in *Abs. 7* vorgenommen.

6.1 Ende Nutzungsphase

Das Ende der Nutzungsphase eines Gebäudes tritt ein, wenn „der Besitzer Stoffe oder Gegenstände einer Verwertung oder Beseitigung zuführt oder die tatsächliche Sachherrschaft über sie unter Wegfall jeder weiteren Zweckbestimmung aufgibt" [1].

Am Ende der Nutzungsphase eines Gebäudes steht der Gebäudeabbruch. Der entsprechende Zeitpunkt wird durch verschiedene Aspekte beeinflusst:

- schwere Bauschäden durch altersbedingten Verschleiß bzw. mangelhafte Instandhaltung, bei der die Reparaturkosten den zu erwartenden Nutzen übersteigen,
- schwerwiegende Schädigungen des Gebäudes durch Havarien oder außergewöhnliche Naturereignisse,
- neue Nutzeranforderungen können durch die bestehende Gebäudestruktur nicht mehr erfüllt werden,
- durch städte- oder raumplanerische Entscheidungen.

6.1.1 Rechtliche Grundlagen

Auf der Grundlage des KrWG [1] wurden durch den Deutschen Abbruchverband e. V. Technische Vorschriften für Abbrucharbeiten und -verfahren herausgegeben [2]. Danach trägt der Bauherr/ein von ihm beauftragter Planer die Verantwortung für die Planung und Überwachung der Abbrucharbeiten sowie für die Verwertung/Entsorgung der Abbruchmaterialien. Diese Verantwortung umfasst:

- die Aufstellung einer Leistungsbeschreibung unter Aufnahme der „Besonderen Leistungen (Schutz- und Sicherungsmaßnahmen, Sicherheits- und Gesundheitsschutz, Überwachung, Entsorgung)",
- die Einholung einer Abbruchgenehmigung (Information Bauaufsicht, Genehmigungen der Behörden Straßenverkehr, Gewerbe, Umwelt),
- die Vergabe der Abbruchleistungen (beschränkte Ausschreibung) und Übergabe der eingeholten Genehmigungen an das Abbruchunternehmen zur Einhaltung eingegangener Forderungen.

In der Leistungsbeschreibung sind die abzubrechenden Gebäude hinsichtlich der Massen (Material), der Ausdehnung (umbauter Raum) und der konstruktiven Merkmale (z. B. Wanddicken) zu erfassen. Diese Angaben bilden die Grundlage für die Preiskalkulation und Sortentrennung.

Von besonderer Bedeutung sind dabei Angaben zu ggf. vorhandenen nutzungsspezifischen und baustoffimmanenten Schadstoffen. Im Hinblick auf den Gesundheits- und Arbeitsschutz sind weiterhin Angaben zu Bauteilen mit Asbest und künstlichen Mineralfasern zu machen und die Durchführung der Arbeiten bei den zuständigen Aufsichtsbehörden anzumelden. Die DIN SPEC 91484 bietet dazu ein aktuelles „Verfahren zur Erfassung von Bauprodukten als Grundlage für Bewertungen des Anschlussnutzungspotenzials vor Abbruch- und Renovierungsarbeiten" als Leitfaden.

6.1.2 Demontagestufen

Der Abbruch von Gebäuden/Bauteilen kann teilweise oder vollständig erfolgen. Im Sinne des KrWG [1] hat ein kontrollierter Rückbau mit der Möglichkeit der gezielten Gewinnung sortenreinen Abbruchmaterials Vorrang vor einem unkontrollierten Totalabbruch. Abb. 6.1 zeigt die allgemeine Rangfolge in der Hierarchie Vermeidung, Verwertung und Entsorgung von Abfällen.

Heute wird ein kontrollierter Rückbau von Gebäuden ermöglicht durch eine entsprechende technische Ausstattung und fachspezifische Qualifikation der Abbruchfirmen, begleitet von einem generell erhöhten Umwelt- und Sicherheitsbewusstsein aller Beteiligten.

Ein kontrollierter Rückbau von Gebäuden führt zu einer Abfolge entsprechender Demontagestufen DS [1]:

DS 1: zerstörungsfreier Ausbau direkt verwertbarer Bestandteile (technische Geräte, Türen, Fenster, Armaturen etc.)
DS 2: Ausbau zugänglicher, verwertbarer Bestandteile (Wandverkleidungen, Lehmplatten, Fensterglas, Rohre, Beläge)
DS 3: Ausbau verwertbarer gebäudeverbundener Bestandteile (Stahlkonstruktionen, Kunststoffe, Rohrleitungen)
DS 4: Ausbau nicht verwertbarer Materialien (Dämmplatten, Füllschäume, Teerpappe, verklebte Dichtungsfolien)
DS 5: Rückbau der Gebäudesubstanz (Lehm, Holz, andere Baustoffe)
DS 6: Beseitigung der Tiefbauten.

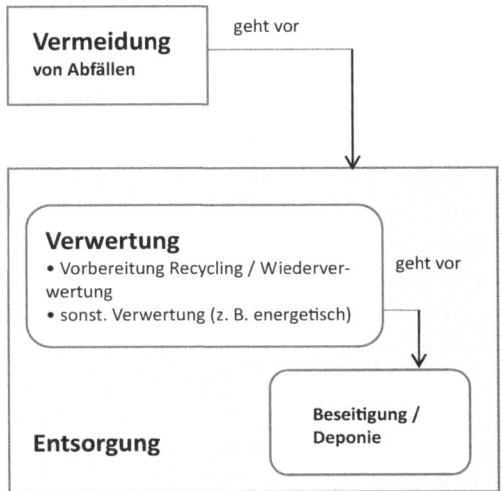

Abb. 6.1 Vermeidung, Verwertung und Entsorgung von Abfällen – Rangfolge

Aus Zeitgründen wird häufig ein unkontrollierter Totalabbruch mit anschließender Sortierung der Abbruchmassen vor Ort oder in einer Sortieranlage durchgeführt.

Für den Abbruch von Gebäuden aus Lehmbaustoffen kommen mechanische Verfahren zum Einsatz. Die Wahl des Abbruchverfahrens mit der Möglichkeit der gezielten Gewinnung sortenreinen Abbruchmaterials für ein anschließendes Recycling ist abhängig von den Platzverhältnissen am Abbruchort, der technischen Ausstattung und fachlichen Qualifikation der Abbruchfirma, den zeitlichen Vorgaben und nicht zuletzt von den Annahmebedingungen/Gebühren der Recyclinganlagen/ggf. Abfalldeponien.

Technische Verfahren des mechanischen Gebäudeabbruchs lassen sich unterscheiden in:

- Schlagen und Hämmern vorwiegend für kleinteiligere Abbrucharbeiten (Demontagestufen DS 1–4) bei Fachwerk und LSM,
- Abbrechen (DS 5): Einschlagen, Eindrücken/Einziehen mittels Fallbirne; Einreißen mittels Seilzugs; Abgreifen bei Fachwerk- und LS-Bauweise,
- Sägen/Bohren (DS 5): Wellerlehm- und Stampflehmkonstruktionen.

Die verwendete Abbruchtechnik geht ein in die Bilanzierung *(Abs. 7)*.

6.1.3 Sortieren/Trennen

Der angefallene Bauschutt muss für eine Weiterverwertung von Recyclinglehm vor Ort oder im Entsorgungsunternehmen mechanisch behandelt und die Lehmbestandteile vom übrigen Bauschutt getrennt werden. Dazu sind je nach Zielgröße die Prozessschritte Sortieren, Trennen, Zerkleinern und Sieben zu durchlaufen. Abb. 6.2 zeigt eine händische/sensorbasierte Sortierung von gemischtem Mauerwerksbruch in einem Recyclingunternehmen [3]. Für einen Zuwachs im Bereich des Recyclings von Lehmbaustoffen ist die Entwicklung technisch verbesserter Sortierverfahren eine Voraussetzung sowie eine betriebswirtschaftliche Herausforderung für die kommenden Jahre.

Sortierte Lehmbaustoffe/Lehmabbruch aus Bauschutt, die nicht sofort wiederverwendet werden können, können für eine Wiederverwertung im Produktsystem Lehm aufbereitet werden. Dazu sind zwei Verfahren bekannt und erprobt: das Nass- und das Trockenverfahren.

Das *Nassverfahren* bezeichnet das „Einsumpfen" trocken rückgewonnenen Abbruchmaterials in Wasser. Dabei wird die Eigenschaft der *Replastifizierung* des erhärteten Lehms ausgenutzt. Diese Eigenschaft unterscheidet Lehm von anderen Bindemitteln für mineralische Baustoffe (Kalk, Zement). Die eingesumpfte Masse soll noch eine gewisse Zeit ruhen (mauken), damit sich die Bindekraft der Tonminerale für die Wiederverwertung voll entfalte. Das Nassverfahren kann als Teil des Prozesses zur Wiederverwertung

Abb. 6.2 händische/sensorbasierte Sortierung von gemischtem Mauerwerksbruch

im Werk (z. B. als formbare Masse für Lehmsteine) oder auf der Baustelle sinnvoll angewendet werden. Das Nassverfahren der Aufbereitung wird bei der Ökobilanzierung in IM C3 nicht quantifiziert, weil dabei keine relevanten Stoffströme entstehen.

Das *Trockenverfahren* umfasst die mechanische, maschinelle Zerkleinerung des Abbruchmaterials zu Lehm-Rezyklat. Das trocken aufbereitete Lehm-Rezyklat bietet die Möglichkeit, ansonsten technisch getrocknete Ausgangsstoffe im Trockendosierverfahren für andere Lehmbauprodukte, z. B. LPM, zu ersetzen. Für das Trockenverfahren zur Aufbereitung von Abbruchmaterial eignen sich für das Baustoffrecycling typische Brecheranlagen. Solche Prallmühlen zerkleinern i. d. R. härtere Materialien als Lehm (Beton, Ziegel) mit einem Durchsatz von 250 t/h.

Bei der Herstellung „neuer" Lehmbaustoffe kann darüber hinaus rückgewonnener mineralischer, zu Rezyklat aufbereiteter Mauerwerksbruch aus Ziegel, Beton, Kalksandstein als Zusatzstoff „rezyklierte Gesteinskörnung" verwertet werden, dadurch primäre Gesteinskörnungen (Sand, Kies) ersetzen und auf diese Weise natürliche Ressourcen schonen [4].

6.2 Arbeiten zum Gebäudeabbruch

An der FH Potsdam FHP wurden im Labormaßstab 1:1 experimentelle Untersuchungen zum Abbruch von LSM bzw. Abriss von LPM vorgenommen (IM C1) [5]. Dabei wurden beide in *Abs. 1* beschriebenen Aufbereitungsverfahren erprobt.

Die Ermittlung und Bewertung der energetischen und umweltrelevanten Faktoren für den Rückbau (IM C1) und die Aufbereitung (IM C3) werden zusammengefasst in *Abs. 7* dargestellt.

Abb. 6.3 Experimentelle Arbeiten zum Abbruch von LSM mit Abbruchmaterial

6.2.1 Abbruch LSM

Abb. 6.3 zeigt links den Versuchsstand mit einem 80 cm langen I-Träger als Pendel zum Eintrag der Abbruchkraft, rechts das LSM-Abbruchmaterial, das anschließend mit einer Prallmühle zu rieselfähigem Lehm-Rezyklat aufbereitet wurde. In der Mitte sind unbeschädigt rückgewonnene, wiederverwendbare LS dargestellt.

Die Modellrechnung zum Abbruch von LSM basiert auf Leistungsdaten eines branchentypischen Abrissbaggers und wird in *Abs. 7* dargestellt.

6.2.2 Abriss LPM

Im gleichen Projekt wurde geprüft, ob/wie sich auf den Putzgrund aufgetragener LPM wiedergewinnen lässt [5, 6]. Ziel war die Prüfung der bautechnischen Eigenschaften von Recycling-LPM im Vergleich zum Ausgangs-LPM. Dazu wurde Ausgangs-LPM auf eine handelsübliche Lehmplatte aufgetragen und mit Jutefaser-Gewebe bewehrt. Nach Erhärtung wurde er mit dem Gewebe abgezogen und die LPM-Bruchschollen geborgen (Abb. 6.4) und weiterverwertet.

Der manuell ausgeführte Abriss des LPM vom Putzgrund bleibt in der Modellrechnung unberücksichtigt.

Abb. 6.4 Abziehen des erhärteten, faserbewehrten Ausgangs-LPM von der Plattenoberfläche

Literatur

1. Gesetz zur Förderung der Kreislaufwirtschaft und Sicherung der umweltverträglichen Bewirtschaftung von Abfällen (Kreislaufwirtschaftsgesetz – KrWG) (Neufassung 24.02.2012, letzte Änderung 29.10.2020)
2. Deutscher Abbruchverband e. V.: *Abbrucharbeiten – Grundlagen, Vorbereitung, Durchführung.* Köln: Verlag R. Müller, 2015, 3. überarb. u. erweit. Aufl.
3. Müller, A.: *Baustoffrecycling Quo vadis.* In: Zohlen, F.; Pistol. K. (Hrsg.): *Baustoffrecycling & Lehmbaustoffe. Perspektiven für eine Kreislaufwirtschaft im Bauwesen.* Springer Vieweg, Wiesbaden 2024
4. Klinge, A.; Mönig, J.: *upMIN100: upcycling mineralischer Bau- und Abbruchabfälle zur Substitution natürlicher Gesteinskörnungen in Lehmbaustoffen.* LEHM 2024. 9. Internat. Fachtagung f. Lehmbau. Beitrag USB-Stick, Weimar 2024
5. Pistol, K.; George, J. Dawod, B.: *Experimentelle Untersuchungen zum Rückbau und Recycling von Lehmbaustoffen.* In: Zohlen, F.; Pistol. K. (Hrsg.): *Baustoffrecycling & Lehmbaustoffe. Perspektiven für eine Kreislaufwirtschaft im Bauwesen.* Springer Vieweg, Wiesbaden 2024
6. Schroeder, H.; Lemke, M.: *Ökologische Bilanzierungen für Lehmbaustoffe.* In: Mauerwerk Kalender 2020 (Hrsg. W. Jäger), S. 39–62, W. Ernst & Sohn, Berlin 2020

Recycling 7

In ihrer Rede vor dem EU-Parlament im September 2020 zur Etablierung einer vollständigen Kreislaufwirtschaft in der EU betonte die EU-Ratspräsidentin v. d. Leyen die besondere Rolle des Bauwesens: 2017 betrug das Bruttoabfallaufkommen in Deutschland 412 Mio. t, davon 220,3 Mio. t (=53,4 %) Bau- und Abbruchabfälle [1]. Von den Bau- und Abbruchabfällen bildete die Kategorie „Bodenaushub" mit 85 % den weitaus größten Anteil, darunter auch Lehmaushub (früher „Grubenlehm") als eine der in Abb. 2.1 genannten vier Baulehmkategorien.

Andererseits entfielen von den weltweit im Bausektor entstehenden 12 Gt $CO_{2equiv.}$ 18 % oder 2,16 Gt $CO_{2equiv.}$ auf die Treibhausgasemissionen aus der Bereitstellung von Zement und Stahl. Die zuständige UN-Arbeitsgruppe im Intergovernmental Panel on Climate Change (IPCC) empfiehlt u. a. die Rückgewinnung und längere Nutzungsdauer von Baumaterialien (sufficiency concept) [2].

In dieses Konzept zur Reduktion der Treibhausgasemissionen und des Abfallaufkommens im Bauwesen passen die spezifischen Recyclingeigenschaften der Lehmbaustoffe.

7.1 Kreislaufwirtschaft (Lehm)bau

Angesichts dieses gigantischen Abfallberges bemängelte v. d. Leyen fehlenden Ideenreichtum für eine wirtschaftliche Nutzung anstatt zu deponieren. Nach wie vor dominiert in Deutschland das lineare Wirtschafts- und Denkschema: Rohstoffe werden aus natürlichen Kreisläufen entnommen, daraus hergestellte (Bau)produkte verbraucht und anschließend entsorgt. Dieser lineare Ansatz hat tiefgreifende Konsequenzen für unsere Erde: Die noch bestehenden Ökosysteme Sand, Kies, (Lehm), Kalk, Gips werden bald nicht mehr auf technisch, ökologisch und ökonomisch vertretbare Weise aus natürlichen Quellen zu gewinnen sein. Im Gegensatz zu diesem linearen Konzept der Rohstoffzerstörung steht das von v. d. Leyen eingeforderte Ziel, in geschlossenen, intelligent geplanten und mit Voraussicht entworfenen Materialkreisläufen zu agieren. Dabei werden zwei Herausforderungen gesehen [1]:

1. Aus diesem anthropogenen Materiallager müssen Baustoffe einer neuen Generation entwickelt werden: ökologisch nicht schädlich, technisch sortenrein, ökonomisch attraktiv.
2. Neubewertung etablierter Denkmuster „Neuware – Recyclingware (= second hand)".

Als Lösungsweg für diese Herausforderungen wird die Sortenreinheit der eingesetzten Materialien so-wie der Einsatz einfach lösbarer Verbindungstechniken gesehen. Für Lehmbaustoffe sind feste Verbindungen mit anderen Materialien mechanisch oder durch Replastifizierung leicht zu lösen.

Sortenreine Baustoffe besitzen gleiche Werkstoffeigenschaften, auch wenn sie sich als Mischform homogen verteilter Ausgangsstoffe darstellen (Lehmbaustoffe, Tab. 7.1). *Verbundbaustoffe* bestehen aus zwei oder mehreren Ausgangsmaterialien mit unterschiedlichen Werkstoffeigenschaften, die durch Stoffschluss miteinander verbunden sind. Sortenreine Materialien sind nicht gemischt, laminiert, eloxiert, beschichtet oder anderweitig mit diesen weiteren Materialien unterschiedlicher Werkstoffeigenschaften verbunden [1].

Lehmbaustoffe bestehen aus sortenreinen Mischungen aus Lehm (mit Tonmineralien als wasserlöslichem Bindemittel), Sand und organischen Faserzusätzen. Lehm-Rezyklat ist sortenrein rückgewonnener, zerkleinerter Recyclinglehm, der nach Eingangsprüfung als Baulehm für die Herstellung neuer Lehmbaustoffe nach DIN 18945–18948 wiederverwertet wird (Tab. 2.1) und damit primäre Ausgangsstoffe ersetzen kann.

In Tab. 7.1 zeigt Beispiele der Zusammensetzung von Masseanteilen der Ausgangsstoffe der im DVL-Projekt „UPD" Lehm1.2 [3] analysierten vier Lehm-Produktkategorien, die sich innerhalb der Rezepturen gemäß DIN 18945–18948 bewegen.

Tab. 7.1 Rezepturen für Ausgangsstoffe zur Herstellung von Lehmbaustoffen nach

Nr	Ausgangsstoff	Lehmsteine LS		Lehmmauermörtel LMM		Lehmputzmörtel	Lehmplatten
1	M.-%	LS AK Ia	LS AK Ib u. II	LMM „leicht"	LMM „schwer"	LPM	LP
2	Baulehm	70	100	72	43	43	84
3	Sand	20		20	57	57	7
4	Pflanzl. Zusätze					<1	<1
5	Holzspäne	10		8			8

7.2 Recycling Lehmbaustoffe

Der Lehmbau ist gerade dabei, sich im Bereich der Kreislaufwirtschaft neue Tätigkeitsfelder in der Forschung, der Verfahrenstechnik, der Betriebs- und Abfallwirtschaft sowie im Recycling zu er-schließen. Fachgebiete, die im Lehmbau bisher wenig Beachtung fanden.

Allgemein versteht man unter *Recycling* die erneute Verwendung/Verwertung von Produkten sowie Werkstoffen in Form von Kreisläufen [4, 5]. Dabei wird *Verwendung* als erneute Nutzung von gebrauchten Produkten für denselben (Wiederverwendung) oder einen anderen (Weiterverwendung) Zweck wie zuvor unter Nutzung ihrer ursprünglichen Gestalt bezeichnet (Abb. 7.1).

Im Bauwesen unterscheidet man Produkt- und Materialrecycling mit Beibehaltung bzw. Auflösung der Produktgestalt [6]. Geformte Lehmbaustoffe (LS, LP) können sowohl Produkt- als auch Materialrecycling, ungeformte Lehmbaustoffe (STL, WL, LPM, LMM) dagegen nur Materialrecycling erfahren.

Verwertung kann man allgemein in thermische und stoffliche untergliedern. Nach [6, 7] bezeichnet *stoffliche* Verwertung die Substitution von Rohstoffen durch das Gewinnen von Rohstoffen aus Abfällen (Sekundärrohstoffe) für den ursprünglichen Zweck oder für andere Zwecke. Organische Zusatzstoffe (Holzhackschnitzel, Pflanzenfasern) in der Lehmmasse, die *thermisch* verwertet werden könnten, verbleiben mit dem gespeicherten

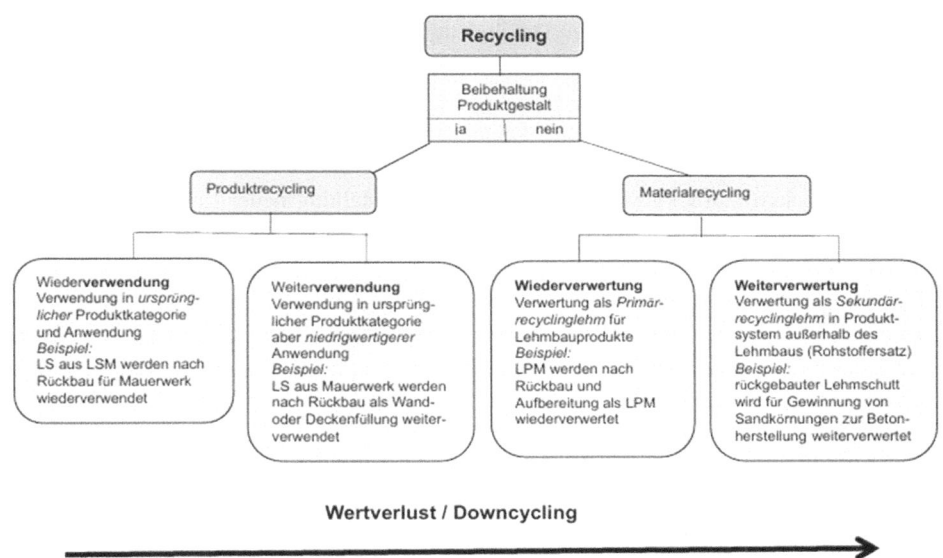

Abb. 7.1 Begriff Recycling

Abb. 7.2 Wiederverwertung von rückgewonnenem Lehmputz im privaten Hausbau als LPM

CO_2 im Baustoffkreislauf und können dadurch in der Bilanzierung zu „negativen" GWP-Werten führen. Die ursprüngliche Produktgestalt wird aufgelöst, um die Sekundärstoffe einem neuen Formgebungsprozess zuführen zu können.

Abb. 7.1 zeigt eine auf den Baustoff Lehm angewandte Definition des Begriffes „Recycling", mit der Prozessmodule in einer Ökobilanz nach DIN EN 15804 den entsprechenden Informationsmodulen IM eindeutig zugeordnet werden können [8]. Lehmbaustoffhersteller konnten dadurch für ihre Produkte bereits günstigere Bilanzierungen erreichen.

Recycling von Lehmbaustoffen ist keine Erfindung der Neuzeit. Schon seit Menschengedenken werden diese vor allem im privaten Bereich aus zerstörten/abgerissenen Gebäuden (trocken) zurückgewonnen und für die Herstellung neuer Lehmbaustoffe wiederverwertet. Abb. 7.2 zeigt eingeweichten, rückgewonnenen LPM, der als „neuer" LPM wiederverwertet wird, als alltägliches Szenario [8].

Recycling von Lehmbaustoffen öffnet sich inzwischen auch für den „Import" von Sekundärstoffen aus anderen mineralischen Baustoffkreisläufen, z. B. für rezyklierte Gesteinskörnungen aus Ziegel-, Kalksandstein- und Betonbruch als Zusatzstoff für den Baulehm (*Abs. 2.2.7*).

7.3 Experimentelle Untersuchungen zum Rückgewinnungspotenzial

DIN EN 15804 fordert verpflichtende Angaben zum Rückgewinnungspotenzial IM D. Diese Angaben können nur hypothetischer Natur sein, denn es ist nicht möglich vorauszusagen, was am Lebensende eines Gebäudes (EoL) wirklich mit dem Bauschutt geschieht. Diese Forderung verpflichtet aber die Bauwerksplaner, im Sinne des Kreislaufwirtschaftsgesetzes KrWG [4] bereits im Planungsprozess des Gebäudes für dessen Abbruch und die Wiederverwertung der rückgewonnenen Baustoffe praktikable Lösungen vorzuschlagen. Das Ziel ist, Primärstoffe für die Herstellung von Lehmbauprodukten durch Recyclinglehm/Lehm-Rezyklat zu ersetzen und damit natürliche Ressourcen zu schonen.

Das Rückgewinnungspotenzial IM D beschreibt praktisch mögliche Szenarien zur Rückgewinnung von Lehmbausubstanz nach dem Gebäudeabbruch. Für diese fiktiven Szenarien werden im DVL-Projekt „UPD Lehm.1/2" [3] Ökobilanzen nach DIN EN 15804 mit den Leitparametern Primärenergieinput PEI und Treibhausgasausstoß GWP für die Produktkategorien Lehmputzmörtel LPM, Lehmplatten LP und Lehmsteinmauerwerk LSM/LS berechnet und bewertet. Dabei werden die In- und Outputs der Primärproduktion der Lehmbaustoffe (IM A1–A3) mit denen des Recyclinglehms/Lehm-Rezyklats (C1–C3) verglichen und dargestellt. Die Ökobilanzen umfassen die Bauproduktenebene.

Rückgebaute Lehmbaustoffe können als Recyclinglehm sowohl trocken als auch nass aufbereitet im Stoffkreislauf gehalten werden und dadurch primären Lehmaushub und andere primäre Ausgangsstoffe für die Herstellung von neuen Lehmbauprodukten ersetzen. Die Aufbereitung von Lehmbaustoffen nach DIN 18945–48 sowie DIN 18940 umfasst dabei i. d. R. eine Zerkleinerung zu Lehm-Rezyklat. Die Aufbereitung von LS nach DIN 18945 kann auch eine Sortierung oder die Abtrennung anhaftender Mörtelreste beinhalten.

Im Rahmen des Projektes [3] wurden an der FH Potsdam erstmals experimentelle Untersuchungen zum Abbruch von Lehmbaustoffen und zur Aufbereitung des Lehmabbruchs zu Lehm-Rezyklat durchgeführt. Dabei wurde nachgewiesen, dass aus Lehm-Rezyklat hergestellte Baustoffe und primäre Lehmbaustoffe nahezu gleiche bautechnische Eigenschaften aufweisen [9, 10]. Lehm-Rezyklat aus LSM kann z. B. für die Herstellung von „neuen" LS oder LMM wiederverwertet werden. Lehm-Rezyklat kann aus allen Lehmbaustoffen nach DIN 18945–48 hergestellt und für die Produktion neuer Lehmbaustoffe, unabhängig von der Produktkategorie, verwendet werden. Im Sinne von *Abs. 7.1* ist Lehm-Rezyklat ein sortenreiner Lehm-Sekundärbaustoff.

Das erweitert den Lehmbau als bisher reines Baugewerbe um einen Bereich des Recyclings: der Herstellung von Lehm-Rezyklat, mit dem primärer Lehmaushub ersetzt werden kann. Anders als bei Rezyklaten aus Ziegel- und Betonbruch ist im Lehm-Rezyklat das Bindemittel für die Formgebung, die Tonminerale, bereits enthalten. Durch Wasserzugabe können diese reaktiviert und das replastifizierte Gemisch neuen Formgebungsprozessen zugeführt werden.

7.4 Abbruch- und Aufbereitungsverfahren

Die Bewertung der an der FH Potsdam durchgeführten und in *Abs. 6* beschriebenen Ergebnisse des experimentellen Abbruches von Bauteilen aus Lehmbaustoffen [10] sowie ihrer Aufbereitung und Wiederverwertung zu neuen Lehmbaustoffen wurde nach DIN EN 15804 in den IM *C1, C3* und D dargestellt.

In *Abs. 7.4.1* werden die energetischen und umweltrelevanten Inputfaktoren für den Abbruch von Lehmbauteilen (IM *C1*) und die Aufbereitung zu Rezyklaten (IM *C3*) ermittelt/bewertet, gefolgt von den Umweltwirkungs- (*Abs. 7.4.2*) und Outputfaktoren (*Abs. 7.4.3*). In *Abs. 7.5* werden der Energieaufwand PEI (MJ/kg Abbruch) und die resultierenden Treibhausgasemissionen GWP ($CO_{2equiv.}$/kg Abbruch) für die IM *C1* und IM *C3* in Beziehung zu den Rückgewinnungspotenzialen gesetzt. Der Netto-Effekt der Rückgewinnung von Lehmbaustoffen sollte in jedem Fall positiv sein.

7.4.1 Inputfaktoren Abbruch IM C1 u. Aufbereitung IM C3

Die *Inputfaktoren* für den Gebäudeabbruch/Abbruch von Gebäudeteilen basieren auf den Leistungsdaten eines branchentypischen Abrissbaggers mit einem Dieselverbrauch von 0,16 l (7,65 kg)/h bei einer Abbruchleistung von 50 m^3 LSM/h [11]. Der manuelle Rückbau/Demontage von Bauteilen wird nicht quantifiziert (*Abs. 6*).

Die Aufbereitung des rückgewonnenen Abbruchmaterials *(IM C3)* wird nach zwei Verfahren analysiert. Ein *erstes* Verfahren ist das „Einsumpfen" des trocken rückgewonnenen Abbruchmaterials *(Nassverfahren)* zur Wiederverwertung im Werk oder auf der Baustelle.

Ein *zweites* Verfahren ist die mechanische, maschinelle Zerkleinerung des Abbruchmaterials *(Trockenverfahren)* zu Lehm-Rezyklat. Für die umweltbilanzielle Quantifizierung der Verfahren eignen sich die Leistungsdaten für das Baustoffrecycling typischer Prallbrecheranlagen. Ausgewählt wurde ein für das Baustoffrecycling typischer Prallbrecher mit geschätzten 0,27 l/t Dieselverbrauch einschl. Stromgenerator (ca. 0,001 MJ/kg LSM) [12].

Die Aufbereitung des Abbruchmaterials erfolgte für beide Verfahren unter Laborbedingungen [13]. Damit wurde die prinzipielle Realisierbarkeit der Aufbereitung nach beiden Verfahren erstmals systematisch nachgewiesen. Ein Nachweis unter realen, vor allem betriebswirtschaftlichen Bedingungen der Abfallwirtschaft muss noch folgen.

Die Inputfaktoren für den maschinellen Abbruch von Lehmbauteilen (IM C1) und die Aufbereitung des Abbruchmaterials zu Lehm-Rezyklat (IM C3) werden nach DIN EN 15942 in Tab. 7.2 dargestellt.

Der manuelle Rückbau/die Demontage (IM C1) konnte auch für LPM und LP experimentell durchgeführt werden [10]. Dieses Rückgewinnungsverfahren eignet sich für Baustellensituationen bei Umbauten, Renovierungen und Sanierungen.

7.4 Abbruch- und Aufbereitungsverfahren

Tab. 7.2 Abbruch Lehmbauteile IM C1 u. Aufbereitung zu Lehm-Rezyklat, IM C3, Inputfaktoren

Abbruch (C1) und Aufbereitung (C3) von Lehmbaustoffen								
Funktionale Einheit kg		Parameter	PERE	PERM	PERT	PENRE	PENRM	PENRT	FW
		IM / Einheit	MJ H_u	MJ H_u	MJ H_u	MJ H_u	MJ H_u	MJ H_u	m^3
Entsorgungsstadium	Demontage, manuell	C1	0,00E+00	0,00E+00	0,00E+00	0,00E+00	0,00E+00	0,00E+00	0,00E+00
	Abbruch, Abriss	C1	2,18E-05	0,00E+00	2,18E-05	3,32E-03	0,00E+00	3,32E-03	1,56E-08
	Aufbereitung, Nassverfahren	C3	0,00E+00	0,00E+00	0,00E+00	0,00E+00	0,00E+00	0,00E+00	0,00E+00
	Aufbereitung, Trockenverfahren	C3	1,25E-05	0,00E+00	1,25E-05	1,91E-03	0,00E+00	1,91E-03	8,97E-09

Der maschinelle Abbruch von Bauteilen oder ein kompletter Gebäudeabbruch (IM C1) erfolgt mit speziellen Abrissbaggern. Deren Energieverbrauch (Diesel) beträgt nach Leistungsdaten für typische Maschinen durchschnittlich 3,34E-03 MJ/kg Abbruchmaterial. Die regenerativen (PERT) und nicht regenerativen (PENRT) Primärenergieeinträge des *Trockenverfahrens* zur Aufbereitung von Abbruchmaterial (IM C3) resultieren aus der Prozesskette zur Bereitstellung des Diesels. Ebenso ist der Frischwassereinsatz FW auf die Dieselbereitstellung zurückzuführen. Die Anlagen arbeiten ohne Wasserzufuhr.

Der gesamte Energieinput des Trockenverfahrens zur Aufbereitung von Abbruchmaterial (IM C3) aus Lehmbauteilen summiert sich auf 1,98E-03 MJ/kg Abbruchmaterial. Für das *Nassverfahren* zur Aufbereitung des Abbruchmaterials (IM C3) lassen sich Energieverbräuche nicht sinnvoll allgemein quantifizieren. Das Einsumpfen in Wasser erfordert Frischwasserinput (FW) als Anmachwasser zur Herstellung einer verarbeitungsfähigen Konsistenz der Lehmmasse. Nach Experimenten an der FH Potsdam wird der Verbrauch auf 0,18 l bzw. 1,80E-04 m^3 pro kg Abbruchmaterial geschätzt [10].

7.4.2 Umweltwirkungsfaktoren Abbruch IM C1 u. Aufbereitung IM C3

Die Umweltwirkungsfaktoren für den Abbruch von Lehmbauteilen IM C1 und die Aufbereitung des Abbruchmaterials zu Lehm-Rezyklat IM C3 werden nach DIN EN 15942 in Tab. 7.3 dargestellt.

Für den manuellen Rückbau und die Demontage von Bauteilen in IM C1 und für das Nassverfahren zur Aufbereitung von Lehmabbruch können Umweltwirkungsfaktoren nicht sinnvoll und allgemein quantifiziert werden.

Die Umweltwirkungsfaktoren für den maschinellen Abbruch (IM C1) und für die trockene Aufbereitung (IM C3) ergeben sich aus dem unterstellten Dieselverbrauch von Abrissbaggern bzw. industrieller Prallbrecheranlagen für mineralische Baustoffabfälle.

Die Hauptfaktoren für den maschinellen Abbruch in IM C1 sind das GWP aus Verbrennung von Diesel mit 3,24E-05 kg $CO_{2equiv.}$/kg Abbruchmaterial und der entsprechende

Tab. 7.3 Abbruch Lehmbauteile IM C1 u. Aufbereitung zu Lehm-Rezyklat IM C3, Umweltwirkungsfaktoren

Funktionale Einheit kg		Parameter	GWP total	GWP biogenic	GWP luluc	GWP fossil	ODP	POCP	AP	EP-terr.	EP-freshwater	EP-marine	WDP	ADPE	ADPF
		IM / Einheit	kg CO_2 eq.	kg CO_2 eq.	kg CO_2 eq.	kg CO_2 eq.	kg CFC-11 eq.	kg NMVOC eq.	Mole of H+ eq.	Mole of N eq.	kg P eq.	kg N eq.	m³ world eq.	kg Sb eq.	MJ H_u eq.
Entsorgungs-stadium	Demontage, manuell	C1	0,00E+00	0,00E+00	0,00E+00	0,00E+00	0,00E+00	0,00E+00	0,00E+00	0,00E+00	0,00E+00	0,00E+00	0,00E+00	0,00E+00	0,00E+00
	Abbruch, Abriss	C1	3,24E-05	3,85E-07	5,22E-09	3,20E-05	4,03E-14	8,19E-08	9,24E-08	1,87E-07	5,00E-08	1,71E-08	2,55E-07	2,64E-09	3,32E-03
	Aufbereitung, Nassverfahren	C3	0,00E+00	0,00E+00	0,00E+00	0,00E+00	0,00E+00	0,00E+00	0,00E+00	0,00E+00	0,00E+00	0,00E+00	0,00E+00	0,00E+00	0,00E+00
	Aufbereitung, Trockenverfahren	C3	1,86E-05	2,21E-07	3,00E-09	1,84E-05	2,31E-14	4,70E-08	5,31E-08	1,07E-07	2,87E-08	9,80E-09	1,46E-07	1,52E-09	1,91E-03

Verbrauch fossiler Ressourcen ADPF (MJ) von der „Quelle bis zum Tank" mit 3,32E-03 $MJ_{Huequiv}$.

Der Dieselverbrauch für typische Prallbrecher zur Aufbereitung von Abbruchmaterial in IM C3 beträgt 0,23 kg Diesel/t Abbruchmaterial. Bezogen auf 1 kg Abbruchmaterial ergibt sich daraus ein GWP_{total} in Höhe von 1,86E-05 kg $CO_{2equiv.}$/kg Aufbereitungsmaterial.

Die Szenarien zur Rückgewinnung (*Abs. 7.5*) gehen aus von einer Wiederverwertung rückgewonnener Lehmbaustoffe. Eine Deponierung ist nicht vorgesehen. Nach DIN EN 15804, *Abs. C.2.4* müssen biogene CO_2-Gutschriften beim Übergang in nachfolgende Produktsysteme als + kg $CO_{2equiv.}$ in der Umweltbilanz gegengebucht werden. In den UPD wird diese Gegenbuchung als $GWP_{biogenic}$ der Abfallaufbereitung in IM C3 mit positivem Wert in $GWP_{biogenic}$ vorgenommen, wenn eine Deponierung (IM C4) nicht deklariert wird.

Beispielsweise beträgt das biogene $CO_{2equiv.}$ bei LPM mit pflanzlichen Zusätzen je nach Masseanteilen zwischen 1,07E-02 kg $CO_{2biogen.equiv.}$/kg LPM und 2,15 kg $CO_{2biogen.equiv.}$/kg LPM. Bei der trockenen Aufbereitung (IM C3) und nachfolgenden Wiederverwertung verbleibt das gebundene biogene CO_2 im Kreislauf und wird nicht wieder freigesetzt. Die Normvorschrift widerspricht an dieser Stelle dem geschlossenen Kreislauf des LPM-Recyclings. In Tab. 7.3 wird diese normativ geforderte Gegenbuchung deshalb ausgeklammert, um die tatsächliche Umweltwirkung der Aufbereitung rückgewonnener Lehmbaustoffe für die Ermittlung des Nettoeffektes der Rückgewinnungsszenarien zu verdeutlichen.

7.4.3 Outputfaktoren Abbruch IM C1 u. Aufbereitung IM C3

Die Outputfaktoren für den Rückbau (IM C1) und die Aufbereitung (IM C3) von Lehmbaustoffen werden nach DIN EN 15942 in Tab. 7.4 dargestellt.

Der jeweilige Dieselverbrauch verursacht über die gesamte Kette von der Bereitstellung bis zur Verbrennung 6,85E-09 kg Abfälle/kg Abbruchmaterial in IM C1 (maschinell). Das

7.5 Rückgewinnung Lehmbaustoffe

Tab. 7.4 Abbruch Lehmbauteile IM C1 u. Aufbereitung zu Lehm-Rezyklat IM C3, Outputfaktoren

Funktionale Einheit kg		Parameter	Abbruch (C1) und Aufbereitung (C3) von Lehmbaustoffen							
			HWD	NHWD	RWD	CRU	MFR	MER	EEE	EET
		IM / Einheit	kg	kg	kg	kg	kg	kg	MJ	MJ
Entsorgungsstadium	Demontage, manuell	C1	0,00E+00	0,00E+00	0,00E+00	0,00E+00	1,00E+00	0,00E+00	0,00E+00	0,00E+00
	Abbruch, Abriss	C1	5,54E-12	3,79E-09	3,05E-09	0,00E+00	1,00E+00	0,00E+00	0,00E+00	0,00E+00
	Aufbereitung, Nassverfahren	C3	0,00E+00	0,00E+00	0,00E+00	9,50E-01	0,00E+00	0,00E+00	0,00E+00	0,00E+00
	Aufbereitung, Trockenverfahren	C3	3,18E-12	2,08E-07	1,75E-09	9,50E-01	0,00E+00	0,00E+00	0,00E+00	0,00E+00

trockene Aufbereitungsverfahren verursacht 9,43E-08 kg Abfälle/kg Abbruchmaterial. Der maschinelle Abbruch liefert 1 kg Abbruchmaterial (MFR). Am Ende des Aufbereitungsprozesses stehen 95 % (9,00E-01 kg) des Materialinputs als *Sekundärmaterial* für die nachfolgenden Rückgewinnungsszenarien in IM D (*Abs. 7.5*) zur Verfügung. Der angenommene Masseverlust nach Aufbereitung IM (C3) beträgt 5 M.-% der rückgewonnenen Abbruchmasse aus IM C1.

7.5 Rückgewinnung Lehmbaustoffe

Rückgebaute Lehmbaustoffe können sowohl *trocken* als auch *nass* aufbereitet im Stoffkreislauf gehalten werden und dadurch primären Lehmaushub sowie andere primäre Ausgangsstoffe für die Herstellung von neuen Lehmbauprodukten ersetzen. Alle experimentellen Arbeiten zur Rückgewinnung von Lehmbaustoffen wurden an der FH Potsdam durchgeführt [9, 10, 13].

7.5.1 Lehmputzmörtel LPM

Die rückgewonnenen LPM ermöglichen drei Szenarien der Wiederverwertung in den *IM D1–D3*:

IM D1: Wiederverwertung des rückgewonnenen Abbruchmaterials für *neue, ungetrocknete LPM 01* durch Einsumpfen/Mauken (Nassverfahren). Die Substitution von primären Ausgangsstoffen bildet das Rückgewinnungspotenzial dieses Szenarios (Abb. 7.3).

IM D2: Wiederverwertung des rückgewonnenen Abbruchmaterials für *neue, trockene LPM 02*. In diesem Szenario ersetzen die trocken rückgewonnenen Sekundärstoffe nicht nur die primären Ausgangsstoffe (wie IM D1), sondern auch die Energie für die sonst erforderliche Nachtrocknung erdfeuchter LPM (Abb. 7.4).

Abb. 7.3 Nasse Aufbereitung: Rückgebaute LPM-Bruchschollen/nach „Einsumpfen"

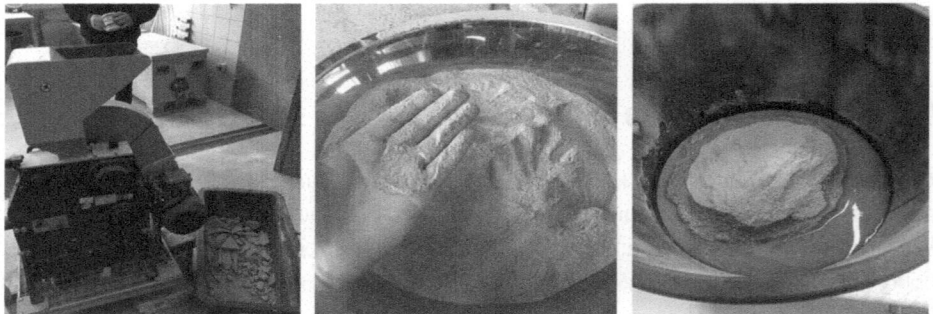

Abb. 7.4 Trockene Aufbereitung von LPM-Bruchschollen im Prallbrecher zu Lehm-Rezyklat und „neuem" LPM

IM D3: Wiederverwertung des trocken rückgewonnenen Abbruchmaterials als Sekundärstoff für *andere Lehmbauprodukte,* die im Trockendosierverfahren hergestellt werden. Das können auch neue LPM sein. Bei diesem Verwertungsszenario ersetzen die Bestandteile des Abbruchmaterials (überwiegend trockener Lehm und Sand) ansonsten technisch getrockneten Baulehm und Sand (Abb. 7.5).

Für die Berechnung der Szenarien D1–D3 wurden Durchschnittswerte für die Massenanteile von Baulehm (40 M.-%) und Sand (60 M.-%) nach LPM 01–LPM 04 sowie ein Masseverlust nach Aufbereitung von 5 M.-% für beide Komponenten angenommen.

7.5 Rückgewinnung Lehmbaustoffe

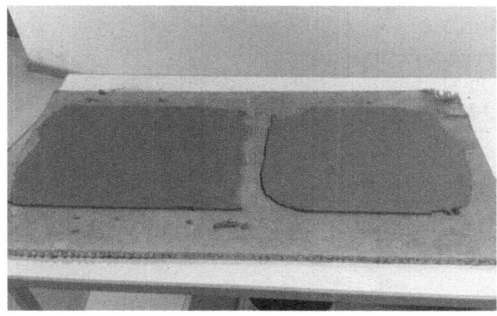

Abb. 7.5 Auftrag LPM aus Nassverfahren (li.) und Trockenverfahren (re.) auf LP

7.5.1.1 Experimentelle Arbeiten LPM

Ziel der experimentellen Arbeiten zur Rückgewinnung von LPM war die Prüfung der bautechnischen Eigenschaften des Recycling-LPM im Vergleich zum Ausgangs-LPM. Dazu wurde der Ausgangs-LPM auf eine handelsübliche Lehmplatte aufgetragen, mit Jutefaser-Gewebe bewehrt und nach Erhärtung mit dem Gewebe von der Platte abgezogen und die LPM-Bruchschollen geborgen (Abb. 6.5).

Die Ergebnisse der Arbeit zeigen die prinzipielle Möglichkeit der Rückgewinnung von LPM im Labormaßstab. Die rückgewonnenen LPM-Bruchschollen wurden für eine Wiederverwertung trocken zu Lehm-Rezyklat sowie nass aufbereitet und auf eine Prüf-LP aufgetragen (Abb. 7.3, 7.4 und 7.5). Zwischen dem Haftvermögen beider LPM konnte kein Unterschied festgestellt werden (Abb. 7.5).

Abb. 7.3 zeigt das „Einsumpfen" der manuell abgerissenen LPM-Bruchschollen (links) in ca. 0,18 l Wasser nach Herstellerangaben für den primären LPM. Der aufbereitete „neue" LPM nach Einsumpfen, Aufrühren und Mauken ist in verarbeitungsfähiger Konsistenz rechts dargestellt.

LPM-Bruchschollen können in Prallbrechern auch zu pulverförmigem Lehm-Rezyklat *trocken* aufbereitet und nach Wasserzusatz, Mauken und Aufrühren als „neue" sekundäre LPM wiederverwertet werden (Abb. 7.4).

Es gibt keinen Unterschied in der Verarbeitung nass (Abb. 7.3) oder trocken (Abb. 7.4) aufbereiteter LPM-Rezyklate bzgl. des Haftvermögens oder Rissbildung (Abb. 7.5).

Zur Ermittlung möglicher Unterschiede der Biegezugfestigkeiten der Lehm-Rezyklate wurden entsprechende Prüfungen an LPM-Mörtelprismen nach DIN 18947 durchgeführt (Abb. 7.6).

In Tab. 7.5 sind Prüfergebnisse zu den wichtigsten bautechnischen Eigenschaften für den LPM als Ausgangsmörtel und rückgewonnenem Recyclingbaustoff dargestellt. Die bautechnische Qualität des Recycling-LPM ist im Vergleich zum Ausgangs-LPM unverändert bzw. leicht verbessert. Damit ist erstmals der experimentelle Nachweis erbracht, dass der verarbeitete Ausgangs-LPM als Rezyklat unveränderte bautechnische Eigenschaften aufweist und wiederverwertet werden kann. Im Bereich des privaten/informellen Bauens ist diese Tatsache lange bekannt (Abb. 7.2).

Abb. 7.6 Biegezugfestigkeitsprüfung von Mörtelprismen aus LPM-Rezyklat

Tab. 7.5 Prüfergebnisse LPM, Ausgangs-/Recyclingbaustoff nass/trocken aufbereitet

	Ausgangsbaustoff			Recyclingbaustoff Nassverfahren			Recyclingbaustoff Trockenverfahren		
Nummern Druckprüfung	11/12	13/14	15/16	1/2	3/4	5/6	7/8	9/10	
Ausbreitmaß (mm)		165			180			190	
Schwindmaß (mm)	157,0	156,5	156,5	156,5	156,0	156,0	155,5	155,0	156,0
	40,0	40,0	40,0	39,5	39,0	39,0	39,0	39,5	39,0
	39,5	39,5	39,5	39,5	39,0	39,5	39,0	39,5	39,0
Mittelwert Längsänd. (mm)		156,7			156,2			155,5	
Gewicht (kg)	0,460	0,459	0,460	0,448	0,446	0,445	0,450	0,450	0,444
Rohdichte (kg/dm³)	1,86	1,86	1,86	1,83	1,88	1,85	1,91	1,86	1,87
Mittelwert (kg/dm³)		1,86			1,85			1,88	
Biegezugfestigkeit (N/mm²)	1,1	0,9	0,9	1,1	1,3	0,4	0,9	1,2	zerbrochen
Mittelwert (N/mm²)		1,0			1,0			1,0	zerbrochen
Druckfestigkeit (N/mm²)	3,3	3,0	2,8	3,3	3,0	3,1	3,1	3,2	zerbrochen
	3,1	3,0	3,1	3,0	3,4	3,2	3,2	3,2	zerbrochen
Mittelwert (N/mm²)		3,1			3,2			3,2	

Eine Prüfung des Rückgewinnungspotenzials für LPM unter betriebswirtschaftlichen/realen Bedingungen steht noch aus. Erst dann können Indikatoren für Ressourcenverbräuche und daraus erzeugten Umweltbelastungen ermittelt sowie eine Bewertung der Nachhaltigkeit durchgeführt werden. Es besteht entsprechender Forschungsbedarf.

7.5.1.2 Rückgewinnungspotenziale LPM

Tab. 7.6 konzentriert sich auf die beiden Kernindikatoren des Energieeinsatzes (PEI) und der Treibhausgaspotenziale (GWP) für die theoretische Rückgewinnung der LPM-Rezyklate im Rahmen der Ökobilanz.

7.5 Rückgewinnung Lehmbaustoffe

Tab. 7.6 LPM, Rückgewinnungsszenarien D1–D3

LPM nach DIN 18947 - Rückgewinnungsszenarien						
Funktionale Einheit kg		Parameter	PERT	PENRT	PEI = PERT + PENRT	GWP (Gesamt)
		IM/Einheit	MJ H_u	MJ H_u	MJ H_u	kg $CO_{2\,equiv.}$
Stadium	Prozesse					
Rückgewinnungspotenzial	Wiederverwertung für erdfeuchte LPM, Aufbereitung im Nassverfahren	D1	-8,83E-03	-3,15E-01	-3,24E-01	-2,61E-03
	Wiederverwertung für nachgetrocknete LPM, Aufbereitung im Trockenverfahren	D2	-1,38E-02	-9,75E-01	-9,89E-01	-1,26E-02
	Wiederverwertung für LPM im Trockendosierverfahren, Aufbereitung im Trockenverfahren	D3	-6,57E-02	-1,78E+00	-1,85E+00	-2,79E-02

Rückgewinnungsszenario D1 LPM

Das Szenario *D1* sieht den manuellen Abriss der LPM (Abb. 6.5) und eine Aufbereitung durch Einsumpfen im Werk vor. Die rückgebauten LPM werden als Ausgangsstoff für die Herstellung neuer LPM nach dem Erdfeuchtverfahren wiederverwertet. Die Rückgewinnungspotenziale (Tab. 7.6) werden mit negativem Vorzeichen bilanziert.

Die „sortenreinen" LPM werden nicht weiter in einzelne Komponenten separiert. Damit lassen sich die primären Ausgangsstoffe Lehmaushub und ungetrockneter Sand insgesamt substituieren. Da Sekundärlehmaushub nach PKR LPM dem Herkunftssystem zugeordnet wird, basiert die Berechnung der Rückgewinnung auf Daten für den Primärlehmaushub. Bei einem Aufbereitungsverlust von 5 M.-% spart die Substitution der Ausgangsstoffe 3,24E-01 MJ/kg LPM-Rezyklat und vermeidet 2,61E-03 kg $CO_{2equiv.}$/kg LPM-Rezyklat.

Rückgewinnungsszenario D2 LPM

Das Szenario *D2* geht aus von einem technischen Abriss der LPM mit Maschinen und einer mechanischen Aufbereitung durch Zerkleinern im Trockenverfahren (Abb. 7.4). Die rückgebauten LPM werden als Ausgangsstoff für die Herstellung neuer getrockneter LPM unter Auslassung der Nachtrocknung in Trommeltrocknern wiederverwertet. Die „sortenreinen" LPM werden nicht weiter in einzelne Komponenten separiert.

Damit lassen sich nicht nur die primären Ausgangsstoffe Lehmaushub und ungetrockneter Sand substituieren, sondern auch die Energie für die Nachtrocknung einsparen. Bei einem Aufbereitungsverlust von 5 M.-% spart die Substitution der Ausgangsstoffe und der Trocknungsenergie 9,89E-01 MJ/kg LPM-Rezyklat und vermeidet 1,26E-02 kg $CO_{2equiv.}$/kg LPM-Rezyklat.

Die potentiellen Substitutionseffekte des Rückgewinnungsszenario $D2$ öffnen Spielräume für technische Lösungen zur praktischen Umsetzung in Bezug auf die Logistik und den industriellen Verwertungsprozess.

Rückgewinnungsszenario D3 LPM
In Szenario $D3$ werden die Energieeinsparung und die Vermeidung von Treibhausgaspotenzialen bei einer Wiederverwertung von LPM-Rezyklat als Alternative für vorgetrocknete Ausgangsstoffe für andere Lehmbauprodukte berechnet, die im Trockendosierverfahren hergestellt werden. Die Trocknung und Aufbereitung zu pulverförmigem LPM-Rezyklat substituiert Trockenlehm und Trockensand. Die vorgelagerten Herstellungsprozesse für Trockenlehm und Trockensand benötigen Energieinput mit Erdgas, Diesel und Strom in Höhe von 1,69E + 00 MJ/kg. Das Treibhausgaspotenzial der beiden Komponenten beträgt zusammen 6,89E-02 kg $CO_{2equiv.}$/kg (Tab. 7.6).

Bei gleicher Zusammensetzung des LPM-Rezyklates wie in den Szenarien $D1$ u. $D2$ (60 M.-% Sand, 40 M.-% Baulehm) reduziert sich der PEI um 1,85E + 00 MJ/kg LPM-Rezyklat. Die Treibhausgasemissionen GWP sinken um 2,79E-02 kg $CO_{2equiv.}$/kg Lehm-Rezyklat. Dieses Rückgewinnungspotenzial in Szenario $D3$ errechnet sich aus der Substitution der vorgelagerten Prozesse für primär hergestellten Trockenlehm und primär hergestelltem Trockensand.

7.5.1.3 Perspektiven LPM

Ein- und mehrlagige LPM lassen sich vom jeweiligen Untergrund manuell lösen. Die experimentellen Untersuchungen und Laborprüfungen bewiesen die prinzipielle Möglichkeit einer Wiederverwertung von abgerissenen LPM für neue LPM ohne Qualitätsverluste hinsichtlich der bautechnischen Eigenschaften.

Ein gezielter Abriss von LPM macht nur in Ausnahmefällen Sinn. Interessant wird der Rückgewinnungsansatz für ganze Wandaufbauten. LPM können von unterschiedlichen Untergründen außer Lehmplatten, z. B. Gipsplatten, Beton, Kalkstein durch Abriss oder Wässerung der Bauteile gelöst werden. Das eröffnet zwei Rückgewinnungsoptionen: die Wiederverwertung von LPM wie gezeigt und die Separierung der anderen Materialien des jeweiligen Wandaufbaus für deren sortenreine Weiterverwertung.

7.5.2 Lehmplatten LP

Die Rückgewinnung der LP erfolgt manuell durch Demontage nicht nur beim Gebäudeabbruch, sondern auch bei Umbauten, Sanierungen und Renovierungen. Teilweise nehmen Hersteller demontierte LP zurück. LP bestehen überwiegend aus Baulehm. Im *Nassverfahren* lösen sich die Bestandteile der LP auf. Im *Trockenverfahren* werden die LP in Kugelmühlen pulverförmig aufbereitet. Der manuelle Abriss und das Einsumpfen lassen

7.5 Rückgewinnung Lehmbaustoffe

sich nicht sinnvoll in einer Ökobilanz quantifizieren, wohl aber das Trockenverfahren zur Aufbereitung von rückgebauten LP.

7.5.2.1 Experimentelle Arbeiten LP

Abb. 7.7 zeigt das Einsumpfen einer LP. Zuvor wurde das Armierungsgewebe der LP entfernt.

Abb. 7.8 stellt den Versuchsablauf zur Trockenaufbereitung dar. Für das Zermahlen in einer Labormühle mussten die LP zerstückelt oder in Streifen geschnitten werden.

Abb. 7.9 zeigt die geformten, in der Klimakammer getrockneten Prüfkörper aus LP-Rezyklat sowie die Biegezugprüfung.

Tab. 7.7 fasst die Messdaten zur Biegezugfestigkeit zusammen. Zielwert nach DIN 18948 ist eine Größe >0,85 N/mm^3. Es wird nach Aufbereitungsverfahren (nass/trocken) und Trocknungstemperatur (35–105 °C) unterschieden.

Es fällt auf, dass die Biegezugfestigkeit der im Trockenverfahren aufbereiteten LP-Rezyklate mit 1,70–1,94 N/mm^3 höhere Festigkeiten aufweisen als die im Nassverfahren aufbereiteten LP-Rezyklate mit 0,48–1,10 N/mm^3. Ansatzpunkte sind die

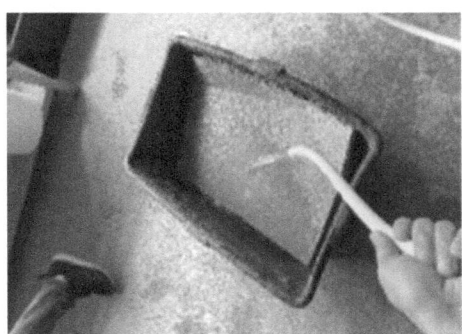

Abb. 7.7 Einsumpfen einer LP ohne Armierungsgewebe

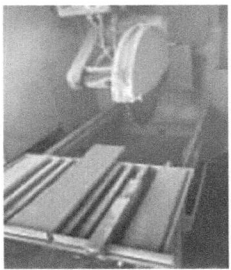
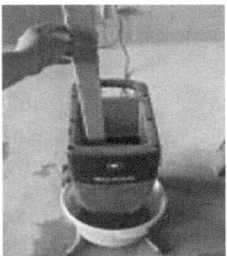

Abb. 7.8 Trockenverfahren mit maschineller Zerkleinerung der LP

Abb. 7.9 LP-Rezyklate nach Trocknung u. Biegezugfestigkeitsprüfung nach DIN 18948

Tab. 7.7 Prüfergebnisse LP, Ausgangs-/Recyclingbaustoff nass/trocken aufbereitet

Nr.	Temperatur	Verfahren	Probe	Biegezugfestigkeit [N/mm²]	Fmax [N]	DL bei Fmax	Dicke [mm]	Breite [mm]	Länge [mm]	Masse [g]	Rohdichte [g/cm³]
	35°C	Trocken	1	1,94	123,38	1,2	18	53	230	298,5	1,36
	35°C	Trocken	2	1,93	122,75	0,6	18	53	230	298,2	1,35
	35°C	Trocken	3	1,94	123,38	0,9	18	53	230	305,4	1,39
1	35°C	Trocken	35T-1	1,94	123,17	0,9	18	53	230	300,7	1,37
	35°C	Nass	1	1,05	64,26	1,6	18	51	230	235,3	1,11
	35°C	Nass	2	1,15	82,11	1,2	21	51	230	287,6	1,16
	35°C	Nass	3	1,09	62,78	1,1	18	48	230	261,9	1,38
2	35°C	Nass	35N-1	1,10	69,72	1,3	19	50	230	261,6	1,22
	50°C	Trocken	1	1,61	114,95	0,8	21	51	265	411,8	1,45
	50°C	Trocken	2	1,70	121,38	0,7	21	51	266	412,5	1,44
	50°C	Trocken	3	1,80	128,52	1,1	21	51	265	425,9	1,47
3	50°C	Trocken	50T-1	1,70	121,62	0,9	21	51	265	416,7	1,45
	50°C	Nass	1	0,48	34,13	0,7	21	51	270	274,7	0,96
	50°C	Nass	2	0,40	29,63	1,1	22	50	270	338,5	1,26
	50°C	Nass	3	0,55	34,90	1,0	21	45	272	307,9	1,07
4	50°C	Nass	50N-1	0,48	32,89	0,9	21	49	271	307,0	1,10
	105°C	Trocken	1	1,78	113,92	1,0	20	48	271	353,0	1,35
	105°C	Trocken	2	1,70	119,00	0,9	21	50	270	367,4	1,29
	105°C	Trocken	3	1,84	128,80	1,2	21	50	270	385,9	1,36
5	105°C	Trocken	105T-1	1,77	120,57	1,0	21	49	270	368,8	1,33
	105°C	Nass	1	0,78	57,20	0,6	22	50	275	371,5	1,22
	105°C	Nass	2	1,18	89,99	0,8	22	52	275	377,4	1,19
	105°C	Nass	3	1,20	88,00	1,0	22	50	276	377,5	1,24
6	105°C	Nass	105N-1	1,05	78,40	0,8	22	51	275	375,5	1,22

Trocknungsgeschwindigkeit, die Trocknungstemperaturen und das Verhalten der für die innere Armierung wichtigen Holzfasern bei verschiedenen Aufbereitungsverfahren (z. B. Durchmischung/Entmischung).

Insgesamt entsprechen die LP-Rezyklate hinsichtlich der Biegezugfestigkeit den Anforderungen an primäre LP.

7.5 Rückgewinnung Lehmbaustoffe

7.5.2.2 Rückgewinnungspotenziale LP

Die Berechnung der Rückgewinnungsszenarien stützt sich auf die Ökobilanzdaten werkseitig hergestellter LP. Anknüpfend an die experimentellen Untersuchungen zur Rückgewinnbarkeit von LP werden drei Szenarien im Kontext der Ökobilanzierung berechnet:

- Szenario *D1* geht aus von einer Wiederverwendung demontierter LP.
- Szenario *D2* substituiert die primären Ausgangsstoffe durch rückgewonnene, nass aufbereitete LP.
- Szenario *D3* beschreibt die Substitution von primären Trockenlehm durch rückgewonnene und trocken aufbereitete LP für die Herstellung anderer Lehmprodukte im Trockendosierverfahren.

Tab. 7.8 fasst die Energieeinsparpotenziale und Klimaentlastungseffekte der drei Szenarien zur Rückgewinnung zusammen.

Rückgewinnungsszenario D1, LP
Szenario D1 veranschaulicht die Rückgewinnungspotenziale unter der Annahme, dass bei einer Demontage von LP ein Verlust von 10 M.-% entsteht, der durch nachträgliche Reparatur ersetzt werden muss. Unter dieser Voraussetzung kann die Wiederverwendung einen großen Teil des sonst erforderlichen Energieinputs von ca. 5,770 MJ/m³ LP einsparen. Ohne den Trocknungsprozess und neue Ausgangsstoffe vermeidet die Wiederverwendung 114 kg $CO_{2equiv.}$/m³ LP.

Tab. 7.8 LP, Rückgewinnungsszenarien D1–D3

LP nach DIN 18948 - Rückgewinnungsszenarien							
Funktionale Einheit m³ (1450kg/m³)		Parameter	PERT	PENRT	PEI = PERT + PENRT	GWP (Gesamt)
		IM/Einheit	MJ H_u	MJ H_u	MJ H_u	kg $CO_{2\ equiv.}$
Stadium	Prozesse					
Rückgewinnungs-potenzial	Wiederverwendung nach Demontage, ohne Aufbereitung	D1	-2,00E+03	-3,77E+03	**-5,77E+03**	**-1,14E+02**
	Wiederverwertung der Ausgangsstoffe für neue LP, Aufbereitung im Nassverfahren	D2	-2,21E+03	-1,18E+03	**-3,39E+03**	**-3,34E+01**
	Wiederverwertung der Ausgangsstoffe für Trockendosierverfahren, Aufbereitung im Trockenverfahren	D3	-5,18E+01	-1,37E+03	**-1,42E+03**	**-9,30E+01**

Die Berechnung der Klimaentlastung (CO_2-Senke) durch Wiederverwendung klammert die CO_2-Gutschrift für Holz- und Pflanzenfasern in der LP-Mischung aus (-174 kg $CO_{2biogen.equiv.}/m^3$ LP). Das GWP_{gesamt} setzt sich zusammen aus dem GWP_{fossil} und dem GWP_{luluc} für die Ausgangsstoffe und den Herstellungsprozess [14]. Dadurch werden die tatsächlichen Vermeidungspotenziale ohne Verzerrung durch die rechnerische Gutschrift abgebildet.

Rückgewinnungsszenario D2, LP
Szenario *D2* knüpft an die parallel durchgeführten Untersuchungen zur Rückgewinnung „neuer" LP (IM *D1*) an, um die Rückgewinnungspotenziale quantifizieren zu können.

Die Rückgewinnungspotenziale zur Wiederverwertung für neue LP in IM *D2* ergeben sich aus der Substitution originärer Ausgangsstoffe durch rückgewonnene, aufbereitete Ausgangsstoffe. Das Pressverfahren setzt eine plastisch formbare Masse mit einer entsprechenden Arbeitsfeuchte voraus. Deshalb bietet sich hier das Nassverfahren zur Replastifizierung der trockenen LP an. Die dadurch eingesparten Prozessschritte zur Bereitstellung der Ausgangsstoffe (ohne Transporte) reduzieren den PEI um 630 MJ/m^3 LP. Bezogen auf die Wirkungskategorie GWP werden 25,2 kg $CO_{2equiv.}/m^3$ LP nach Szenario *D2* vermieden. Verglichen mit dem primären Herstellungsprozess in den IM *A1–A3* erbringt die Rückgewinnung der Ausgangsstoffe (IM *A1*) eine Energieeinsparung von 11 %, die Treibhausgasemissionen sinken um 8 % bei Wiederverwertung demontierter LP für die Herstellung neuer LP.

Die untersuchten LP bestehen bis zu 87 % aus Baulehm. Der Rest sind mineralische Zusätze, Pflanzenteile und Holzspäne. Die Entfernung etwaiger Armierungsgewebe ist Teil der manuellen Demontage und wird hier nicht weiter betrachtet. Die trockene Lehmfraktion der zerkleinerten LP hat das Potenzial, im Trockendosierverfahren nach Muster UPD-LPM [15] ansonsten künstlich zu trocknenden Baulehm oder Baulehm-/Sandgemische zu substituieren. Im Trockendosierverfahren entstehen z. B. LPM und farbige LPM. Sofern diese nicht vollständig durch trockene Separationstechniken (z. B. Windsichter) aussortiert wurden, ist die Beimengung von Pflanzenteilen und Holzspänen bei diesen LPM häufig Teil der Rezeptur und ein zulässiger Zusatz (DIN 18947). Die Wiederverwertung in einem anderen Herstellungsprozess bedingt entsprechende Eingangskontrollen und kann Anpassungen für spezifische Rezepturen der Trockendosierung von neuen Lehmbaustoffen erfordern.

Rückgewinnungsszenario D3, LP
Szenario *D3* zeigt die Umweltkennzahlen PEI und GWP bei einer Wiederverwertung des in einer LP enthaltenen Baulehms als Substitut für Trockenlehm. Die Substitution des Trockenlehms als Ausgangsstoff für trockene Lehmbaustoffe, z. B. LPM, durch wiederverwertete LP spart einen Primärenergieinput PEI in Höhe von 1,420 MJ/m^3 Alt-LP. Grund dafür ist die Vermeidung der originären Bereitstellung und notwendigen Trocknungsenergie für Baulehm. Der Substitutionseffekt nach IM *D3* vermeidet 93,0 kg $CO_{2equiv.}/m^3$

LP-Treibhausgasemissionen. Ursächlich dafür sind die PEI und GWP für originär bereitgestellten, künstlich getrockneten Baulehm. Bezogen auf 1 m³ LP mit 1425 kg würde die Herstellung dieser Masse Trockenlehm 867 MJ/ m³ verbrauchen und 109 kg $CO_{2equiv.}$/m³ verursachen.

7.5.2.3 Perspektiven LP

LP finden im Trockenbau als Wand- und Deckenbekleidung Anwendung. Abfallmengen, ob mit LPM oder getrennt, entstehen nicht nur bei komplettem Gebäudeabbruch, sondern vor allem bei Umbauten und Renovierungen (einschließlich Verschnitt) im Wohnungsbau, bei öffentlichen Gebäuden und in Gewerbebauten. Einige Hersteller, nicht nur aus dem Lehmbau, bieten bereits die Rücknahme demontierter Trockenbauplatten an. Die Kombination von Bauplatten mit LPM erleichtert dabei die Trennung des Materialverbundes Platte/Putz nicht nur innerhalb des Systems „Lehmbau".

7.5.3 Lehmsteinmauerwerk LSM

Abs. 7.5.3 beschreibt LSM als Verbund von LS und LMM. Eine isolierte Betrachtung der Rückgewinnung von LMM erscheint nicht sinnvoll, da eine Separierung von LMM und LS beim Recycling unter praktischen Bedingungen unrealistisch ist.

7.5.3.1 Experimentelle Arbeiten LSM

Der experimentelle LSM-Abbruch ist in *Abs. 6.2.1* beschrieben und in Abb. 6.4 dargestellt.

Ziel der experimentellen Arbeiten zur Rückgewinnung von Lehmbaustoffen aus LSM war die Prüfung der bautechnischen Eigenschaften der Recycling-LS und des Recycling-LMM im Vergleich zu werk-seitigen Primärbaustoffen. Dazu wurden Trockenrohdichte und Druckfestigkeit der wiederverwendbaren LS und der wiederverwerteten neuen LS- und LMM-Rezyklate ermittelt (Tab. 7.9 und 7.10).

Tab. 7.9 Trockenrohdichte u. Druckfestigkeit für LS, Szenario D1 (direkte Wiederverwendung)

Eigenschaft	Ausgangsstoff		Wiederverwendung	
Rohdichte [g/cm³]	1,78	1,76	1,76	1,72
	1,70	1,72	1,70	1,72
	1,78	1,64	1,74	1,75
	1,73		1,73	
			D1	
Druckfestigkeit [N/mm²]	3,2	3,0	3,9	3,7
	3,2	3,3	3,9	3,8
	3,2	3,4	3,6	3,8
	(3,2)		(3,8)	

Tab. 7.10 LS werkseitig u. aus LSM-Rezyklat, Trockenrohdichte u. Trockendruckfestigkeit bei Wiederverwertung, Szenario D2

Eigenschaft	Ausgangsstoff			Lehmsteine	
Rohdichte [g/cm³]	1,78	1,76		1,80	1,78
	1,70	1,72		1,77	1,75
	1,78	1,64		1,76	1,78
	1,73			1,77	
			D2		
Druckfestigkeit [N/mm²]	3,2	3,0		3,0	3,9
	3,2	3,3		3,4	3,0
	3,2	3,4		3,5	3,1
	3,2			3,3	

Zur Bestimmung der Druckfestigkeit rückgewonnener, unzerstörter LS nach Abbruch wurden LS zur Prüfung nach DIN 18945 halbiert und aufgemörtelt (Abb. 7.10).

Tab. 7.9 stellt die Ergebnisse der werkseitig hergestellten und der unzerstört rückgewonnenen LS/AK Ib gegenüber. Die Rohdichte entspricht im Mittel den Messreihen der werkseitig hergestellten LS. Die Druckfestigkeit liegt im Mittel mit 3,8 N/mm² um ca. 20 % höher als bei den werkseitigen LS. Eine Hypothese führt diesen Effekt auf die Verdichtung im Mauerwerksverbund vor Abbruch zurück.

Ein zweites Experiment sollte die Herstellung neuer Lehmsteinen aus Abbruchmaterial durchführen und die Ergebnisse im Baustofflabor prüfen. Abbruchmaterial aus LSM wurde eingesumpft, nach einer Maukzeit in Formkästen zu neuen LS gem. DIN 18945 geformt und 48 h bei 65 °C getrocknet (Abb. 7.11). Die aus dem LSM-Rezyklat hergestellten LS durchliefen die gleichen Druckfestigkeitstests wie in *Szenario D1* für wiederverwendbare unzerstörte LS.

Abb. 7.10
Druckfestigkeitsprüfung eines Prüfkörpers aus LS

7.5 Rückgewinnung Lehmbaustoffe

Abb. 7.11 Geformte u. getrocknete LS aus LSM-Rezyklat

Die Testreihen für die Wiederverwertung des unsortierten Abbruchmaterials aus LSM (Ausgangsstoff in Tab. 7.10) für neue LS zeigten, dass die bautechnischen Eigenschaften der aus diesem Rezyklat hergestellten LS nicht signifikant von denen der primären werkseitigen LS abweichen. Die Vorgaben nach DIN 18945 für die beiden untersuchten Parameter konnten eingehalten werden.

Das dritte Experiment sollte die Hypothese der Kreuzkompatibilität prüfen (*Abs. 2.2.8*). Mörtelprismen aus LSM-Rezyklat mit anhaftendem LMM wurden gem. DIN 18946 (LMM) hergestellt und die Einbaukonsistenz sowie die Schwindmaße geprüft (Abb. 7.12). Die Eignung der LSM-Mörtelprismen für eine Wiederverwertung als LMM konnte nachgewiesen werden. Die Testreihen zeigten im Vergleich keine signifikanten Abweichungen für die Prüfparameter Trockenrohdichte und Trockendruckfestigkeit zwischen den LMM-Rezyklaten (Mörtelprismen) und dem werkseitig hergestellten LMM (Ausgangsstoff) (Tab. 7.11).

Tab. 7.11 Trockenrohdichte u. Trockendruckfestigkeit für die Wiederverwertung von LSM-Abbruch als LMM-Rezyklat

Eigenschaft	Ausgangsstoff			Mörtelprismen	
Rohdichte [g/cm³]	1,78	1,76		1,68	
	1,70	1,72		1,70	
	1,78	1,64		1,67	
	1,73			1,68	
			D3		
Druckfestigkeit [N/mm²]	3,2	3,0		3,3	3,2
	3,2	3,3		3,4	3,3
	3,2	3,4		3,3	2,8
	3,2			3,2	

Abb. 7.12 Prüfung der Einbaukonsistenz (li.) und des Schwindmaßes der Mörtelprismen (re.)

Mit diesen drei Versuchsanordnungen an der FH Potsdam konnte erstmals experimentell die Rückgewinnbarkeit von Lehmsteinen aus LSM-Abbruch in verschiedenen Szenarien nachgewiesen werden. Diese Ergebnisse bilden die Grundlage für die Bewertung der Rückgewinnungspotenziale in der Ökobilanz.

7.5.3.2 Rückgewinnungspotenziale LSM

Die Darstellung eines Rückgewinnungspotenzials für LS aus LSM-Abbruch ist abhängig von der Entwicklung betriebswirtschaftlich sinnvoller, praxistauglicher Trenn- und Aufbereitungsverfahren. Voraussetzung für die Berechnung eines Rückgewinnungspotenzials im Rahmen einer Ökobilanz (IM D) ist die Festlegung unterschiedlicher Wiederverwendungs- und Wiederverwertungswege für LSM-Abbruchmaterial, die experimentell dargestellt werden müssen.

Die Szenarien zu Rückgewinnungspotenzialen in den Ökobilanzen der LS unterscheiden in den durchgeführten Experimenten weiterhin zwischen LS der Anwendungsklassen AK Ib bzw. II und LLS AK Ia nach DIN 18945. Die LS haben unterschiedliche Stoffzusammensetzungen und werden unterschiedlich getrocknet (Freilufttrocknung/technische Trocknung).

Für die Wiederverwendungs- und Wiederverwertungsversuche werden drei Rückgewinnungsszenarien berechnet und in Tab. 7.12 zusammenfassend dargestellt:

- Szenario *D1:* Wiederverwendung von sortenrein zurückgewonnen, unbeschädigten LS für neues LSM (Abb. 6.4.*m*),
- Szenario *D2:* Wiederverwertung von Lehmsteinbruch durch Aufbereitung zu Lehm-Rezyklat für die Herstellung neuer LS der gleichen Kategorie (AK Ia bzw. AK Ib) (Abb. 6.4.*r*),
- Szenario *D3:* Wiederverwertung von Lehmsteinbruch durch Aufbereitung zu Lehm-Rezyklat für andere Lehmbaustoffe, hier LMM (Trockendosierverfahren).

7.5 Rückgewinnung Lehmbaustoffe

Tab. 7.12 LS, Rückgewinnungsszenarien D1–D3

LS nach DIN 18945 - Rückgewinnungsszenarien D1 - D3						
Funktionale Einheit kg		Parameter	PERT	PENRT	PEI = PERT + PENRT	GWP (Gesamt)
		IM/Einheit	MJ H_u	MJ H_u	MJ H_u	kg $CO_{2\,equiv.}$
Stadium	Prozæsse					
Rückgewinnungs-potenzial	Wiederverwendung LS (AK Ib, II)	D1	-3,41E-02	-9,11E-01	**-9,45E-01**	**-5,52E-02**
	Wiederverwendung LLS (AK Ia)	D1	-3,71E-02	-3,73E-01	**-4,10E-01**	**-1,13E-02**
	Wiederverwertung LS (AK Ib, II), Nassverfahren	D2	-2,50E-04	-4,16E-02	**-4,19E-02**	**-2,93E-03**
	Wiederverwertung LLS (AK Ia), Nassverfahren	D2	-4,86E-03	-3,72E-01	**-3,77E-01**	3,49E-03
	Wiederverwertung LS (AK Ib, II) für andere Lehmprodukte im Trockendosierverfahren, Trockenverfahren	D3	-2,97E-02	-5,79E-01	**-6,09E-01**	**-7,64E-02**
	Wiederverwertung LS (AK I a) für andere Lehmprodukte im Trockendosierverfahren, Trockenverfahren	D3	-4,63E-03	-3,35E-01	**-3,40E-01**	**-6,88E-02**

Die Abbruchversuche zeigten bis zu 25 % wiederverwendbare LS ohne LMM-Anhaftungen (Abb. 6.4.r). Sortenrein und unbeschädigt rückgewonnene LS lassen sich in gleicher Anwendung wiederverwenden.

Rückgewinnungsszenario D1, LSM
Szenario D1 quantifiziert dementsprechend die Einspareffekte der Substitution primär produzierter LS durch LS-Rezyklat.

Bei sortenrein und brauchbar rückgewonnenen LS AK Ib bzw. AK II ergeben sich andere Umweltkennzahlen als bei LLS AK Ia (Tab. 7.12). Die Wiederverwendung von LS AK Ib/II aus LSM-Bruch spart 9,45E-01 MJ/kg LS PEI und vermeidet 5,52E-02 kg $CO_{2equiv.}$/kg LS. Die Einspareffekte für PEI und die Vermeidung von Treibhausgasen GWP liegen um ein Mehrfaches höher als bei LLS AK Ia mit Freilufttrocknung. LS dieser Anwendungsklasse sind i. d. R. technisch getrocknet und für mehrgeschossiges, tragendes LSM zugelassen (DIN 18940). Bei Wiederverwendung in der gleichen Anwendungsklasse als LS AK Ib bzw. II spart das die Energieeinträge und vermeidet Emissionen durch technische Trocknung in IM A3.

Die Wiederverwendung von LS aus LSM-Abbruch für LLS AK Ia spart 4,10E-01 MJ/kg LLS PEI und vermeidet 1,13E-02 kg $CO_{2equiv.}$/kg LS. LLS AK Ia enthalten Holzspäne, um Rohdichten von 700–1200 kg/m^3 und eine um 0,30 W/mK geringere Wärmeleitfähigkeit zu erreichen. Diese LLS finden Anwendung für Ausfachungen und als Ausfüllung von Innenwänden oder Decken.

Rückgewinnungsszenario D2, LSM
Szenario D2 unterstellt die Wiederwertung von Lehmsteinbruch mit LS AK Ib bzw. AK II für neue LS gleicher Anwendungsklasse. Die Aufbereitung des Lehmsteinbruchs erfolgte nur durch Einsumpfen im Werk, eine trockene Aufbereitung (LS-Rezyklat) mit nachfolgender Wässerung zwecks Formgebung ist nicht sinnvoll.

Rückgewonnene LS der AK Ib bzw. AK II durchlaufen alle Prozessschritte (IM *A3*) erneut, sodass keine weiteren Rückgewinnungspotenziale in *Szenario D2* entstehen, außer durch Substitution der Ausgangsstoffe in IM *A1*. Einziger Ausgangsstoff für LS AK Ia bzw. II ist Baulehm aus Lehmsteinbruch. Dementsprechend beziehen sich die rechnerischen Substitutionseffekte auf die Einsparung des üblicherweise verwendeten Primärlehmaushubs. Daraus ergeben sich 4,19E-02 MJ/ kg LSM-Rezyklat Energieeinsparungen und eine Minderung der Treibhausgaspotenziale um 2,93E-03 kg $CO_{2equiv.}$/kg LSM-Rezyklat (Tab. 7.12).

Bei Wiederwertung von Lehmsteinbruch aus LSM für neue LLS AK Ia mit Freilufttrocknung nach *Szenario D2* erfolgt die Aufbereitung des Lehmsteinbruches ebenfalls durch „Einsumpfen" im Werk. Die Wiederverwertung von Lehmsteinbruch für neue LLS AK Ia substituiert primäre Ausgangsstoffe. Der PEI und die Umweltwirkungen GWP aus der Bereitstellung der Ausgangsstoffe Primärlehmaushub (90 M.-%) und Holzspäne (10 M.-%) in IM *A1* können eingespart werden. Der Substitutionseffekt für die eingesparte Primärenergie errechnet sich mit −3,77 MJ/kg LLS-Rezyklat. Die vermeidbaren Treibhausgasemissionen belaufen sich auf −3,49E-03 kg/kg LLS-Rezyklat (Tab. 7.12).

Rückgewinnungsszenario D3, LSM
In *Szenario D3* sollte die Möglichkeit der Wiederverwertung von aufbereitetem Lehmsteinbruch als Alternative zur Trocknung erdfeuchter Ausgangsstoffe für andere Lehmbaustoffe nachgewiesen werden.

Zu pulverförmigem Lehm-Rezyklat aufbereiteter Lehmsteinbruch eignet sich für das *Trockendosierverfahren*. Der LSM-Bruch substituiert vorgelagerte Herstellungsprozesse für Trockenlehm. Die Herstellung von Trockenlehm benötigt einen Energieinput mit Erdgas, Diesel und Strom in Höhe von insgesamt 1,13 MJ/kg Trockenlehm [11]. Generische Daten in ÖKOBAUDAT [16] geben 1,5 MJ/kg Trockenlehm an. Der Unterschied erklärt sich dadurch, dass die generischen Daten von einer reinen Ölbefeuerung der Trocknung ausgehen und keine verfahrenstechnischen Beschreibungen ausweisen. Tatsächlich erfolgt die Trocknung mit Erdgas in einem Trommeltrockner mit optimierter Materialführung im Wärmestrom. Der

7.5 Rückgewinnung Lehmbaustoffe

Substitutionseffekt bemisst sich nach dem eingesparten PEI und dem vermiedenen GWP für primär hergestellten Trockenlehm.

Die gesamten Treibhausgasemissionen GWP reduzieren sich um insgesamt 7,64E-02 kg CO_{2equiv}/kg LSM aus LS „schwer" AK Ib bzw. AK II durch Substitution der Primärproduktion von Trockenlehm. Jede t Lehmsteinbruch aus LS AK Ib würde auf diesem Verwertungsweg (IM *D3*) rund 600 MJ einsparen und die Treibhausgasemissionen um 76 kg $CO_{2equiv.}$ reduzieren. Wird der Aufwand für den Abbruch von LSM und die trockene Aufbereitung durch Prallbrecher gegengerechnet, reduziert sich der Nettoeffekt der Substitution von primären Ausgangsstoffen für andere Lehmbaustoffe marginal für den Energieinput um 1,92E-03 MJ/kg LSM und für die Treibhausgasemissionen um 1,86E-05 kg $CO_{2equiv.}$/kg LSM.

LLS AK Ia enthalten einen geringeren Anteil an Baulehm in der Mischung (90 M.-%) als LS AK Ib bzw. AK II (100 M.-%). Dadurch reduziert sich der Substitutionseffekt des Baulehm-Rezyklats aus LSM mit LLS AK Ia gegenüber den LS AK Ib bzw. AK II um ca. 40 % auf 3,4E-01 MJ/kg LSM aus LLS AK Ia. Die Treibhausgasemissionen GWP verringern sich um 8,83E-03 kg CO_{2equiv}/kg LSM aus LLS AK Ia im Vergleich zur Primärproduktion von Trockenlehm. Jede t Lehmsteinbruch aus LLS AK Ia würde auf diesem Verwertungsweg (IM *D3*) rund 340 MJ einsparen und die Treibhausgasemissionen GWP um 69 kg $CO_{2equiv.}$ reduzieren. Der Unterschied zu *LS AK Ib* bzw. *AK II* entsteht aus unterschiedlichen Stoffzusammensetzungen mit einem verminderten Anteil des Baulehms in LLS AK Ia. Die höchsten Klimaentlastungseffekte (als CO_2 Senke) erreichen die Wiederverwertung des LSM in Trockendosierverfahren als Substitut für Trockenlehm ($-7{,}64E{-}02$ kg $CO_{2equiv.}$/kg LSM) und die direkte Wiederverwendung für neues LSM ($-5{,}52E{-}02$ kg $CO_{2equiv.}$/kg LSM).

7.5.3.3 Perspektiven LSM

Die Szenarien zur Rückgewinnung von LS aus LSM-Abbruch gehen von einem homogenen Verbund von Lehmbaustoffen (LS/LMM/LPM) aus. Obwohl entsprechend ihrer ursprünglichen Anwendung in unterschiedlichen DIN definiert, besitzen Lehmbaustoffe gleiche Werkstoffeigenschaften, auch wenn sie sich als Mischform homogen verteilter Ausgangsstoffe darstellen (Lehmbaustoffe, Tab. 7.1 und Kreuzkompatibilität, *Abs. 2.2.8*). Sie können als *sortenrein* bezeichnet werden (*Abs. 7.1*). Entscheidend dafür sind die hydraulischen Eigenschaften der Tonminerale in allen Lehmbaustoffen: Lehm erhärtet an der Luft und kann durch Wasserzusatz replastifiziert werden. Das ist ein Alleinstellungsmerkmal von Lehmbaustoffen.

Tab. 7.12 zeigt, dass Rezyklat aus LSM-Abbruch für die Herstellung von neuen Lehmbaustoffen unabhängig von der ursprünglichen Produktkategorie verwendet werden kann. Beispielhaft wurde dies für LMM nach DIN 18946 nachgewiesen: die bautechnischen Eigenschaften des LMM aus LSM-Rezyklat stimmen mit denen von primär hergestelltem LMM nahezu überein.

Prinzipiell ist auch eine Rückgewinnung von LMM und LPM aus abgebrochenen Mauerwerksverbünden mit Ziegeln, Beton- oder Kalksandsteinen durch Wässerung möglich. Durch den leicht lösbaren Lehmmörtelverbund können dabei auch Ziegel, Beton- und KS-Steine unbeschädigt zurückgewonnen und wiederverwendet werden und auf diese Weise Bauschuttmassen reduzieren [17].

7.6 Weiterverwertung von Recyclinglehm

Zum Recycling von Lehmbaustoffen gehört schließlich noch die Weiterverwertung als Sekundärrecyclinglehm (Abb. 2.1) für Zwecke außerhalb des Lehmbaus. Sekundärrecyclinglehm kann unter Beachtung der Ersatzbaustoffverordnung EBV [18] noch in verschiedenen Bereichen, z. B. Erdbau, weiterverwertet werden.

Literatur

1. Hebel, D.; Heisel, F.; Webster, K.: *Besser Weniger Anders Bauen. Kreislaufgerechtes Bauen und Kreislaufwirtschaft, Grundlagen, Fallbeispiele, Strategien.* Birkhäuser: Basel 2022
2. Cabeza, L. F., Q. Bai, et. al.: *Buildings. Mitigation of Climate Change.* Contribution of Working Group III to the Sixth Assessment Report of the Intergovernmental Panel on Climate Change. In IPCC, 2022: Climate Change 2022: (P.R. Shukla, J. Skea et al. (Hrsg.)). Cambridge University Press, Cambridge, UK and New York, NY, USA. 2022
3. Dachverband Lehm e. V.: *Entwicklung von Rahmenbedingungen zur Erstellung von Muster-UPD für Lehmbaustoffe (2016–18); Erarbeitung von Datengrundlagen und Muster-Umweltproduktdeklarationen für Lehmmauermörtel, Lehmsteine und Lehmplatten unter besonderer Berücksichtigung der Möglichkeiten des Recyclings (2020–22).* Projekte gefördert von der Deutschen Bundesstiftung Umwelt (DBU): Weimar, Dachverband Lehm e. V.: 2022
4. Gesetz zur Förderung und Sicherung der umweltverträglichen Bewirtschaftung von Abfällen (Kreislaufwirtschaftsgesetz – KrWG) (letzte Neufassung 24.02.2012, letzte Änderung 29.10.2020)
5. BM d. Innern, f. Bau u. Heimat; BM d. Verteidigung (Hrsg.): *Baufachliche Richtlinien Recycling. Arbeitshilfen zum Umgang mit Bau- u. Abbruchabfällen sowie zum Einsatz von Recycling-Baustoffen auf Liegenschaften des Bundes.* Berlin/Bonn 2018
6. Müller, A.: *Baustoffrecycling. Entstehung – Aufbereitung – Verwertung.* Springer Vieweg: Wiesbaden 2018
7. Neininger, S.: *Recycling: Kreislaufarten, Formen, Behandlungsprozesse. Untergliederung des Recyclings sowie Vorstellung der Aufbereitungstechniken des Materialrecyclings.* Studienarbeit FH Trier, Umweltcampus Birkenfeld. GRIN Verlag 2009. www.grin.com/document/137493
8. Schroeder, H.: *Lehmbau – Mit Lehm ökologisch planen und bauen.* Springer Vieweg: Wiesbaden 2019, 3. Aufl.
9. Sommerfeld, M.: *Umweltproduktdeklaration von Lehmbaustoffen – Ermittlung des Rückgewinnungspotenzials.* Unveröff. Diplomarbeit, FH Potsdam, FB Bauingenieurwesen, Potsdam 2019
10. Report „Rückbau Lehmbaustoffe", FH Potsdam 2021/22

11. EMAS D-146-00004: 2. Aktual. Umwelterklärung Stephan Schmidt KG, 2008, www.schmidt-tone.de
12. https//www.smb-mp.at/de/produkte/aufbereitungsanlagen-mobil/mobile-prallbrecher/remax-200.html
13. Pistol, K.; Zohlen, F. (Hrsg.): *Baustoffrecycling & Lehmbau*. Fachtagung FH Potsdam 2022. Tagungsband. Springer: Wiesbaden 2024
14. Dachverband Lehm e. V. (Hrsg.): *Nachhaltigkeit von Bauwerken – Umweltproduktdeklarationen für Lehmbaustoffe – Muster-UPD für die Baustoffkategorie Lehmplatten (UPD LP) nach DIN EN 15804*. Weimar: 2023-01
15. Dachverband Lehm e. V. (Hrsg.): *Nachhaltigkeit von Bauwerken – Umweltproduktdeklarationen für Lehmbaustoffe – Muster-UPD für die Baustoffkategorie Lehmputzmörtel (UPD LPM) nach DIN EN 15804*. Weimar: 2023-01
16. www.oekobaudat.de
17. Breidenbach, M.: *Lehm als Mörtel für lösbare Verbindungen*. LEHM 2024. 9. Internat. Fachtagung f. Lehmbau. Beitrag USB-Stick, Weimar 2024
18. Verordnung über Anforderungen an den Einbau von mineralischen Ersatzbaustoffen in technische Bauwerke (Ersatzbaustoffverordnung – ErsatzbaustoffV). BGBl. I S. 2598 (Nr. 43) v. 09.07.2021, gültig ab 01.08.2023

Entsorgung 8

Die Bauschuttdeponien von heute sind die Rohstoffquellen für Baustoffe von morgen („urban mining"). Eine möglichst sortenreine Trennung und Abfallaufbereitung der Bau- u. Abbruchabfälle würde ein späteres Auffinden und Verwerten dann gesuchter Abfallgruppen erleichtern.

In den Umweltbilanzen der Lehmbaustoffe geht man von deren stofflicher Verwendung oder Verwertung aus. Das spiegelt sich wider in den IM *C3* und *D* (*Abs. 7*). Andernfalls verlässt der Lehmbaustoff den Stoffkreislauf des Produktsystems „Lehmbau" als Abfall (Abb. 1.3) und wird deponiert.

Dennoch gibt es eine Schnittmenge zu abfallrechtlichen bzw. -wirtschaftlichen Rahmenbedingungen der Klassifizierung von Bodenaushüben und Recyclingbaustoffen. Im Kreislauf der Lehmbaustoffe (Abb. 1.3) trifft das zu auf den Anfang mit der Wiederverwendung/-verwertung von Sekundärlehmaushub und anderen mineralischen Abfallstoffen (z. B. Ziegel- oder Schiefermehl). Am Ende des Kreislaufes entsteht nach Aufbereitung der Baustoffabfälle (Modul C3) wiederverwertbarer Recyclinglehm. Deshalb sind Deponierung, Abfallschlüssel und die seit August 2023 geltende Ersatzbau-stoff-Verordnung EBV [1] relevant.

8.1 Deponieklassen DepV

Eine Rückführung von Baureststoffen in den Stoffkreislauf mit dem Ziel einer Weiterverwertung nach Kreislaufwirtschaftsgesetz KrWG [2] ist, selbst bei intensiven Bemühungen, nicht immer möglich. Eine Deponierung als *Bauabfall* ist dann nicht zu vermeiden. Die Eigenschaft „Abfall" wird erfüllt, wenn die nicht mehr benötigten (schadstoffbelasteten)

Baureststoffe aus dem Stoffkreislauf ausgesondert und umweltverträglich auf Deponien eingelagert werden.

Je nach zulässigen Schadstoffgehalten werden fünf Deponieklassen (DK 0 bis IV) unterschieden (DepV [3]): DK 0–III sind oberirdische, DK IV unterirdische Deponien. Eine Zuordnung der Ab-fälle zu einer DK wird nach entsprechender Beprobung vorgenommen.

Lehmbaustoffe aus Gebäudeabbruch, die für Bauzwecke technisch oder wirtschaftlich nicht recyclebar sind, können aufgrund ihres chemisch neutralen/inerten Verhaltens auf Deponien der DK 0 (Bodenaushub/unbelasteter Bauschutt) eingelagert werden (IM C4). Die DK 0 ist die Regeldeponie für unbelasteten Erdaushub und ggf. Bauschutt oder vergleichbare mineralische, industrielle oder gewerbliche Abfälle. Das gilt auch für Bauschutt aus Ziegel-, Kalksandstein- und Betonsteinbruch, der, zu rezyklierten Gesteinskörnungen aufbereitet, als Zusatzstoff für Baulehm zur Herstellung neuer Lehmbaustoffe in das Produktsystem „Lehmbau" importiert werden und auf diese Weise Primärstoffe sparen können [4].

Für die DK 0 müssen die gesamte Auslaugbarkeit, der Schadstoffgehalt der Abfälle und die Ökotoxizität des Sickerwassers unerheblich sein und dürfen die Qualität von Oberflächen- und Grundwasser nicht gefährden.

8.2 Abfallarten/Abfallschlüssel AVV

In der Europäischen Abfallverzeichnis-Verordnung AVV [5] gibt es derzeit (noch) keine Abfallschlüsselnummer in der Hauptkategorie 17 „Bau- u. Abbruchabfälle" für eine Abfallgruppe „Lehm", obwohl diese Abfallart vom Umfang zu den größten gehört, jedoch über mehrere Abfallkategorien „verteilt" ist (Tab. 8.1).

Nach den in www.ecoservice24.com/de und anderen Quellen detailliert beschriebenen Abfallgruppen wird der Begriff „Lehm" nur in der Abfallgruppe 17 05 04 „Bodenaushub" explizit benannt. Obwohl dort vorhanden, werden in der Kategorie „Bauschutt" keine Lehm-Baustoffabfälle ausgewiesen. Tonmineralgebundene LS, LMM, LPM u. LP werden i. d. R. nicht von keramischen und zement-/kalkgebundenen Baustoffabfällen getrennt. Bei sortenreiner Deponierung besteht hier ein Rückgewinnungs-/Vermarktungspotential für Recyclinglehm. Dazu sind abfalltechnologische und betriebswirtschaftliche Untersuchungen erforderlich.

Vorgeschlagen wird eine eigene (bisher im AVV unbesetzte) Abfallschlüsselnummer 17 01 04 „Lehm". Zunehmender wirtschaftlicher Druck bei der Beschaffung von Rohstoffen wird die Bau- und Abfallwirtschaft motivieren, durch bessere Trennung von Bauabfällen auch Lehmbaustoffe aus Bauabfallgemischen zu separieren und (ggf. für eine spätere Weiterverwertung) zu deponieren.

Tab. 8.1 Abfallarten mit Lehmbaustoffen

Nr	Abfallart	Beschreibung	AVV Nr
1	Erd-/Bodenaushub	Aus dem Baugrund zum Zwecke von Baumaßnahmen ausgehobene Erde (Sand, **Lehm**, Ton)	17 05 04
2	Bauschutt	Mineral. Abfall, der bei Abbrucharbeiten/ Baumaßnahmen anfällt (Ziegelsteine, Mauerwerk, Beton, Mörtel, Putz, Keramik etc.)	17 01 01, 17 01 02, 17 01 03, 17 01 07
3	Baumischabfall	Gemisch aus nicht mineral. Stoffen und geringen Mengen ($\leq$ 15 Vol.-%) mineral. Abfälle	17 09 04
4	Abfälle von Sand u. Ton	Abfälle aus Weiterverarbeitung nicht metallhaltiger Bodenschätze	01 04 09
5	Waschschlamm	Spülgemisch aus Kieswäsche d $\leq$ 0,4 mm	01 04 12

8.3 Ersatzbaustoffverordnung EBV

Nach Ersatzbaustoff-Verordnung EBV [1] werden die bei Erdarbeiten (A1: Bodenaushub/ Gewinnung) und Baumaßnahmen (C1: Rückbau, Abriss, Ausbau) sowie bei Baumaßnahmen außerhalb des Lehmbaus (Erdbau) anfallenden mineralischen (Bau)abfälle als *mineralische Ersatzbaustoffe MEB* für eine Verwertung in einem neuen Produktsystem bezeichnet. Die MEB werden in *Materialklassen* eingeteilt, welche sich in Art und Herkunft sowie in ihrer Materialqualität auf Grund unterschiedlicher Materialwerte unterscheiden. *Materialwerte* sind Grenz- und Orientierungswerte der MEB für festgelegte Parameter. MEB müssen die entsprechenden technischen und Umweltanforderungen nach EBV erfüllen.

Die Regelungen der EBV [1] betreffen *Weiterverwertungen* der Ersatzbaustoffe als Sekundärrecyclinglehm in Produktsystemen außerhalb des Lehmbaus (Abb. 2.1), z. B. als Unterbauschichten im Straßen- oder Dammbau mit Kontakt zur gewachsenen Bodenschicht. Bei *Wiederverwertungen* der Ersatzbaustoffe im Lehmbau wird das Material im Stoffkreislauf Lehm gehalten. Es verliert seine Abfalleigenschaft (EoW, Abb. 1.3), und es gelten die Anforderungen der entsprechenden Produktnormen (DIN 18945–48).

Nach EBV werden folgende Materialklassen mit adäquaten Begriffen der Baulehmklassen nach Abb. 2.1 in entsprechenden Produktnormen festgelegt:

RC *Recyclingbaustoff* (Recyclinglehm nach DIN 18945–48): mineralischer Baustoff, der durch Rückgewinnung aus Bauwerksabbruch und die Aufbereitung von mineralischen Abfällen hergestellt wird und die bei Baumaßnahmen sowie bei der Herstellung mineralischer Bauprodukte angefallen sind. In diese Klasse gehören auch rezyklierte Gesteinskörnungen (*Abs. 2.2.7*) [4].

BM *Bodenmaterial* (Bodenaushub/Lehmaushub nach DIN 18300), das nach dem Aushub nicht mit anderen Ersatzbaustoffen als Bodenmaterial vermischt wurde. Für die Erstellung von Lehmbau-UPD wird nach dem Verursacherprinzip unterschieden, ob der Lehmaushub für Lehmbauzwecke direkt abgebaut (Primärlehmaushub) oder ob er als Abfall aus einem anderen Stoffkreislauf „importiert" wurde (Sekundärlehmaushub) (Abb. 1.3).

ZM *Ziegelmaterial:* Ziegelsand aus sortenrein erfassten und in einer Aufbereitungsanlage behandelten Abfällen aus Ziegeln aus dem thermischen Produktionsprozess (Brennbruch) oder aus sortenrein erfasstem, in einer Aufbereitungsanlage behandeltem Ziegelabbruch aus Abfällen, die bei Baumaßnahmen anfallen und als Zusatzstoff für Baulehm bei der Herstellung von Lehmbauprodukten verwertet werden.

BG *Baggergut* (Bodenaushub nach DIN 18311): Material, das im Rahmen von Unterhaltungs-, Neu- oder Ausbaumaßnahmen aus oder an Gewässern entnommen oder aufbereitet wird oder wurde. BG kann bestehen aus Sedimenten oder subhydrischen Böden der Gewässersohle, aus dem Oberboden, dem Unterboden oder dem Untergrund im unmittelbaren Umfeld des Gewässerbettes oder aus Oberböden im Ufer- und Überschwemmungsbereich des Gewässers.

Für MEB werden die in Tab. 8.2, 8.3 und 8.4 aufgelisteten Materialklassen RC, Bodenmaterial BM und Baggergut BG mit den entsprechenden Materialwerten festgelegt [1]:

Tab. 8.2 Materialklassen und Materialwerte für Recyclingbaustoffe RC nach EBV für Lehmbau

Nr	Mineral. Ersatzbaustoff MEB		RC-1	RC-2	RC-3
	Parameter	Einheit			
1	pH-Wert	–	6–13	6–13	6–13
2	elektrische Leitfähigkeit	µS/cm	2500	3200	10,000
3	Sulfat	mg/l	600	1000	3500
4	PAK (flüssig)	µg/l	6	12	25
5	PAK (Feststoff)	mg/kg	10	15	20
6	Chrom$_{ges}$	µg/l	150	440	900
7	Kupfer	µg/l	110	250	500
8	Vanadium	µg/l	120	700	1350

8.3 Ersatzbaustoffverordnung EBV

Tab. 8.3 Materialklassen für Bodenmaterial BM und Baggergut BG

Nr	Mineral. Fremdbestandteile bis 10 Vol-%				Mineral. Fremdbestandteile 10–50 Vol.-%			
1	BM-0; BG-0	BM-0; BG-0	BM-0; BG-0	BM-0*; BG-0*	BM-F0*; BG-F0*	BM-F1; BG-F1	BM-F2; BG-F2	BM-F3; BG-F3
2	Sand	Lehm/ Schluff	Ton	Alle Korngrößen	Alle Korngrößen			

Anmerkungen:
- BM und BG nur mit vernachlässigbaren Anteilen an Störstoffen i. S. von § 2 Nr. 9 der BBodSchV [6]
- BM-0 und BG-0 erfüllen die wertebezogenen Anforderungen an das Auf- und Einbringen gem. § 7, Abs. 3 u. 8, Abs. 2 der BBodSchV [6]
- BM-0* und BG-0* erfüllen die wertebezogenen Anforderungen an das Auf- u. Einbringen gem. § 7, Abs. 3 u. 8, Abs. 3 der BBodSchV [6]
- mineralische Fremdbestandteile (F) i. S. von § 2 Nr. 8 der BBodSchV [6]

Der Betreiber einer Anlage zur Herstellung von EBS hat eine Güteüberwachung nach § 4 EBV [1] sowie einen Eignungsnachweis nach § 5 EBV durchzuführen, die folgende Prüfungen umfasst:

- Eignungsnachweis (durch Überwachungsstelle)
- werkseigene Produktionskontrolle WPK
- Fremdüberwachung (durch Überwachungsstelle)

Eignungsnachweis:

- Erstprüfung (Einhaltung Material- und Überwachungswerte)
- Betriebsbeurteilung (technische, personelle u. organisatorische Bewertung)

Die Überwachungsstelle hat ein Prüfzeugnis zu erstellen. Erst danach dürfen EBS in Verkehr gebracht werden.

Weiterhin gültig bleibt die Europäische Abfallverzeichnis-Verordnung AVV [5], die zur Deponierung vorgesehene Abfallstoffe einheitlich in Abfallklassen mit sechsstelligen Schlüsselnummern einteilt.

Tab. 8.4 Materialwerte für Bodenmaterial BM und Baggergut BG

Nr	Parameter	Einheit	BM-0 BG-0 Sand	BM-0 BG-0 Lehm, Schluff	BM-0 BG-0 Ton	BM-0* BG-0* Alle KG	BM-F0* BG-F0* Alle KG	BM-F1 BG-F1 Alle KG	BM-F2 BG-F2 Alle KG	BM-F3 BG-F3 Alle KG
1	Mineral. Fremdbestandteile	Vol.-%	Bis 10 Vol.-%				10–50 Vol.-%			
2	pH-Wert[1]						6,5–9,5			5,5–12
3	elektr. Leitfähigkeit	µS/cm				350	350	500	500	2.000
4	Sulfat	mg/l	250	250	250	250	250	450	450	1000
5	Arsen	mg/kg	10	20	20	20	40	40	40	150
6	Arsen	µg/l				8 (13)	12	20	85	100
7	Blei	mg/kg	40	70	100	140	140	140	140	700
8	Blei	µg/l				23 (43)	35	90	250	470
9	Cadmium	mg/kg	0,4	1	1,5	1	2	2	2	10
10	Cadmium	µg/l				2 (4)	3	3	10	15
11	Chrom$_{ges}$	mg/kg	30	60	100	120	120	120	120	600
12	Chrom$_{ges}$	µg/l				10 (19)	15	150	290	530
13	Kupfer	mg/kg	20	40	60	80	80	80	80	320
14	Kupfer	µg/l				20 (41)	30	110	170	320
15	Nickel	mg/kg	15 ara>	50	70	100	100	100	100	350
16	Nickel	µg/l				20 (31)	30	30	150	280
17	Quecksilber	mg/kg	0,2	0,3	0,3	0,6	0,6	0,6	0,6	5
18	Quecksilber	µg/l				0,1	—			
19	Thallium	mg/kg	0,5	1	1	1	2	2	2	7

(Fortsetzung)

8.3 Ersatzbaustoffverordnung EBV

Tab. 8.4 (Fortsetzung)

Nr	Parameter	Einheit	BM-0 BG-0 Sand	BM-0 BG-0 Lehm, Schluff	BM-0 BG-0 Ton	BM-0* BG-0* Alle KG	BM-F0* BG-F0* Alle KG	BM-F1 BG-F1 Alle KG	BM-F2 BG-F2 Alle KG	BM-F3 BG-F3 Alle KG
20	Thallium	µg/l				0,2 (0,3)				
21	Zink	mg/kg	60	150	200	300	300	300	300	1200
22	Zink	µg/l				100 (210)	150	160	840	1600
23	TOC	M-%	1^2	1^2	1^2	1^2	5	5	5	5
24	Kohlenwasserstoffe	mg/kg				300 (600)	300 (600)			1000 (2000)
25	Benzo(a)pyren	mg/kg	0,3	0,3	0,3					
26			**Feststoffwerte**				**Feststoff- u. Eluatwerte**			

[1] Die Werte für pH und elektr. Leitfähigkeit sind als stoffspezifische Orientierungswerte zu betrachten, bei Abweichungen ist die Ursache zu prüfen
[2] Die Werte TOC sind nur als bodenmaterialspezifische Orientierungswerte zu betrachten, Untersuchung nur bei Hinweisen auf erhöhte Gehalte und Beachtung von § 6, Abs. 6 BBodSchV [6]

Literatur

1. Verordnung über Anforderungen an den Einbau von mineralischen Ersatzbaustoffen in technische Bauwerke (Ersatzbaustoffverordnung – ErsatzbaustoffV). BGBl. I S.2598 (Nr. 43) v. 09.07.2021, gültig ab 01.08.2023
2. Gesetz zur Förderung der Kreislaufwirtschaft und Sicherung der umweltverträglichen Bewirtschaftung von Abfällen (Kreislaufwirtschaftsgesetz – KrWG) (letzte Neufassung 24.02.2012, letzte Änderung 29.10.2020)
3. Verordnung über Deponien und Langzeitlager (Deponieverordnung DepV) v. 27.04.2009 (BGBl. 2009 I, S. 900), zuletzt geändert 03.07.2024 (BGBl. 2024 I Nr. 225)
4. Klinge, A.; Mönig, J.: *upMIN100: upcycling mineralischer Bau- und Abbruchabfälle zur Substitution natürlicher Gesteinskörnungen in Lehmbaustoffen.* LEHM 2024. 9. Internat. Fachtagung f. Lehmbau. Beitrag USB-Stick, Weimar 2024
5. Verordnung über das Europäische Abfallverzeichnis (Abfallverzeichnis-Verordnung AVV) v. 10.12.2001 (BGBl. I, S. 3379) letzte Fassung v. 30.06.2020 (BGBl. I, S. 1533)
6. Bundes-Bodenschutz- u. Altlastenverordnung (BBodSchV) (BGBl. I S. 2598, 2716 v. 09.07.2021)

Transport 9

Innerhalb des Bilanzierungsschemas nach DIN EN 15804 werden drei Transportmodule IM A2 (Herstellung), A4 (Bauphase) und C2 (Entsorgungsphase) definiert. Für die üblichen Transportmittel stehen in einschlägigen Datenbanken (z. B. Ökobaudat [1]) entsprechende generische Datensätze für eine Bilanzierung zur Verfügung.

Bei der Zurechnung der ökologischen Belastungen gilt das Verursacherprinzip: Belastungen in Form von Emissionen werden dem Modul zugerechnet, in dem die Belastung ihre Ursache hat. Mit diesem Prinzip wird auch die regionale Baustoffproduktion gefördert, denn Sonderwünsche, z. B. einen LPM in einem bestimmten Farbton aus einer entfernten Region, schlägt über den Transportaufwand kostenseitig, aber auch in der Ökobilanz des Gebäudes negativ zu Buche.

Die Produktkategorieregeln PKR für LPM, LMM, LS und LP [2–5] ordnen den Transportaufwand vom Werkstor zur Baustelle (IM A4 in Ökobilanzen) dem Gebäude zu. Die Entscheidung über vom Werk anzuliefernde Baustoffe obliegt den Planern bzw. Anwendern, die ein Gebäude planen bzw. errichten und nicht bei Herstellern der Baustoffe. Nach dem Verursacherprinzip wird das entsprechende IM A4 der Ökobilanz nicht im Rahmen einer Produktbilanz, sondern einer Gebäudebilanz quantifiziert.

Nach gleichem Verständnis ordnen die PKR für Lehmbauprodukte auch den Transport der Baustoffe aus Gebäudeabbruch nach IM C2 dem Gebäude zu.

Alle anderen Transporte zum Werk für Ausgangsstoffe, Recyclingstoffe und Verpackungen werden in den Ökobilanzen der Lehmbauprodukte in IM A2 quantifiziert. Als Datengrundlage werden die Fahrzeugart, die Antriebsart, der Auslastungsgrad und die Emissionsklasse herangezogen. Zusätzlich beinhalten die Ökobilanzen für Lehmbauprodukte die Energieverbräuche und Umweltwirkungen innerbetrieblicher Transporte als Teil des Herstellungsprozesses in IM A3. Konkret sind dies Diesel- oder Strombedarfe z. B.

für Radlader, Kipper oder Gabelstapler, die auf die Masse aller Produkte an einem Werksstandort bezogen werden, die sog. massebezogenen Allokation.

Literatur

1. www.oekobaudat.de
2. Dachverband Lehm e. V. (Hrsg.): *Nachhaltigkeit von Bauwerken – Umweltproduktdeklarationen für Lehmbaustoffe – Grundregeln für die Baustoffkategorie Lehmsteine (PKR LS)*. Weimar: 2022–04
3. Dachverband Lehm e. V. (Hrsg.): *Nachhaltigkeit von Bauwerken – Umweltproduktdeklarationen für Lehmbaustoffe – Grundregeln für die Baustoffkategorie Lehmmauermörtel (PKR LMM)*. Weimar: 2022–04
4. Dachverband Lehm e. V. (Hrsg.): *Nachhaltigkeit von Bauwerken – Umweltproduktdeklarationen für Lehmbaustoffe – Grundregeln für die Baustoffkategorie Lehmputzmörtel (PKR LPM)*. Weimar: 2022–04
5. Dachverband Lehm e. V. (Hrsg.): *Nachhaltigkeit von Bauwerken – Umweltproduktdeklarationen für Lehmbaustoffe – Grundregeln für die Baustoffkategorie Lehmplatten (PKR LP)*. Weimar: 2022–04

Programmbetrieb 10

Zum Produktsystem „Lehmbau" gehört auch die Beschreibung des Programmbetriebs als Einrichtung/Körperschaft, die ein Programm für Typ III UPD nach DIN EN ISO 14025 betreibt. Programmbetreiber können Herstellerverbände, Ämter/Behörden oder eine unabhängige wissenschaftliche oder andere Einrichtung sein.

Der Dachverband Lehm e. V. (DVL) leitet und verwaltet als Programmbetreiber das UPD-Programm „Lehm" im Sinne der DIN EN ISO 14025. Er koordiniert alle organisatorischen Prozesse (Termine, Kommunikation, Pflege der Internetseite, ILCD + EPD-kompatibler Transfer in Datenbanken etc.). Die für den Betrieb des UPD-Programmes erforderlichen allgemeinen Regelungen und Anleitungen werden gemäß DIN EN ISO 14025 in zwei Dokumenten beschrieben:

- den Allgemeinen Programmanleitungen (Basisdokument) [1] und
- den Allgemeinen Regeln für die Erstellung von Typ III Umweltproduktdeklarationen (Teil 2) [2].

10.1 Organisationsstruktur

Die interne Organisationsstruktur sichert die formalen Abläufe des Programmbetriebs (Abb. 10.1) [1] und zum Erstellen von UPD durch den/die Produkthersteller (Abb. 10.2) [1].

Das vom *Programmbetreiber* (PB) berufene unabhängige *Prüfgremium* (PG) erstellt PKR-Vorlagen und Muster-UPD, die nach einer ersten internen Verifizierung vom *UPD-Fachbeirat* (FB) den *interessierten Kreisen* (IK) vorgelegt werden. Nach abschließender

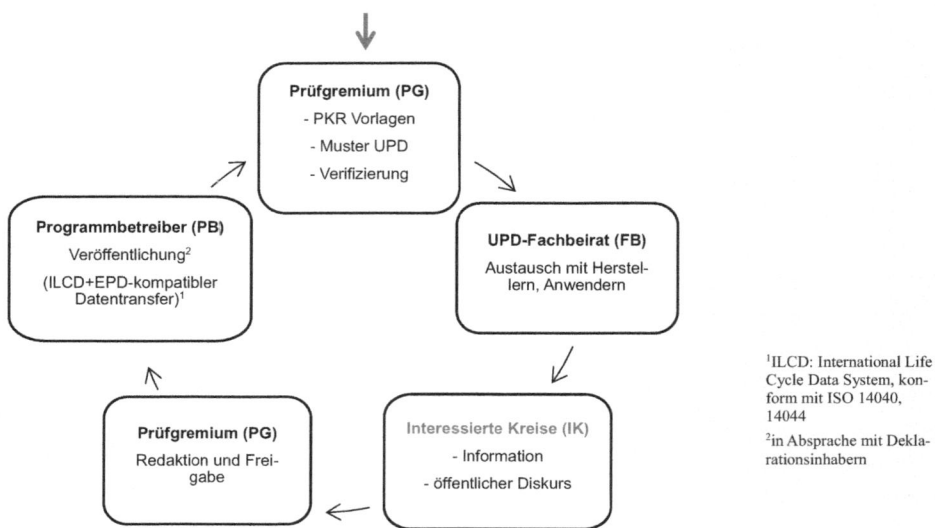

Abb. 10.1 Interne Organisationsstruktur UPD-Programmbetrieb nach DIN EN ISO 14025

Redaktion und Freigabe durch das Prüfgremium sorgt der Programmbetreiber für die Veröffentlichung der PKR und Muster-UPD sowie für die Erstellung ILCD + UPD-kompatibler Datensätze für den Transfer der ermittelten Daten in das generische Datenbanksystem ÖKOBAUDAT [3]. Der Prozess wiederholt sich bei jeder Anpassung oder nach neuen fachlichen und technischen Erkenntnissen im Lehmbau.

Der UPD-Fachbeirat besteht aus Herstellern, Planern, Anwendern, Fachautoren, Hochschullehrern und weiteren Lehmbauexperten und ist auf Dauer angelegt. Er bindet die IK ein. Das können im Lehmbau oder im Bereich der Ökobilanzierung ausgewiesene Experten sein, wie auch Hersteller, Planer, handwerkliche Anwender und Institutionen des Bauwesens.

Die durch den Programmbetreiber dem UPD-Fachbeirat und den IK vorgestellten PKR/UPD-Entwürfe werden von einem vom Programmbetreiber berufenen, unabhängigen *Prüfgremium* (PG) redaktionell bearbeitet, verifiziert und zur Nutzung freigegeben. Die vom Prüfgremium freigegebenen Fassungen und in der Folge aktualisierten Versionen der PKR/Muster-UPD werden auf der Internetseite des DVL veröffentlicht.

Die Zulassung, unabhängige Verifizierung und Bestätigung der von den Herstellern eingereichten UPD bzw. von ihnen beauftragten Bilanzieren erfolgt durch das Prüfgremium PG, und zwar durch solche Mitglieder, die an der Erstellung der Ökobilanz nicht beteiligt waren und die in diesem Zusammenhang keinen Interessenskonflikten ausgesetzt sind.

10.1 Organisationsstruktur

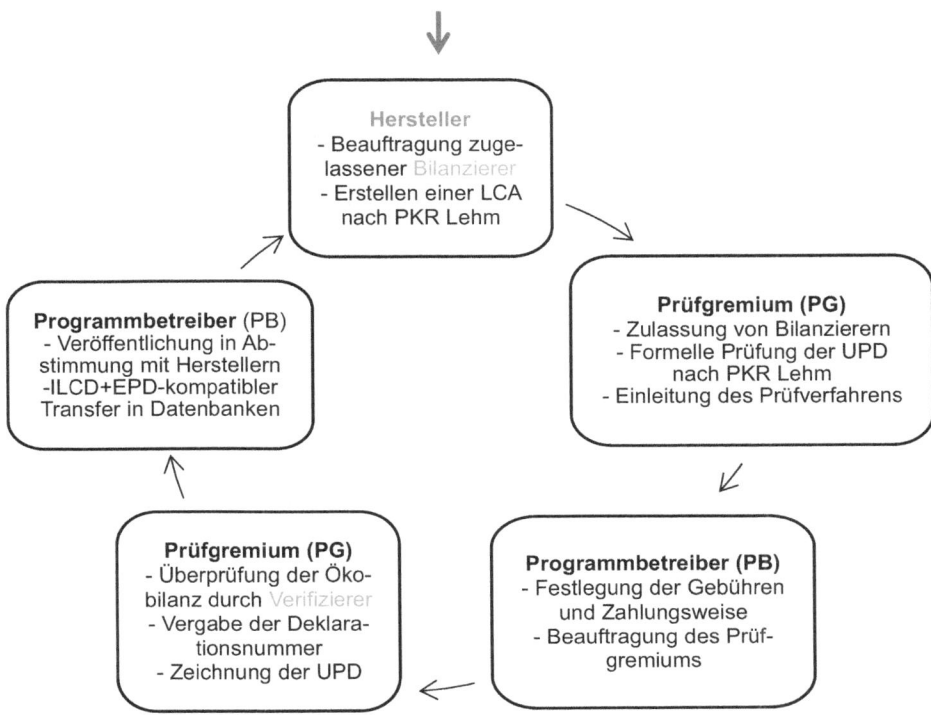

Abb. 10.2 Ablauf des UPD-Prüfverfahrens für Hersteller

Abb. 10.2 zeigt schematisch den Ablauf des UPD-Prüfverfahrens für Hersteller. Der Produkthersteller lässt seine UPD durch einen von ihm beauftragten, zugelassenen Bilanzierer erarbeiten und reicht diese beim DVL/Prüfgremium zur Verifizierung ein.

Tab. 10.1 zeigt eine Übersicht von betrieblichen UPD, die auf der Grundlage der DVL PKR/MUPD [4–6] durch den Programmbetreiber DVL zertifiziert wurden (Stand: 10.2024). Dargestellt sind die Mittelwerte/Schwankungsbereiche der Leitparameter PEI und GWP für eine Ökobilanzierung. Schwankungen ergeben sich z. B. durch unterschiedliche Herstellungsverfahren und negative GWP-Werte durch CO_2-Bindung in Strohfasern [7–13].

Mit den ersten Zertifizierungen durch den DVL konnte die Funktionsfähigkeit der Organisationsstruktur des UPD-Programmbetriebs gem. DIN EN ISO 14025 nachgewiesen werden.

Tab. 10.1 zertifizierte betriebliche UPD nach DVL MUPD, Leitparameter PEI u. GWP, IM A1–A3

Nr	Firma	Datum	Produktkategorie PK (Anz. Produkte in der PK)				PEI (IM A1–A3) [MJ/kg LPM LMM, LS; / m³LP]	GWP (IM A1–A3) [kg $CO_{2\text{Äq}}$./kg LPM, LMM, LS; /m³ LP]
			LS	LMM	LPM	LP		
1	ArgillaTherm [7]	05.12.22				5	2510	1,55E + 01
2	Lemix [8]	10.05.23				2	6450	5,11E + 01
3a	ClayTec LMM [9]	06.12.23		3			0,517–1,31	−6,02E−02–7,98E−03
3b	ClayTec LPM [10]	06.12.23			11		0,508–1,41	−3,51E−03–6,32E−02
4	Asanto [11]	März 24			1		0,073	1,72E−03
5	Egginger [12]	27.04.24			3		0,237–0,449	1,63E−04–1,43E−02
6	WEM LP Typ S [13]	Okt. 24				5	4,780–10,600	1,93E + 02–3,44E + 02

10.2 ILCD + EPD-kompatibler Datentransfer ÖKOBAUDAT

Für den Gebäudeentwurf werden heute Software-/Onlinetools (z. B: eLCA) verwendet. Gebäudemodelle können dabei direkt in das Programm geladen und LCA-Daten eingebunden werden, z. B. Berechnung PEI, Nutzungsphase, Dämmwerte, Materialvarianten etc. Für die Nutzung in Onlinetools müssen deshalb die ermittelten UPD-Prozessdaten in ein kompatibles ILCD + UPD-Datenformat transferiert werden. Im Rahmen des DVL Projektes UPD „Lehm.2" [14] wurde eine entsprechende Prozedur für den Datentransfer in das Datenbanksystem ÖKOBAUDAT [15] entwickelt (Abb. 10.3).

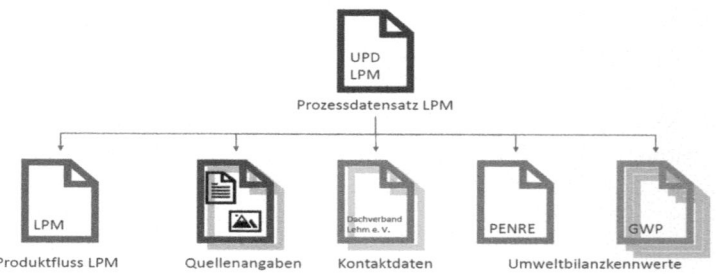

Abb. 10.3 Schema für UPD-Datentransfer in kompatibles ILCD + UPD-Datenformat

Die ersten Datensätze aus den betrieblichen, durch den DVL zertifizierten UPD konnten im Oktober 2024 in das System OEKOBAUDAT [3] eingepflegt werden.

Literatur

1. Dachverband Lehm e. V. (Hrsg.): *Nachhaltigkeit von Bauwerken – Umweltproduktdeklarationen für Lehmbaustoffe – Allgemeine Programmanleitungen (Basisdokument).* Weimar: 2022–08
2. Dachverband Lehm e. V. (Hrsg.): *Nachhaltigkeit von Bauwerken – Umweltproduktdeklarationen für Lehmbaustoffe – Allgemeine Regeln für die Erstellung von Typ III Umweltproduktdeklarationen (Teil 2).* Weimar: 2022–08
3. www.oekobaudat.de
4. Dachverband Lehm e. V. (Hrsg.): *Nachhaltigkeit von Bauwerken – Umweltproduktdeklarationen für Lehmbaustoffe – Muster-UPD für die Baustoffkategorie Lehmmauermörtel (UPD LMM) nach DIN EN 15804.* Weimar: 2023-01
5. Dachverband Lehm e. V. (Hrsg.): *Nachhaltigkeit von Bauwerken – Umweltproduktdeklarationen für Lehmbaustoffe – Muster-UPD für die Baustoffkategorie Lehmputzmörtel (UPD LPM) nach DIN EN 15804.* Weimar: 2023-01
6. Dachverband Lehm e. V. (Hrsg.): *Nachhaltigkeit von Bauwerken – Umweltproduktdeklarationen für Lehmbaustoffe – Muster-UPD für die Baustoffkategorie Lehmplatten (UPD LP) nach DIN EN 15804.* Weimar: 2023-01
7. Dachverband Lehm e. V.; ArgillaTherm GmbH: *Umweltproduktdeklaration nach DIN EN ISO 14025 u. DIN EN 15804 für ArgillaTherm Lehmplatten – Typ S nach DIN 18948.* UPD_LP S ARGIL2022.001_PKR Ü5-DE
8. Dachverband Lehm e. V.; Hart Keramik AG: *Umweltproduktdeklaration nach DIN EN ISO 14025 u. DIN EN 15804 für LEMIX Lehmplatten nach DIN 18948.* UPD_LP_LEMIX2023005_PKRÜ5-DE
9. Dachverband Lehm e.V.; Claytec GmbH & Co. KG: *Umweltproduktdeklaration nach DIN EN ISO 14025 u. DIN EN 15804 für CLAYTEC Lehmmauermörtel nach DIN 18946.* UPD_LMM_CLAY2023007_PKRÜ5-DE. Weimar/Viersen 2023
10. Dachverband Lehm e.V.; Claytec GmbH & Co. KG: *Umweltproduktdeklaration nach DIN EN ISO 14025 u. DIN EN 15804 für CLAYTEC Lehmputzmörtel nach DIN 18947.* UPD_LPM_CLAY2023006_PKRÜ5-DE. Weimar/Viersen 2023
11. Dachverband Lehm e. V.; asanto Lehm & Baustoffe Thomas Hagelstein: *Umweltproduktdeklaration nach DIN EN ISO 14025 u. DIN EN 15804 für asanto Lehmputzmörtel Universal nach DIN 18947.* UPD_LPM_ASAN2024001_PKRÜ5-DE. Weimar/Hitzacker 2024
12. Dachverband Lehm e. V.; Egginger Naturbaustoffe GmbH: *Umweltproduktdeklaration nach DIN EN ISO 14025 u. DIN EN 15804 für Egginger Naturbaustoffe. WEM Lehmputzmörtel nach DIN 18947.* UPD_LPM_EGG2024002_PKRÜ5-DE. Weimar/Malching 2024
13. Dachverband Lehm e. V.; WEM GmbH: *Nachhaltigkeit von Bauwerken – Umweltproduktdeklarationen – Umweltproduktdeklaration für die Baustoffkategorie Lehmplatten nach DIN EN 15804 für Lehm-Klimaelemente und Lehmplatten WEM GmbH.* UPD_WEM 2024.008 Ü3_PKR LPÜ5-DE. Weimar/Urmitz 2024

14. Dachverband Lehm e. V.: *Entwicklung von Rahmenbedingungen zur Erstellung von Muster-UPD für Lehmbaustoffe (2016–18); Erarbeitung von Datengrundlagen und Muster-Umweltproduktdeklarationen für Lehmmauermörtel, Lehmsteine und Lehmplatten unter besonderer Berücksichtigung der Möglichkeiten des Recyclings (2020–22)*. Projekte gefördert von der Deutschen Bundesstiftung Umwelt (DBU): Weimar, Dachverband Lehm e. V.: 2022
15. Schulz, J., Rentz, M.: *Lehm-UPD in der Ökobaudat*. In: Pistol, K.; Zohlen, F. (Hrsg.), *Recycling & Lehmbaustoffe*. Symposium FH Potsdam, 26.08.2022. Tagungsband Springer-Verlag, Wiesbaden 2024

Perspektiven für den Lehmbau 11

Die Arbeitsgruppe „Buildings" im Intergovernmental Panel on Climate Change (IPCC) sieht den weltweiten Baubereich gefordert, die von diesem Sektor ausgehenden Treibhausgaspotenziale zu reduzieren. Der Anteil des „carbon footprint" durch Baustoffe mit hohem Energieverbrauch, u. a. Zement und Stahl, beträgt 18 % der $CO_{2equiv.}$ des Bausektors. Das sind 2,4 Gt $CO_{2equiv.}$ pro Jahr. Lehm wird in dem Bericht der Arbeitsgruppe des IPCC explizit als mineralischer Baustoff mit dem niedrigsten „carbon footprint" hervorgehoben [1]. Die vorliegenden, empirisch erhobenen Umweltdaten für die in diesem Buch untersuchten Lehmbauprodukte bestätigen diese Einschätzung. Die wenigen Schwächen im Herstellungsprozess für Lehmbaustoffe, insbesondere durch fossile Trocknungsenergie, sind erkannt, und die Hersteller entwickeln innovative Verfahren im Transformationsprozess hin zu einer wirklichen Zero–Emissionsproduktion.

Beide Aspekte, sowohl die Reduktion des fossilen Energieverbrauchs und den damit einhergehenden Klimabelastungen zur Herstellung von Baustoffen, als auch die Rückgewinnungspotenziale im Sinne der Vermeidung von Ressourcverbräuchen prädestinieren den Lehmbau als Alternative bei der Umsetzung von energiearmen, ressourceneffizienten und zirkulären Bauweisen.

Dem stehen jedoch wirtschaftliche und rechtliche Hürden entgegen. Die überzeugenden Argumente für die Anwendung von Lehmbaustoffen stehen im Gegensatz zu deren vom Umfang her geringer tatsächlicher Nachfrage. Schätzungen gehen von einem in Deutschland seit Jahren gleichbleibenden bzw. leicht ansteigenden jährlichen Produktionsvolumen (ohne Handelsspannen) in der Größenordnung von 40–50 Mio. € aus. In der EU sind nur einzelne Hersteller in Österreich, Frankreich, Großbritannien und Polen bekannt, die sich auf einzelne Produktgruppen konzentrieren (z. B. Stampflehmelemente, Lehmsteine oder farbige Lehmputze). Ein Systemangebot wie bei deutschen Herstellern findet sich auf EU-Ebene nicht. Das niedrige Nachfragevolumen macht Investitionen in die Ausweitung der Produktionskapazitäten der (noch) überwiegend handwerklich ausgerichteten Firmenstrukturen schwer kalkulierbar. In der Folge bleiben Skaleneffekte aus, was wiederum zu höheren Preisen beiträgt, und höhere Preise als andere Baustoffe bremsen wiederum die Nachfrage nach Lehmbaustoffen. Diese Wettbewerbsnachteile gilt es zu überwinden. Möglichkeiten dazu bietet das Konzept des zirkulären Bauens als Strategie zur Vermeidung von Bauabfällen, zur Entwicklung/Verbesserung von Recyclingverfahren und damit zur Steigerung der Ressourceneffizienz.

Die Rückgewinnung von mineralischen Baustoffen außerhalb des Lehmbaus scheitert häufig an nicht sortenrein trennbaren Materialverbünden. Hier reicht es in der Regel nur zu einem „downcycling" etwa als Schotter für den Straßenbau. Auch hier können Lehmbaustoffe durch Verwertung von entsprechenden „importierten" Rezyklaten (Ziegel, Beton) zur Substitution natürlicher Gesteinskörnungen einen Beitrag zur Erschließung neuer Verwertungswege im Lehmbau leisten [2].

Die Eigenschaft der Replastifizierbarkeit von Lehmbauprodukten, die nach DIN 18945–18948 mit Lehm als einzigem Bindemittel hergestellt werden, ermöglicht die effiziente und kostengünstige Trennung eines Mauerwerksverbundes. Lehmmauermörtel oder Lehmkleber lassen sich durch Wässerung von Mauerwerk aus Kalksandstein, Ziegel, Poren- u. Leichtbeton einfach lösen. Beide Komponenten ließen sich dann sortenrein trennen und wiederverwerten, Diese lösbare Verbindung der Baustoffe steht erst am Anfang [3]. Auf lange Sicht erschließen sich damit neue Marktzugänge für den Lehmbau.

Mit DIN 18940 „Lehmsteinmauerwerk" (2023-06) kann LSM erstmals nach dem Teilsicherheitsverfahren nach DIN EN 1990 bemessen werden. Die DIN 18940 ersetzt die entsprechenden Teile der Lehmbau Regeln [4], die eine Beschränkung auf Wohngebäude mit max. zwei Geschossen und Wohnungen vorsahen. Nunmehr sind max. 13 m Wandhöhe in tragendem LSM zugelassen.

Dies ist eine wesentliche Erweiterung des Bauverfahrens „Lehmsteinmauerwerk" in der Baupraxis. Es kommt nun auf Architekten, Bauwerksplaner, Auftraggeber/Investoren, Baustoffhersteller und bauausführende Firmen an, diesen neuen Spielraum zu nutzen. Mit der Muster-UPD „Lehmsteine" sind auch Festlegungen für die Entsorgungsphase dieser Gebäude am Lebensende (EoL) getroffen, auf die in der DIN 18940 verwiesen wird. Eine entsprechende DIN für Stampflehm STL ist geplant.

Die überwiegend handwerklich orientierten Hersteller und Verarbeiter im Bereich des Lehmbaus sehen sich seit über 30 Jahren als Vertreter eines neuen, nachhaltigen und ökologischen Bauens, die Konzernstrukturen im Bauwesen eher kritisch gegenüberstehen. Bisher vor allem von dem Gefühl geleitet, Lehmbaustoffe seien ökologisch und nachhaltig, haben Hersteller und Verarbeiter mit den Umweltproduktdeklarationen UPD nunmehr erstmals ein Instrument in der Hand, mit dem die Nachhaltigkeit ihrer Produkte quantifiziert bewertet werden kann. Die dazu erforderlichen Verfahrensschritte sind Gegenstand des vorliegenden Buches.

In ihrer bemerkenswerten Rede zur Einführung einer vollständigen Kreislaufwirtschaft in der EU hat die EU-Ratspräsidentin auf die gigantischen, jährlich anfallenden Berge aus Bauabfällen hingewiesen und mehr Ideenreichtum bei deren Wiederverwertung angemahnt. Obwohl Lehmbaustoffe in dieser Rede explizit zwar nicht benannt, fügt sich der Gedanke des Baustoffkreislaufes Lehm in den Kontext ein: Lehmbaustoffe können dank ihrer besonderen stofflichen Zusammensetzung mit Tonmineralien als Bindemittel ohne großen energetischen Aufwand wiederverwertet werden und damit einen Beitrag zur Reduzierung der kritisierten Bauabfallmengen leisten.

Dem stehen aktuell noch rechtliche Hürden entgegen, denn in der Europäischen Abfallverzeichnis-Verordnung AVV gibt es derzeit keine eigene Abfallkategorie „Lehm", obwohl dieser in der Altbausubstanz vor 1900 sehr häufig vorkommt. Bessere Sortierverfahren des Bauabfalls sind dazu eine Voraussetzung. Andererseits spürt man den politischen Druck auf die Bauwirtschaft, Bauabfälle zu vermeiden oder den Bauabfall wiederzuverwerten und im Stoffkreislauf zu halten. Eine ganze Reihe von überarbeiteten Bauvorschriften und aktuellen Empfehlungen zur Förderung der Kreislaufwirtschaft im Bauwesen sind 2023 erschienen und wurden in diesem Buch angesprochen.

Für den Lehmbau ergäbe sich an dieser Stelle in Kooperation mit der Abfallwirtschaft ein neues Arbeitsfeld: die Produktion von Lehm-Rezyklat, das Primärlehmaushub ersetzen und damit natürliche Ressourcen schonen kann. Auch hier muss man mit psychologischen Vorbehalten aufseiten der Bauherrschaft rechnen. Die Entscheidung „neue Baustoffe" oder Recycling-Baustoffe (=second hand Baustoffe) ist durchaus mental besetzt. Hier muss noch Aufklärungsarbeit geleistet werden. Der Preisdruck bei Baustoffen aus primären Rohstoffen wird zukünftig steigen, sodass veränderte Preisstrukturen bei den Verbrauchern zu anderen Entscheidungen führen werden.

Dies wird die Stunde des Lehmbaus und der Lehm-Recyclingbaustoffe sein, wenn es gelingt, für diese Produkte eine attraktive Preispolitik zu gestalten. Die Lehmbaubranche sollte diese Chance für ein neues Betätigungsfeld nutzen, ihren gebührenden Platz im Bauwesen einnehmen und sich entsprechend vorbereiten. Dazu soll das vorliegende Buch Anregung sein.

Nach unserer Überzeugung kann die Lehmbaubranche in Deutschland optimistisch in die Zukunft blicken, wenn die in diesem Buch angesprochenen Chancen des Lehms im Baustoffkreislauf genutzt werden.

Mit dem im Oktober 2022 gegründeten Industrieverband Lehm soll vor allem Lobbyarbeit für den Lehmbau auf der Ebene der Industrieverbände und industrienahen Organisationen betrieben werden.

Literatur

1. Cabeza, L. F., Q. Bai, et. al.: *Buildings. Mitigation of Climate Change.* Contribution of Working Group III to the Sixth Assessment Report of the Intergovernmental Panel on Climate Change. In

IPCC, 2022: Climate Change 2022: (P.R. Shukla, J., Skea et al. (Hrsg.)). Cambridge University Press, Cambridge, UK and New York, NY, USA. 2022
2. Klinge, A.; Mönig, J.: *upMIN100: upcycling mineralischer Bau- und Abbruchabfälle zur Substitution natürlicher Gesteinskörnungen in Lehmbaustoffen.* LEHM 2024. 9. Internat. Fachtagung f. Lehmbau. Beitrag USB-Stick, Weimar 2024
3. Breidenbach, M.: *Lehm als Mörtel für lösbare Verbindungen.* LEHM 2024. 9. Internat. Fachtagung f. Lehmbau. Beitrag USB-Stick, Weimar 2024
4. Dachverband Lehm e.V. (Hrsg.): *Lehmbau Regeln – Begriffe, Baustoffe, Bauteile.* Wiesbaden: Vieweg + Teubner I GWV Fachverlage, 3., überarbeitete Aufl., 2009

Symbolverzeichnis

Symbol	Einheit	Parameter
d	mm	Korndurchmesser
F	kN, N	Kraft
I_c	–	Konsistenzindex
I_p	–	Plastizitätsindex
KRD	g/cm^3	Kornrohdichte
l	mm	Länge (length) (eines Bauprodukts)
m_m	g	Feuchtmasse
m_{tr}, m_d	g	Trockenmasse
ph-Wert	–	Maß für Säure- oder Basengehalt einer wässrigen Lösung
Q_{kj}	kJ	theoretisch erforderliche Wärmeenergie zur Verdampfung von 1 kg Wasser
Q_v	kJ, MJ	zur Verdampfung aufgewendete Wärmeenergie
T	°C	Temperatur
t, h	mm	Höhe, Dicke (thickness) (eines Bauprodukts)
w	–	Wassergehalt
w, b	mm	Breite (width) (eines Bauprodukts)
w_a	M.-%	Anfangswassergehalt
w_e	M.-%	Wassergehalt nach Trocknung
w_L	–	Wassergehalt Ausrollgrenze
w_p	–	Wassergehalt Plastizitätsgrenze
β_C	N/mm^2	Druckfestigkeit
β_D	N/mm^2	Trockendruckfestigkeit

(Fortsetzung)

(Fortsetzung)

Symbol	Einheit	Parameter
β_F	N/mm²	Biegezugfestigkeit
ΔH_v	kJ/kg Flüssigkeit	Verdampfungsenthalpie/Energieinput
ϱ	kg/m³	Rohdichte, Feuchtrohdichte
ϱ_d	kg/m³	Trockenrohdichte
σ	µS/cm	Elektrische Leitfähigkeit

Zitierte Normen

DIN 18007	2022-09	Abbrucharbeiten – Begriffe, Verfahren, Anwendungsbereiche
DIN 18300	2019-09	VOB Vergabe u. Vertragsordnung f. Bauleistungen – Teil C: Allgemeine Technische Vertragsbedingungen f. Bauleistungen (ATV) – Erdarbeiten
DIN 18311	2019-09	VOB Vergabe- u. Vertragsordnung f. Bauleistungen: Allgemeine technische Vertragsbedingungen f. Bauleistungen (ATV) – Nassbaggerarbeiten
DIN 18550-2	2018-01	Planung, Zubereitung u. Ausführung von Innen- u. Außenputzen – Teil 2: Ergänzende Festlegungen zu DIN EN 13914-2 für Innenputze
DIN 18940	2023-06	Tragendes Lehmsteinmauerwerk – Konstruktion, Bemessung und Ausführung
DIN 18942-1	2024-03	Lehmbaustoffe und Lehmbauprodukte – Teil 1: Begriffe
DIN 18942-100	2024-03	Lehmbaustoffe und Lehmbauprodukte – Teil 100: Übereinstimmungs- und Konformitätsnachweis
DIN 18945	2024-03	Lehmsteine – Anforderungen, Prüfung und Kennzeichnung
DIN 18946	2024-03	Lehmmauermörtel – Anforderungen, Prüfung und Kennzeichnung
DIN 18947	2024-03	Lehmputzmörtel – Anforderungen, Prüfung und Kennzeichnung
DIN 18948	2024-03	Lehmplatten – Anforderungen, Prüfung und Kennzeichnung
DIN 31051	2019-06	Grundlagen der Instandhaltung
DIN EN 998-1	2017-02	Festlegungen für Mörtel im Mauerwerksbau – Teil 1: Putzmörtel
DIN EN 1990	2021-10	Grundlagen d. Tragwerksplanung
DIN EN 12620	2008-07	Gesteinskörnungen für Beton
DIN EN 12878	2014-07	Pigmente zum Einfärben von zement- und/oder kalkgebundenen Baustoffen – Anforderungen u. Prüfverfahren

(Fortsetzung)

(Fortsetzung)

DIN EN 13306	2018-02	Instandhaltung – Begriffe der Instandhaltung
DIN EN 15804	2022-03	Nachhaltigkeit von Bauwerken – Umweltproduktdeklaration – Grundregeln für die Produktkategorie Bauprodukte
DIN EN 15942	2022-04	Nachhaltigkeit von Bauwerken – Umweltproduktdeklaration – Kommunikationsformate zwischen Unternehmen
DIN EN 17685-1	2023-04	Erdarbeiten – Chemische Prüfverfahren – Teil 1: Bestimmung des Glühverlustes
DIN EN ISO 14025	2011-10	Umweltkennzeichnungen u. –deklarationen – Typ III Umweltdeklarationen; Grundsätze u. Verfahren
DIN EN ISO 14040	2021-02	Umweltmanagement – Ökobilanz – Grundsätze u. Rahmenbedingungen
DIN EN ISO 14044	2021-02	Umweltmanagement – Ökobilanz – Anforderungen und Anleitungen
DIN EN ISO 14688-1	2020-11	Geotechnische Erkundung und Untersuchung – Benennung, Beschreibung und Klassifizierung von Boden – Teil 1: Benennung und Beschreibung
DIN EN ISO 16000-9	2024-08	Innenraumluftverunreinigungen – Teil 9: Bestimmung der Emission von flüchtigen organischen Verbindungen aus Proben von Bauprodukten und Einrichtungsgegenständen – Emissionsprüfkammer-Verfahren
DIN EN ISO 17892-4	2018-05	Geotechnische Erkundung u. Untersuchung- Laborversuche an Bodenproben – Teil 4: Bestimmung der Korngrößenverteilung
DIN EN ISO 17892-12	2022-08	Geotechnische Erkundung u. Untersuchung- Laborversuche an Bodenproben – Teil 12: Bestimmung der Fließ- u. Ausrollgrenzen
DIN SPEC 91484	2023-09	Verfahren zur Erfassung von Bauprodukten als Grundlage für Bewertungen des Anschlussnutzungspotenzials vor Abbruch- und Renovierungsarbeiten (Pre-Demolition-Audit)

The manufacturer's authorised representative in the EU is Springer Nature Customer Service Centre GmbH, Europaplatz 3, 69115 Heidelberg, Germany. If you have any concerns regarding our products, please contact ProductSafety@springernature.com

Printed and bound by CPI Group (UK) Ltd, Croydon, CR0 4YY

26/03/2026

02078951-0010